住宅建筑设计

原理与实践

郝丽君 张涛 陈静 编著

内 容 提 要

本书以住宅设计为主要研究对象，对它的基本理论与设计方法进行分析，全书共分七章。第一章是对建筑与建筑设计的基本理论的论述，内容包括建筑的内涵、建筑设计的特点、建筑设计的原则与要求、建筑设计的一般程序等。第二章为人体工程学与建筑设计的关系及对建筑设计的影响。第三章至第六章针对住宅建筑的具体问题进行分析，如住宅建筑的基本构造、常用材料、用地规划、造型设计等。最后一章是住宅建筑设计理论的实际应用。

图书在版编目（CIP）数据

住宅建筑设计原理与实践 / 郝丽君，张涛，陈静编著. -- 北京 : 中国水利水电出版社，2015.6（2022.10重印）
ISBN 978-7-5170-3395-0

Ⅰ. ①住… Ⅱ. ①郝… ②张… ③陈… Ⅲ. ①住宅-建筑设计 Ⅳ. ①TU241

中国版本图书馆CIP数据核字(2015)第163736号

策划编辑：杨庆川　责任编辑：陈　洁　封面设计：崔　蕾

书　　名	住宅建筑设计原理与实践
作　　者	郝丽君　张　涛　陈　静　编著
出版发行	中国水利水电出版社 （北京市海淀区玉渊潭南路 1 号 D 座 100038） 网址：www.waterpub.com.cn E-mail：mchannel@263.net（万水） sales@mwr.gov.cn 电话：(010)68545888（营销中心）、82562819（万水）
经　　售	北京科水图书销售有限公司 电话：(010)63202643、68545874 全国各地新华书店和相关出版物销售网点
排　　版	北京厚诚则铭印刷科技有限公司
印　　刷	三河市人民印务有限公司
规　　格	184mm×260mm　16 开本　17.25 印张　420 千字
版　　次	2015年11月第1版　2022年10月第2次印刷
印　　数	2001-3001册
定　　价	60.00 元

前 言

作为人类生活的庇护所，建筑散布大地，我们身在其中，不断地使用与体验。建筑既具实用功能性，以结构、材料、技术为物化基础，同时还具备精神与文化的蕴涵，是自然和人类之间的物质、能源及信息的传递与交换媒介。建筑作为人类文明史上最古老的艺术之一，虽然最初只是为了人们的基本生存需求而建造房屋，但随着历史的发展与进步，建筑的内涵与种类不断丰富，它的设计逐渐成为一门独立的事物。建筑设计有着独立的内容体系和逐渐成规的原则，并且形成了一套详细的步骤与过程。

随着社会的发展与时代的进步，建筑设计范畴不断扩展，建筑设计内涵不断延伸，身处主观价值体系与客观价值体系之间，建筑师必须从动态、发展、前瞻的角度来进行设计思考。这就要求建筑学涵盖的内容不断更新，紧随建筑发展趋势，关注设计前沿思潮；而不只是停留在理论基础以及经典示范层面上。建筑设计重在启发想象思维，培养整体控制意识，同时还应该尊重建筑的工程性、系统性、多维性和可实施性。

在不同种类的建筑中，住宅建筑与人们的生活关系最为密切。因此，它的设计也就显得尤为重要。为此，本书以住宅设计为主要研究对象，对它的基本理论与设计方法进行分析。本书内容共分为七章，大致可分为三个方面。

第一章是对建筑与建筑设计的基本理论的论述。内容包括建筑的内涵、建筑设计的特点、建筑设计的原则与要求、建筑设计的一般程序等。

第二章为人体工程学（人体测量学、环境生理学、环境心理学）与建筑设计的关系及对建筑设计的影响。住宅建筑隶属于建筑设计，这些理论内容对住宅建筑同样适用。

但住宅建筑作为建筑的一个分类，它有其自身独特的特点。因此，本书第三章至第六章针对住宅建筑的具体问题，如住宅建筑的基本构造、住宅建筑的常用材料、住宅建筑的用地规划、住宅建筑的造型设计等进行分析。

最后一章是住宅建筑设计理论的实际应用，它结合各种类型的住宅建筑，如低层建筑、多层建筑、高层和中高层建筑、不同地区和特殊条件下的住宅设计等进行针对性的论述。

本书着重论述住宅建筑设计的基本原理和基本方法，吸取了国内外住宅建筑设计和住宅建筑工程的经验，体现了住宅建筑设计从总体到细部，从平面到空间的全过程。本书图文并茂，避免繁琐的资料罗列，便于学习者更好地掌握住宅建筑设计这门学科的主要内容。同时，本书内容丰富，可作住宅建筑设计学习者的学习参考书。

全书由郝丽君、张涛、陈静撰写，具体分工如下：

第二章、第五章、第七章：郝丽君（华北水利水电大学）；

第三章、第四章第一节：张涛（兰州交通大学）；

第一章、第四章第二节至第三节、第六章：陈静（武汉工商学院艺术与设计学院）。

但对住宅建筑设计及其方法的研究任重而道远，本书只不过是对住宅建筑设计及其方法研究的初步探索和过程性成果，其中未臻完善之处在所难免，敬请有关专家与同行给予批评指正，同时也希望各位专家、学者将发现的问题和建议及时反馈，以便于随着研究的深入，有针对性地进一步完善与发展。

作　者

2015 年 4 月

目 录

第一章　建筑设计概述

建筑设计是指建筑物在建造之前，建筑设计师根据进驻功能、建筑特点以及设计原则与要求等相关章程进行设计。这些相关章程都是建立在对建筑设计基本原理的认识上的，本章主要对建筑的内涵、建筑设计的特点、原则、要求以及相关程序进行论述。

第一节　建筑的内涵

一、建筑的含义

建筑是为了满足人类社会活动的需要，利用物质技术条件，按科学法则和审美要求，并通过对空间的塑造、组织与完善所形成的人为物质环境。《辞汇》对建筑的注释是：建造房屋、道路、桥梁、碑塔等一切工程。《韦氏英文词典》对建筑的解释是：设计房屋与建造房屋的科学及行业，创造的一种风格。图 1-1 是中国传统风格的建筑，图 1-2 是欧式风格建筑。

图 1-1　中国传统建筑

图 1-2　欧式建筑

建筑可以包括建筑物与构筑物两类。供人们生活、工作、学习等活动使用的房屋称为建筑物，如住宅、学校、办公楼等；为了保证这些建筑物能被人们正常使用而配套设置的一些辅助建筑，如水塔、蓄水池、烟囱、电视塔等，称之为构筑物。

由此可见，建筑是为人们生活提供的一种专业场所，要营造这一场所，会涉及多个学科与行业。它是人们天天接触的十分熟悉的物体，所以也就对它在使用功能和精神功能方面赋予了较高的期望与要求。

二、建筑的多维度理解

(一)建筑就是房子

当我们把建筑当作一门学问来研究时，发现建筑就是房子的说法是不确切的。房子是建筑物，但建筑又不仅仅只是房子，它还包括不是房子的其他对象，如纪念碑、北京妙应寺白塔等。纪念碑和塔不能住人，不能说是房子，但是都属于建筑物。这个问题比较混沌、模糊。但是，人们对这些对象不是房子却属于建筑物已经有所了解了。

(二)建筑就是空间

房子是空间，这一点是无疑的，而那些不属于房子的纪念碑、塔等对象也是空间吗？事实上，两者的实体与空间是相反的。房子是实体包围着空间，而纪念碑是空间包围着实体。前者是实空间，后者则是虚空间。实空间、虚空间都是人活动的场所。因此，我们说建筑就是空间这种提法是有一定道理的。

(三)建筑是住人的机器

现代建筑大师勒·柯布西耶曾经说过“建筑是住人的机器”。他指出建筑应该是提供人活动的空间,包括物质活动和精神活动等。

(四)建筑就是艺术

18世纪的德国哲学家谢林曾经说过“建筑是凝固的音乐”,后来德国的音乐家豪普德曼又补充道:“音乐是流动的建筑。”这些认识无疑是把建筑当作艺术来看待了。但建筑不仅仅具有艺术性,建筑与艺术二者具有交叉关系(图1-3)。建筑还有其他属性,如技术性、空间性、实用性等。而艺术领域不单纯只有建筑,还包括绘画、雕塑、诗歌、戏剧等。

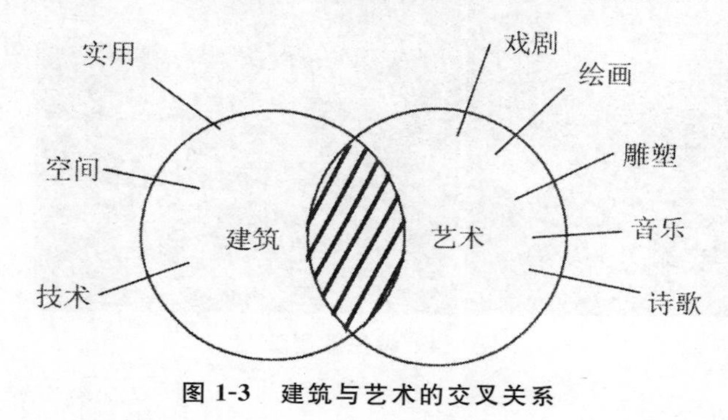

图1-3　建筑与艺术的交叉关系

(五)建筑是技术与艺术的综合体

被誉为“钢筋混凝土的诗人”的意大利著名建筑师奈尔维认为“建筑是技术与艺术的综合体”。其设计的罗马小体育宫所运用的波形钢丝网水泥的圆顶薄壳既是结构的一部分,又是建筑造型的重要元素,在造型设计中发挥着美学功效。此外,建筑大师赖特认为:建筑是用结构来表达思想的,有科学技术因素蕴含在其中。

三、建筑的属性

(一)功能性

功能性是建筑最重要的特征,它赋予了建筑基本的存在意义和价值。一个建筑最重要的功能性表现在要为使用者提供安全坚固并能满足其使用需要的构筑物与空间,其次建筑也要满足必要的辅助功能需要,比如建筑要应对城市环境和城市交通问题,要合理降低能耗的问题等。

(二)经济性

维特鲁威提出的“坚固、适用”其实就是经济性的原则。在几乎所有的建筑项目中,建筑师都必须要认真考虑，如何通过最小的成本付出来获得相对较高的建筑品质，实用和节俭的建筑并不意味着低廉，而是一种经济代价与获得价值的匹配和对应。

悉尼歌剧院（图 1-4）是一座典型的昂贵的建筑，它的席贵之所以最终能被世人所接受和认可，缘于它为城市作出了不可替代的卓越贡献。为了让这组优美的薄壳建筑能够满足合理的功能并在海风中稳固矗立，澳大利亚人投入相当于预算 14 倍多的建设资金。现在，这个建筑已经成了澳大利亚的标志。

图 1-4　悉尼歌剧院

（三）工程技术性

所谓工程技术性，就意味着建筑需要通过物质资料和工程技术去实现，每个时代的建筑都反映了当时的建筑材料与工程技术发展水平。例如古罗马人建造的万神庙（图 1-5）以极富想象力的建筑手段淋漓尽致地展现了一个充满神性的空间，巨大的穹顶归功于古罗马人发明的火山灰混凝土以及拱券技术。

图 1-5　万神庙的穹顶

(四)文化艺术性

文化艺术性是指建筑或多或少地反映出当地的自然条件和风土人情，建筑的文化特征将建筑与本土的历史与人文艺术紧密相连。文化性赋予建筑超越功能性和工程性的深层内涵，它使得建筑可以因袭当地文化与历史的脉络，让建筑获得可识别性与认同感、拥有打动人心的力量，文化性是使得建筑能够区别于彼此的最为深刻的原因。

在西班牙梅里达小城内的罗马艺术博物馆(图 1-6)设计中，建筑师莫内欧以巨大的连续拱券和建筑侧边高窗采光的手法，成功地唤起参观者对于古罗马时代的美好追忆，红砖优雅的纹理与古老遗迹交相呼应，现代与远古在一个空间里和谐共生，建筑以简单而朴素的方式表达了对于历史文化的尊重。

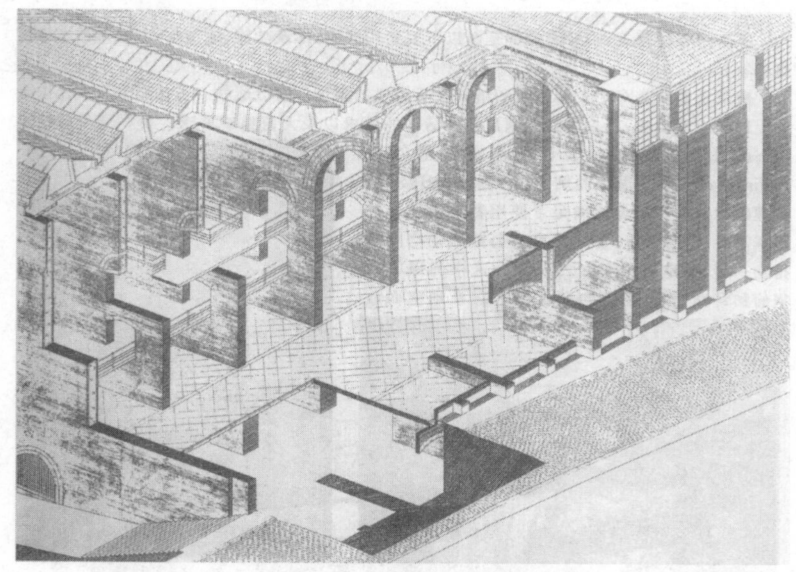

图 1-6　罗马艺术博物馆

四、建筑的分类

(一)按建筑的使用功能分类

1. 居住建筑

居住建筑(图 1-7)指供人们居住、生活的建筑,包括公寓、宿舍和民居、小区、别墅等。

图 1-7 居住建筑

2. 公共建筑

公共建筑公共建筑主要是指提供人们进行各种社会活动的建筑物,它包括行政办公建筑(图 1-8)、文教建筑、托教建筑、科研建筑、医疗建筑、商业建筑、观览建筑、体育建筑(图 1-9)、旅馆建筑、交通建筑、通信广播建筑、园林建筑、纪念性建筑。

图 1-8 行政办公建筑

图 1-9　体育建筑

3. 工业建筑

工业建筑(图 1-10)是供工业生产所用的建筑物的统称,包括各类厂房和车间以及相应的建筑设施,还包括仓库、高炉、烟囱、栈桥、水塔、电站和动力站以及其他辅助设施等。

图 1-10　工业建筑

4. 农业建筑

农业建筑(图 1-11)主要是指用于农业、牧业生产和加工的建筑,如温室、畜禽饲养场、粮食与饲料加工站、农机修理站等。

图 1-11 农业建筑

(二)按建筑的规模分类

1. 大量性建筑

大量性建筑(图 1-12)主要是指量大面广、与人们生活密切相关的那些建筑,如住宅、学校、商店、医院、中小型办公楼等。

图 1-12 大量性建筑——大型商场

2. 大型性建筑

大型性建筑(图 1-13)主要是指建筑规模大、耗资多、影响较大的建筑,与大量性建筑比,其修建数量有限,但这些建筑在一个国家或一个地区具有代表性,对城市的面貌影响很大,如大型火车站、航空站、大型体育馆、博物馆、大会堂等。

图 1-13　大型性建筑——中国电影博物馆

(三)按建筑的层数分类

1. 住宅建筑的层数划分

住宅建筑中，低层为 1～3 层；多层为 4～6 层(图 1-14)；中高层为 7～9 层(图 1-15)；高层为 10～30 层(图 1-16)；超高层为高度大于 100 米的建筑。

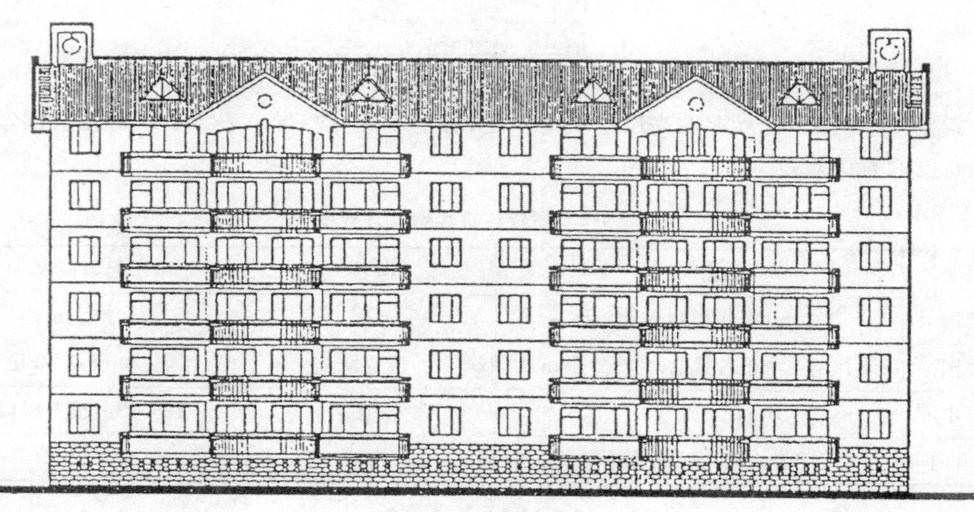

图 1-14　多层建筑

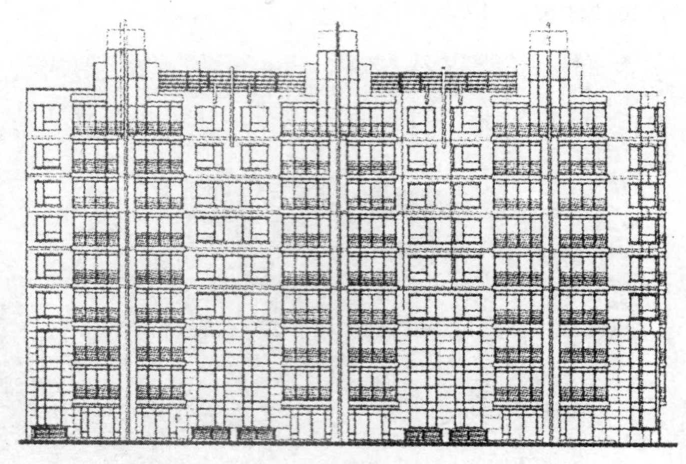

图 1-15　中高层建筑

图 1-16　高层建筑

需要注意的是，世界上对高层建筑的界定，各国规定有差异。表 1-1 列出几个国家对高层建筑高度的有关规定。

表 1-1　高层建筑起始划分界限表

国名	起始高度	国名	起始高度
德国	>22m(至底层室内地板面)	英国	24.3m
法国	住宅：>50m，其他建筑：>28m	俄罗斯	住宅：10 层及 10 层以上
日本	31m(11 层)	美国	22～25m 或 7 层以上
比利时	25m(至室外地面)		

我国《民用建筑设计通则》(GB 50352—2005)规定，民用建筑按层数或高度的分类是按照《住宅设计规范》(GB 50096—1999)、《建筑设计防火规范》(GB 50016—2006)《高层民用建筑设计防火规范》(GB 50045—1995)为依据来划分的。简单说，10 层及 10 层以上的居住建筑，

以及建筑高度超过 24m 的其他民用建筑均为高层建筑。根据 1972 年国际高层建筑会议达成的共识，确定高度 100m 以上的建筑物为超高层建筑。

2. 公共建筑及综合性建筑的层数划分

建筑物总高度在 24m 以下者为非高层建筑，总高度在 24m 以上者为高层建筑（不包括高度超度 24m 的单层主体建筑）。建筑物高度＞100m 时，不论住宅或公共建筑均为超高层建筑。图 1-17 为公共建筑。

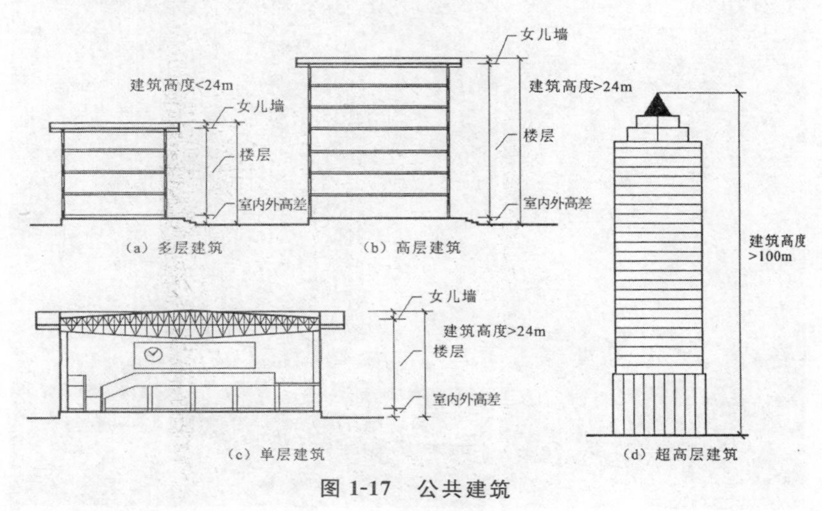

图 1-17 公共建筑

3. 工业建筑（厂房）的层数划分

单层厂房、多层厂房、混合层数的厂房。

（四）按主要承重结构材料分类

(1)砖木结构（图 1-18）建筑：如砖（石）砌墙体、木楼板、木屋盖的建筑。

图 1-18 砖木结构

(2)砖混结构建筑:用砖墙、钢筋混凝土楼板层、钢(木)屋架或钢筋混凝土屋面板建造的建筑。

(3)钢筋混凝土结构建筑(图 1-19):建筑物的主要承重构件全部采用钢筋混凝土。例如装配式大模板滑模等工业化方法建造的建筑,钢筋混凝土的高层、大跨、大空间结构的建筑,如图 1-19 所示。

(4)钢筋混凝土结构建筑:如钢筋混凝土梁、柱,钢屋架组成的骨架结构厂房。

图 1-19　钢筋混凝土结构的建筑

(5)钢结构建筑:如全部用钢柱、钢屋架建造的厂房。

(6)其他结构建筑:如生土建筑、塑料建筑、充气塑料建筑等。

五、建筑的构成要素

建筑构成的三要素(图 1-20)是建筑功能、建筑技术和建筑艺术形象。

图 1-20　建筑三要素

(一)建筑功能——实用

建筑功能主要是指建筑的用途和使用要求,建筑功能是建筑艺术设计的第一基本要素,一切的建筑设计来源就是实用,建筑功能在建筑设计中起主导作用。随着社会的发展,建筑功能也会随着人们的物质文化水平不断变化和提高。例如住宅楼、办公楼、商场大厦(图 1-21)、工厂、医院、美术馆(图 1-22)、科技馆(图 1-23)、电视塔等。住宅是为了满足人们居住的需要,商场大厦是为了满足人们物质上的需求,科技馆、美术馆是为了满足人们精神生活上的需要。这些都是根据人们不同的使用要求而产生的功能不同的建筑类型。图 1-24 为居民建筑。

图 1-21　商场大厦

图 1-22　华盛顿国家美术馆

图 1-23　中国科技馆

图 1-24　居民住宅

由于建筑的功能主要是为了满足人的生存生活需要，因此，它有三个方面的要求。

(1)符合人体的各种活动尺度的要求。人体的各种活动尺度与建筑空间有着十分密切的关系。为了满足使用活动的需要，应该了解人体活动的一些基本尺度。例如幼儿园建筑的楼梯阶梯踏步高度、窗台高度、黑板的高度等均应满足儿童的使用要求；医院建筑中病房的设计，应考虑通道必须能够保证移动病床顺利进出的要求等。家具尺寸也反映出人体的基本尺度，不符合人体尺度的家具对使用者会带来不舒适感。如图 1-25 所示。

(2)人的生理要求。人对建筑的生理要求主要包括人对建筑物的朝向、保温、防潮、隔热、隔声、通风、采光、照明等方面的要求，这些是满足人们生产或生活所必需的条件。

(3)符合人的心理要求。建筑中对人的心理要求的研究主要是研究人的行为与人所处的物质环境之间的相互关系。不少建筑因无视使用者的需求，对使用者的身心和行为都会产生各种消极影响。

例如室内空间的比例直接影响到人们的精神感受，封闭或开敞、宽大或矮小、比例协调与否都会给人以不同的感受。面积大而高度低的房间会给人以压抑感，面积小而高度高的房间又会给人以局促感。如图 1-26 所示。

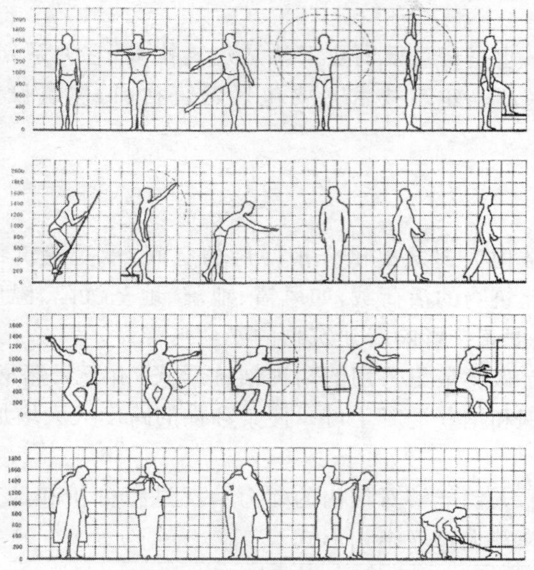

图 1-25　人体活动常用尺寸

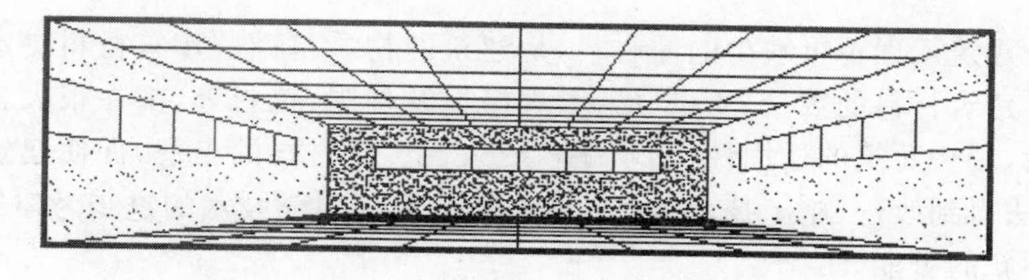

(a)面积大而高度小的房间给人压抑感

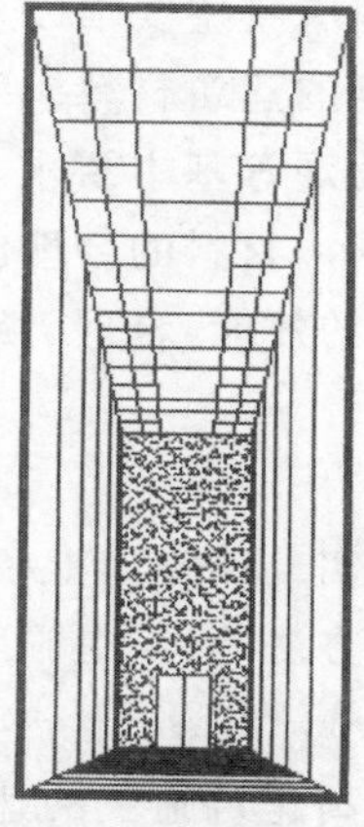

(b)面积小而高度大的房间给人局促感

图 1-26　空间比例影响心理感受

(二)建筑技术——坚固

建筑设计艺术最主要,也是最重要的要素就是建筑技术,它关系到建筑物的坚固程度,和对人们生命安全的基本保证。建筑技术主要包括建筑材料、建筑设计、建筑施工和建筑设备等。

1. 建筑结构

结构是建筑的骨架,结构为建筑提供合乎使用的空间;承受建筑物及其所承受的全部荷载,并抵抗自然界作用于建筑物的活荷载,如风雪、地震、地基沉陷、温度变化等可能对建筑引起的损坏。结构的坚固程度直接影响着建筑物的安全与寿命。

柱、梁板和拱券结构是人类最早采用的两种结构形式,由于天然材料的限制,当时不可能取得很大的空间,但利用钢和钢筋混凝土可以使梁和拱的跨度大大增加,它们仍然是目前所常用的结构形式。

随着科学技术的进步,人们能够对结构的受力情况进行分析和计算,相继出现了桁架、刚架、网架、壳体、悬索和薄膜等大跨度结构形式。

2. 建筑材料

建筑材料是建筑工程不可缺少的原材料,是建筑的物质基础。建筑材料决定了建筑的形式和施工方法。建筑材料的数量、质量、品种、规格以及外观、色彩等,都在很大程度上影响建筑的功能和质量,影响建筑的适用性、艺术性和耐久性。新材料的出现,促使建筑形式发生变化、结构设计方法得到改进、施工技术得到革新。现代材料科学技术的进步为建筑学和建筑技术的发展提供了新的可能。

建筑材料基本可分为天然的和非天然的两大类,它们各自又包括了许多不同的品种。为了“材尽其用”,首先应该了解建筑对材料有哪些要求以及各种不同材料的特性。那些强度大、自重小、性能高和易于加工的材料是理想的建筑材料。

为了使建筑满足适用、坚固、耐久、美观等基本要求,材料在建筑物的各个部位,应充分发挥各自的作用,分别满足各种不同的要求。材料的合理使用和最优化设计,应该是适用于建筑上的所有材料能最大限度地发挥其本身的效能,合理、经济地满足建筑功能上的各种要求。

3. 建筑施工与设备

人们通过施工把建筑从设计变为现实。建筑施工一般包括两个方面:一是施工技术,即人的操作熟练程度、施工工具和机械、施工方法等;二是施工组织,即材料的运输、进度的安排、人力的调配等。

装配化、机械化、工厂化可以大大提高建筑施工的速度,但它们必须以设计的定型化为前提。目前,我国已逐步形成了设计与施工配套的全装配大板、框架挂墙板、现浇大模板等工业化体系。

设计工作者不但要在设计工作之前周密考虑建筑的施工方案,而且还应该经常深入施工现场,了解施工情况,以便与施工单位共同解决施工过程中可能出现的各种问题。

(三)建筑形象——美观

建筑艺术主要是在建筑群体、单体，建筑内部、外部的空间组合、造型设计以及细部的材质、色彩等方面的表现，符合美学的一般规律，优美的艺术形象给人以精神上的享受。建筑艺术最主要体现在建筑的形象上，也就是美观。由于时代、民族、地域、文化、风土人情的不同，出现了不同风格和特色的建筑，有的建筑物的形式已经成为固定的风格。例如学校建筑大多是朴素大方的，居住建筑要求是简洁明快的，执法机构的建筑师庄严雄伟的等(图 1-27 和图 1-28)。由于建筑的使用年限较长，同时构成了城市景观的主体，因此成功的建筑反映了时代特征、民族特点、地方特色、文化色彩，具有一定的文化底蕴，并与周围的建筑和环境有机融合与协调(图 1-29 和图 1-30)。

图 1-27　人民法院

图 1-28　学校

图 1-29　北京四合院

图 1-30　城堡

第二节　建筑设计的特点

建筑设计是指建筑物在建造之前，设计者按照建设任务，把施工过程和使用过程中所存在的或可能发生的问题，事先作好通盘的设想，拟定好解决这些问题的办法、方案，用图纸和文件表达出来的过程。建筑设计作为备料、施工组织工作和各工种在制作、建造工作中互相配合协作的共同依据，便于整个工程得以在预定的投资限额范围内，按照周密考虑的预定方案，统一步调，顺利进行，并使建成的建筑物充分满足使用者和社会所期望的各种要求。

建筑设计是一个时代背景下一定的社会经济、技术、科学、艺术的综合产物，是物质文化与精神文化相结合的独特艺术。建筑作为一个物质实体，它占有一定的空间，并耸立于一定的环境之中。一个独立的建筑体，其本身必须具有完整的形象，但绝不能不顾周围环境而独善其身。建筑的个体美融于群体美之中，与周围环境相得益彰。

一、体现实用与审美的双重价值

建筑环境是体现人工性特点的生活空间，它从根本上提供了人的居住、活动场所，这是最现实也是最基本的特点。人类居住、活动最具实用性的需求首先是坚固、耐用和历久弥新，并且它紧紧联系着建筑本身的美观，现代人更需要愉悦、舒适，它的形式美驱动的审美反应，使建筑在内外装饰、平面布局、立面安排、空间序列确立起美的形式语言，以满足人们精神上的需要。如图 1-31 所示，从上海中环广场甲级办公楼建筑的设计中，可见实用和审美的双重价值，这是建筑设计的本质特征。

图 1-31　上海中级广场甲级办公楼

二、体现科学技术性

建筑环境设计的技术性在本质上不同于其他艺术所指的“技巧”，而是一种科学性的概念。每一个时代都是根据特定的技术水平来建筑的，科学技术的进步为建筑艺术的发展提供了可能。现代工程学已经树立起一百多年前根本无法想象的建筑方法，当今城市空间的立体化环境设计技术的崛起，明显地给建筑设计带来了一个区别于其他艺术的重要表征，如图 1-32 所示的 2008 年国家场馆设计，是充分体现高度科学技术的代表性建筑。

图 1-32　2008 年国家场馆

三、融入整体的建筑环境

建筑一经落成，就成为人类环境中的一个硬质实体，同时一定的人文景观也影响建筑风貌。如图 1-33 所示，在依山傍水的希腊小岛滨海宅区的建筑群中可以见到，任何一座建筑的设计都必须考虑到它的背景，适应公众对整个环境的评价，建筑的艺术性要求使建筑与周围的环境互相配合，融为一体，构成特定的以建筑为主体的艺术环境，这是构成建筑美所不可忽视的条件。

图 1-33　希腊小岛滨海宅区

四、富有时代风格气息

建筑艺术形象具有很大的抽象性，虽然不能直接反映生活，但其内容和形式上所展现的风格，却可以揭示出一定时代和一定社会的心理情绪、审美理想和时代精神，包含着深刻的历史因素。如图 1-34 所示，中银舱体楼，具有堆砌式的艺术风格；如图 1-35 所示，饱经沧桑的千灯镇传统建筑，洋溢着中国地域文化的历史文脉。

图 1-34　中银舱体楼

图 1-35　千灯镇传统建筑

第三节　建筑设计的原则与要求

一、建筑设计的原则

（一）建筑设计的基本原则

随着生产力的发展、社会的进步，建筑物早已超出了一般居住的范围，建筑类型日益丰富，建筑的造型也发生了巨大的变化，形成了不同历史时代、不同地区、不同民族的建筑。早在 1953 年，我国就制定了“适用、经济，在可能条件下注意美观”的建筑方针以及一系列的政策，这对当时的建筑工作起到了巨大的指导作用。随着社会的发展与进步，在 1986 年，由建设部制定并颁发了《中国建筑技术政策》，明确指出“建筑业的主要任务是全面贯彻适用、安全、经济、美观的方针”。

“适用、安全、经济、美观”与建筑构成的三要素是相一致的，反映了建筑的本质，同时也结合了我国的具体情况，所以说，它不但是建筑业的指导方针，也是评价建筑优劣的基本准则。

1. 符合政策

建筑设计是一项政策性很强而且内容又非常广泛的综合性工作，同时也是艺术性较强的一项创造。为此，建筑设计必须首先符合以下政策要求。

(1)坚持贯彻国家的方针政策，遵守有关法律、规范、条例。

(2)结合地形与环境，满足城市规划要求。

(3)结合建筑功能，创造良好环境，满足使用要求。

(4)充分考虑防水、防震、防空、防洪要求，保障人民的生命财产安全，并做好无障碍设计，创造众多便利条件。

(5)保障使用要求的同时，创造良好的建筑形象，满足人们的审美要求。

(6)考虑经济条件，创造良好的经济效益、社会效益、环境效益和节能减排的环保效益。

(7)结合施工技术，为施工创造有利条件，促进建筑工业化。

2. 功能适用

功能适用是指恰当地确定建筑面积，提供功能合理的布局，必需的技术设备，良好的设施以及保温、隔热、隔声的环境。

3. 结构安全

结构安全是指建筑结构的安全度，建筑物耐火及防火设计，建筑物的耐久年限等。

4. 成本经济

成本经济主要是指经济效益，它包括节约建筑造价、降低能源消耗、缩短建设周期、降低运行、维修和管理费用等。既要注意建筑物本的经济效益，又要注意建筑物的社会和环境综合效益。

5. 形象美观

形象美观是指在适用、安全、经济的前提下，把建筑美和环境美列为设计的重要内容。并在内部及外部空间组合、建筑形体、立面式样、细部处理、材料及色彩关系上，构成一定的建筑形象，为人们创造良好的工作和生活条件。

(二)建筑设计的形式原则

1. 变化与统一

在建筑的设计形式中追求既多样变化又整体统一，已成为建筑艺术表现形式的基本原则。变化，是建筑各种形式之间相互关系的一种法则。要求在形式要素之间表现出不同的特征，以彼此相反的形式进行对比，强调两者的对比效果，避免建筑样式的单调，由此引起注意并产生视觉兴奋。其内容包括：形的大小、方向；光的明暗、色彩、质地；形的刚柔、宽窄、锐钝、虚实等。变化规律在建筑设计中是最活跃的因素。

统一就是将建筑的各部分通过一定的规律组合成一个完整的整体，这是建筑中求得形式间相联系的一种法则。统一又指构成形式美的物质材料量的关系，其特点是一致与重复，体现为整齐划一的统一秩序。与变化相反，它强调形式间的相同点，使各种不同要素能有机地处于相互联系的统一体中，这是设计中最具和谐效应的方法。具体手法包括：对称、反复、渐变、对位等，通过这些手法，使形与形之间相互对话，找到一种内在的统一和相关点，如屋顶、门窗、墙柱等单元形体及细部形象的处理有同一的法则或方式，如图 1-36 所示。

图 1-36　西班牙设计师高迪在景观设计中追求多样变化而又整体统一的艺术效果

变化与统一规律的要求还表现在建筑群各部分的形式关系中十分注重主体与从属体的关系。主从之间既有区别又有联系。如果把这种关系加以强调，能产生主次分明的效果。在建筑的规划设计中通常运用中轴线来安排各部分的位置，一般把主要部分放在主轴线上，从属部分放在轴线两侧的副轴线上。例如故宫建筑的总体布局在南北中轴上，主要由三大殿组成，轴线两侧是嫔妃居住的东西六宫等。整个建筑群中，采取众星捧月的方式，突出太和殿。在不规则布局中，通常用体量大小、高低差别的对比方法，取得主次分明、主体突出的效果。

2. 均衡与稳定

均衡，这是设计的主要法则。在自然界，相对静止的物体都是遵循力学的原理，以安定的状态存在着的，这是地心引力在地球上创造的特殊法则。人们把均衡和稳定视为审美评价的重要方面。均衡形式一般可分为两类，即静态均衡与动态均衡。前者是指在相对静止条件下的平衡关系；后者是以不等质和不等量的形态求得非对称的平衡形式。这两种形式，一种在心理上偏重于严谨和理性，因而有庄重感；而后一种则偏重于灵活性，因而具有轻快感。

中国古代建筑中，宫殿、坛庙、陵墓、明堂、牌坊几乎都保持了严格的对称构图。平面以间为单元，取 1、3、5、7、9 等单数开间，自然就有了对称中心。对称是取得秩序的最有效方式，对称创造了庄严肃穆、端正凝重、平和宁静，充满着井然有序的理性美。在西方古典建筑艺术中，对人体美的崇尚中也找到了人体对称的美。希腊神庙，从门廊到山花，其外侧柱都向中倾斜，立面的水平线在中部弯曲，还包括山花的尖角，无一不在强调对称中心的存在。典雅和端庄也在对称构图中得到实现。

近代庄严隆重的公共建筑，构图中也以严格的对称均衡来表达建筑物的性格，使主从关系非常分明。近代建筑愈来愈复杂的功能要求，导致了平面的不对称，对称的立面构图也与不对称的体量相去甚远，中轴线对称的规划式均衡，很多已被自由不对称的生动有韵律的不对称均衡形式所代替。当均衡中心两侧在形式上不相同时，构图中的均衡中心将不再明确，那么均衡的美学原则是否可以发现呢？人们在均衡稳定的一致性上发现了杠杆平衡原理。

如图 1-37 所示，意大利的园林中的石体廊桥，多以对称均衡的方法追求形式的稳定感。另外，自然界的物体，由于受地心引力作用，为了维护自身的稳定，靠近地面部分往往大而重，上面部分则小而轻。底面积大，可以获得稳定感，这就产生了重心靠下的概念。埃及的金字塔、西安的大雁塔，都是建筑体量上由底部较大而向上逐渐递减缩小的范例。建筑基部采用粗石和深色进行表面处理，上部采用较光滑或色彩较淡的材料，也给人以稳定感。现代建筑利用框架结构的新技术，打破了传统的稳定概念，产生了一种全新的感觉。

图 1-37　意大利的廊桥多以对称均衡显示稳定感

3. 比例与尺度

比例与尺度，是建筑设计形式中各要素之间的逻辑关系，即数比美学关系在建筑设计中的体现。数比律起源于古希腊，把它运用到建筑造型设计中，可使建筑形式更具有逻辑关系。如图 1-38 所示，一切建筑物体都是在一定尺度内得到适宜的比例，比例的美也是从尺度中产生的。

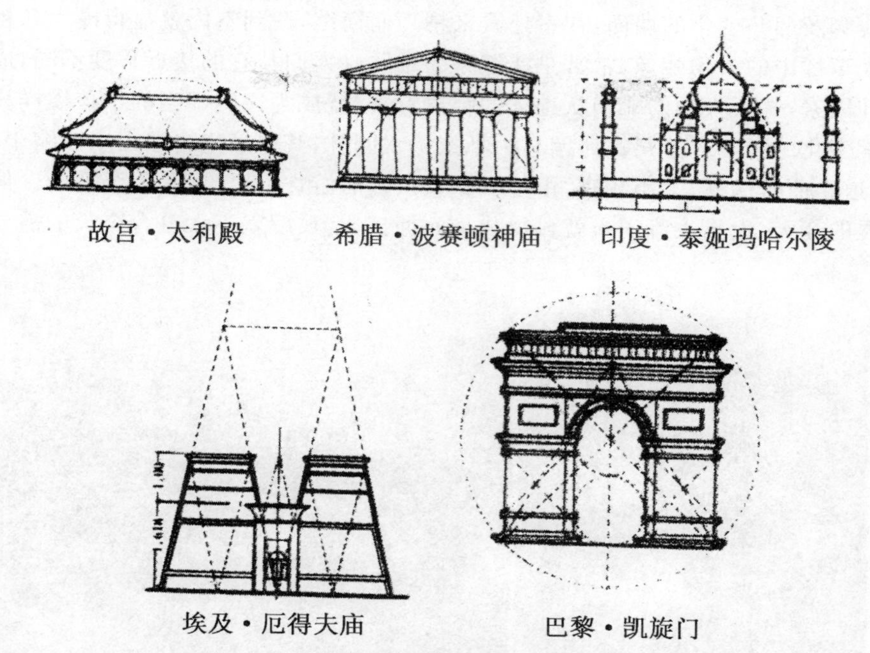

图 1-38　数比美学关系在建筑设计中的运用

比例，是建筑造型中的部分与部分之间量的比较，可以分等比、大小比、黄金比等。比例的优劣，需从整体关系、主次关系、虚实关系来确定。

(1)黄金分割

黄金分割亦称黄金比。美国一个叫格列普斯的人，用 5 个不同比例的矩形，在民众中进行民意测试，其结果是，多为人们接受的是黄金比矩形。黄金比矩形的画法如下：

在正方形底边量取中点，以中点为圆心、中点至正方形上面的任一个顶点的长为半径画弧，交于底边延长线上，交点即为黄金比矩形长边的端点。

日常生活中这两种黄金比矩形被广泛应用，如明信片、纸币、邮票，以及有些国家的国旗，都采用了这种比例。

(2)心理尺度

艺术规律中，常常是把繁杂的不同因素处理在一个高度统一、高度概括、结构完整的构图中，认为是一种崇高的形式。在具有三度空间的建筑体上，人们认为简单的并且容易认识的几何形状都具有必然的统一感。同样在平面构图中，凡是简单的平面几何图形，比如圆、正三角形、正方形，都令人感到和谐的效果。一些公认为优秀的形式美经典构图，都会被人们用简单的几何图形进行分析、图解、探索，如图 1-39 所示。

从构思的角度上说，圆形的音乐厅能产生一种向心力，有很好的观赏效果。尼罗河畔的茫茫利比亚沙漠中的金字塔群，在没有任何参照物尺度作对比的照片上，人对金字塔的印象不可能深刻。当人们见到金字塔前方数百米的驼队在古金字塔为背景的画面上像蚂蚁队般的蠕动前行，人们就会为宏伟的金字塔为什么能体现法老的威慑力量而叹服。如果人们有机会站在尼罗河的东岸眺望对岸的金字塔，古埃及自然朦胧的原始美更会令人为之震撼。

如何把握建筑物的尺度呢？外部环境中建筑物有尺度问题，内部空间也有尺度问题。一处具体的线脚及凹凸变化的墙面，在室外看来精巧而简练，搬到室内就显得庞大和粗糙。一些广场上及大草坪中的人物雕像，常常是雕塑家的难题。人们与它的接近程度不同，成为其尺度大小可变的因素，真人大小的雕塑从稍远的距离看去，就成为比例不当的小孩模样。比例尺度受多种因素变化的影响。苏州古典园林为私家山水园林，其造景把自然山水浓缩于园中，建筑小巧精致，道路曲折蜿蜒，大小相宜，由于供少数人起居游赏，其尺度是很合理的。但在旅游事业飞速发展的今天，大量人流涌入就显得狭小而拥挤，其尺度就不太符合今天的需要。

(a)一根简洁的曲折线随势起伏勾勒出崇高的心理长城

(b)贝聿铭运用金字塔构图

图 1-39　用简单的几何图形分析经典构图

在人体工程学中，对家具、物品、建筑等造型都依据人体适用的比例、尺度来确定。而人体的比例尺度，往往又是衡量其他物体比例形式的重要因素，任何形式都有它的比例，但并非任何形式比例都是美的。因此它要通过对比、夸张的比例来突出它的美。这就是说，虽然尺度在造型设计中不是严格的，但从比例来说它又不是死的，要灵活运用。图形与空间分割、造型的比例是一个极重要的美的条件。

(3)数理比例关系

对数学定义上的比例，人们在古往今来的实践和视觉经验中发现了合理的关系，这种合理的关系就是美的规律。设计中，为使墙面与开洞之间具有条理性，高、宽比之间一些矩形看上去将是协调的。矩形对角线将矩形分为两个相等的三角形，在对角线上任取一点作为新矩形的角点时，新矩形的各边与原矩形对应各边比例会有相同的比值；两矩形对角线垂直，则两矩形对应边成比例。这些被认为是相似即协调的比例关系，在墙面构图中得到广泛应用。

在建筑设计中，功能及结构形式支配着大部分房间尺寸和高度，在不影响功能时，我们可以放宽、收窄、拉长和缩短平面尺寸，必须推敲不同高度的空间效果，并且首先要抓住明显的三度空间中的比例，再细致入微地考虑立面的开洞和尺寸。物美价廉的草图纸最能帮助我们找到协调的比例。

建筑的尺度与人的使用惯例有关。失去了尺度感的建筑，人们很难与之亲近，如高大的建筑不能用小型建筑惯用的屋檐做法。正方形、圆形、等边三角形因具有肯定的外形、良好的比例关系而吸引人，北京天坛采用天圆地方的几何形布局，适应了功能及设计的规律。

4. 节奏与韵律

节奏与韵律，就是指在建筑设计中是造型要素有规律地重复。这种有条理的重复会形成单纯的、明确的联系，富有机械美和静态美的特点，会产生出高低、起伏、进退和间隔的抑扬律动关系。在建筑形式塑造中，节奏与韵律的主要机能是使设计产生情绪效果，具有抒情意味。

形式美中的“节奏”，是在运动的快慢变化中求得变化，而运动形态中的间歇所产生的停顿点形成了单元、主体、疏密、断续、起伏的“节拍”，构成了有规律的美的形式。

节奏与韵律概括起来可以分为五类：渐变的韵律、连续的韵律、旋转的韵律、交错的韵律、自由的韵律。下面对渐变的韵律、连续的韵律描述如下。

(1)渐变的韵律

渐变的韵律，是指建筑设计中对相关元素的形式有条理地、按照一定数列比例进行重复地变化，从而产生出渐变的韵律。渐变的形式是多样式化的，多以高低、长短、大小、反向、色彩、明暗变化等多种渐变。如图 1-40 所示是福建的土楼建筑，在建筑垂直方向的构图中，圆形从上到下有条理地缩小，在实用的前提下，较多兼用了渐变韵律的特点，产生了形式美感。中国的古塔、亭、台、阁的造型，以及一些现代建筑中(比如上海金茂大厦等)，都运用了垂直方向上的渐变韵律，从而产生了优秀的垂直韵律。

形式美中的渐变“韵律”是一种调和的美的格律。“韵”是一种美的音色，它要求这种美的韵律在严格的旋律中进行，是一种秩序与美的协调。这种手法一般较多地适用于文化、娱乐、旅游、幼托设施及建筑小品等方面。在这一类建筑设计中，从结构、骨架、纹样组织、线脚元素、比例、尺度，到形态的变化，以及形象的反复、渐变等，都像律诗那样有着严格的音节和韵体，从而产生了一种非常有表现力的优美的形式。

图 1-40　福建土楼垂直方向构图中优美的渐变韵律

(2)连续的韵律

将建筑中的一个或几个元素形式按照一定的规律进行连续排列,从而会产生不同的韵律美。在一些元素形状相同的重复中(如图 1-41 所示),能产生强烈的连续美。但我们还可以改变间距的方式,采用不同的分组,而它重复的韵律依然存在。而在这有规律的间隔重复中,又产生了新的连续的韵律,如建筑物的门窗、柱、线脚就常采用这些构图手段。当构图元素基本形状不相同时,尺寸的重复(间距尺寸相等),韵律的特点仍然能够得以体现。

现代形式美的重要特征在于以不对称和各种对比形成的动态秩序打破了过去的静态平衡,或以相对严格的对称而取得了新的秩序美感。随着科学技术的发展及生活方式的不断完善与变化,以及人们对空间的感受和活动特征的不断改变,形式规律也相应发生了变化,并在现代设计中发挥着积极作用。

图 1-41　西班牙设计师高迪的公共艺术设计中常常采用重复连续的韵律

形式美的各种表现形态都是对立统一的具体化，都贯彻着“寓多样于统一”这样一种形式的基本规律中。“单调划一”的形式不但不能表现复杂、多变的事物，也无所谓美。但是，仅仅有“多”“不一样”的杂乱无章、光怪迷离，也足以使人眼花缭乱。

根据这些形式美的法则进行建筑的整体或局部设计，能够强化建筑物的审美主体，并对建筑的功能赋予审美情趣，使建筑表现出鲜明的个性特征和强烈的艺术感染力。建筑具有独特的艺术语言，如空间序列的组织、体量与虚实的处理、蒙太奇式的表现手法、色彩与装饰规律的应用等。建筑设计按照这些形式美的法则来编辑和使用这些语言，借以充分表情达意，并产生更高的审美价值。

二、建筑设计的要求

建筑设计的过程是一个综合的思维过程，作为建筑设计师必须综合考虑各个思维环节的多种需要，统筹安排和解决功能设计、技术设计和艺术设计方面的各种矛盾，处理好总体布局、群体轮廓、环境构思、空间组合、平面布置、立面造型和细部构造等方面的问题，使建筑符合各种客观的功能要求和适宜的主观意图。

总体布局是从全局出发，综合考虑构想中建筑物的室内外空间诸多因素，使其内在功能要求与外界条件彼此协调并有机结合起来。

环境构思是将客观存在的“境”和主观构思的“意”结合起来，使建筑体型、形象、材料和色彩都同周围环境相协调。在建筑功能方面，为满足使用要求，应妥善分析并划分功能区域，使有关联的部分尽量靠近，以保证使用方便，让互不相关的部分远离，以排除干扰。要组织好人与物的流动线路，做到联系简洁，避免交叉，以求效率与安全。

平面和空间组合，要求根据各类建筑的功能，将大小空间和关联空间的单元组合成一个综合整体，不管是一幢建筑或是其中的一个部分，都要根据它的使用功能、物质技术、艺术造型和周围环境进行空间组合。采用“并联式”或“串联式”“单元式”“大厅式”“大统间分聚式”及“空间连贯式”等组合方式，多样统一而又别具一格。要选择好建筑物适宜的朝向和方位，争取良好的采光与通风条件。

在建筑技术方面，选择或确定结构方案时，考虑结构形式符合使用功能的要求，保持经济与技术上的合理性以及施工技术条件的可能性，对设备用房及安装细节都要给予落实。

在对于建筑的艺术处理方面，从方案设计到施工图设计，自始至终都要围绕一个明确的设计意图，坚持将建筑的艺术构思贯彻在所有的环节上，遵循形式美的法则，争取建筑形象的尽善尽美，并通过对造型、材料和施工工艺的出新表现，体现建筑的性格、时代感、地方特色与民族风格。

从事建筑设计的建筑师，相当于影视创造艺术中的编导，必须顾及全局，综合考虑各专业的协同关系，全面统筹解决各种矛盾，不断寻求妥善处理工程疑难的最佳对策，有预见地为建筑物的施工与工程的顺利进行提供协作配合的共同依据。

建筑艺术作为造型艺术的一种类型，除了应具有造型艺术的基本特征外，还具有三方面的特性：一是建筑首先需满足实际的使用要求，二是建筑具有诸多工程的技术性，三是建筑作为艺术品往往不是设计师个人最终完成的。因此，作为一项整体的系统工程而言，应具有特殊的造型要素和美学法则。

对建筑的艺术要求,还因历史和时代、民族和地域的不同而有所差异。建筑师在建筑设计中必须从多方面特性出发,运用建筑形式美的法则,对建筑进行应时应地的全面考虑,才能创造出理想的作品。建筑艺术所涉及的对象大体有:建筑的外部和内部形象、建筑的光和色、建筑的内外空间形象、建筑的细部形象和装饰设计等方面。

第四节　建筑设计的一般程序

建筑设计的程序是一项严密的控制系统工程,从项目实施的开始到结束,必须遵循一定的规范,建筑设计的程序就是统一部署建筑工程的完整的计划蓝本,它是在建筑师、设计师、艺术家的严密策划中,通过文字和蓝图将各项工程技术措施制成设计文件,以作为工程实施过程中的依据。它与基本建筑规程有紧密联系,包括设计的前期工作和按照蓝图施工之后实践对设计的验证和评价。

建筑设计一般的程序是:工程建筑项目的可能性研究、建筑设计任务书编制、设计招标与投标、工程基地踏勘与调查研究、建筑方案设计、建筑模型制作、初步设计、工程地质勘查、技术设计、施工图设计、工程设计预(概)算、工程设计技术交底、竣工验收、设计回访等。现就与艺术设计范畴有关的要点分述如下。

一、工程项目可行性研究

这一阶段要求对工程建设项目在技术与经济上的合理性和可行性进行全面的分析比较和论证,以期达到最佳经济效果,这是提供投资部门决策的主要依据。一般可分为以下 4 个阶段。

(一)投资项目鉴定阶段

这一阶段是通过对建设项目有关方面调查资料的分析,鉴别该项目是否合理和必要,是否有失误的可能,从而迅速进行选择。分析的顺序一般为:社会环境功能分析,技术装备功能分析,空间、结构功能分析,装修尺度功能分析等。

(二)初步可行性研究阶段

这一阶段要求用较短的时间、较少的精力和费用,对建筑项目所能发挥的近、远期社会效益作粗略的研究。根据需求预测、确定拟建项目的合理规模和等级类别。

(三)技术经济可行性研究阶段

对建筑项目进行深入地技术经济考证,调查资源、能源、原材料、交通、设备、劳动力和自然环境、运输条件的落实情况。确定建筑地址和设计方案,设置组织系统和人员培训,预计建设年限，并在安排工程进度等方面拿出细致的规划。

（四）评价阶段

从社会经济角度出发作出评价和比较，包括估算投资费用、资金周转计划、资本盈利率等。最后，以“工程发展规划评价”为题，提出可行性研究报告，按隶属关系呈报上级主管部门进行审批。

负责可行性研究的单位要经过资格审定，并将对工作成果的可靠性和准确性承担责任。

二、建筑设计任务书的制定

建筑设计项目内涵的复杂性决定了实施项目程序制定的难度。这个难度的关键在于设计最终目标的界定。通俗的说法是建筑物如何使用如何建筑，这个最基本的问题方向的确定，直接关系到项目实施的结果。

就建筑师、设计师而言，都希望自己的设计概念与构思方案能够完整体现，但在现实生活中，建筑物的使用功能还是占据主导地位，空间的艺术形式毕竟要从属于功能。这就决定了设计师不能单凭自己个人的喜好去完成一个项目。设计师与艺术家的区别在于：前者必须以客观世界的一般标准作为自己设计的依据；后者则可以完全用主观感受去表现世界。这一区别也是建筑设计的重要特征之一。

建筑设计任务书是建筑单位根据生产和生活要求所拟定的基本建设任务计划性文件，是建设单位确定基本建设项目和编制设计文件的主要依据。所有新建、改建或扩建的项目，都要根据国家和地区国民经济的长远规划和布局，按照项目的隶属关系，由主管部门组织计划、设计，由勘查单位具体编制。其内容包括：

（1）建设的目的和根据，建设的规模及其效能。工业建筑的效能是指厂房投产后的产品规划和纲领、生产方法和工业原则；民用建筑则是指为人民生活服务的各项功能指标。

（2）资源、能源、原材料、水文、地质、运输等方面协作配合的条件。

（3）综合利用和环境保护。

（4）建筑地点、地区和占用土地的估算。

（5）防灾抗震要求。

（6）建筑工期。

（7）投资控制数额。

（8）劳动定员控制数。

（9）规定要达到的经济效益和技术要求等。

三、建筑设计方案

建筑设计方案的产生应该是建立在明确设计概念的基础上的，在项目实施的程序中确定方案会出现不同的模式。理想的模式是已与甲方签订了正式设计合同，可以就设计的概念与甲方进行深入探讨。确定方案的过程顶多是一个图面形式的反复过程。但在现阶段市场经济和激烈竞争机制下，由甲方直接委托设计的可能性越来越小。而招标、竞标成为确定设计方案的主要方式。因此，严格的投标程序能够保证优秀设计方案的脱颖而出。

设计方案是根据任务要求拟出的设想图，是建筑创作意图的具体化和形象化表现，如图1-42所示。在建筑设计领域中，建筑师发挥出匠心独具的创造性构思，将时代物质条件、环境和精神因素的影响，与社会生活、活动的需要有机地结合到建筑平面和空间的组织中去，实现其从形象思维到形体构成的关键性飞跃，从而勾画出理想中拟建的造型图形。

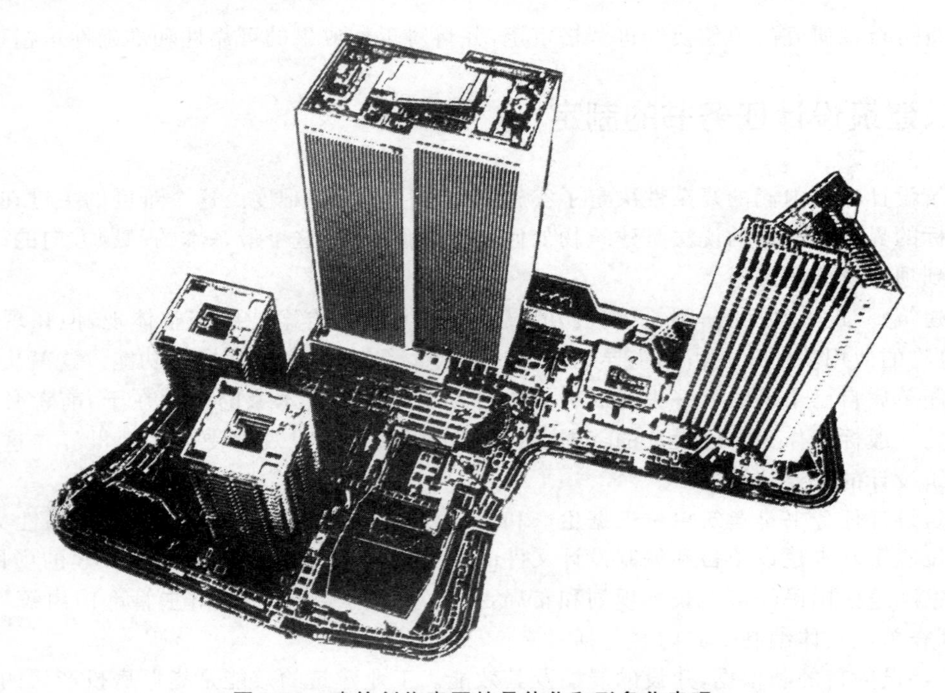

图 1-42　建筑创作意图的具体化和形象化表现

对每一项建筑或建筑群一般都要提出若干个不同深度和布置方式的方案，以资分析比较，并最终选择或归纳成一个合理的最佳方案。建筑设计方案的图形包括建筑平面、立面、剖面、透视或鸟瞰图。确定方案的过程，绝不是一个纯学术的技术与美学讨论，社会环境的政治、经济、人际关系因素，人工环境的构造、设备、功能关系因素，都将对确定方案的决策过程产生重大影响。因此，一个具体的项目工程，其方案的决定必然是各种因素的高度统一。

方案图形的绘制过程本身就是一个设计概念的深化过程，是一个诉诸公众、诉诸甲方表达众多要素、打动人心的极好机会，设计者不能轻易地懈怠这个环节。

模型制作，是初步方案出台以后或者作为方案设计的一个方面与图形设计同时进行的一项工作，如图1-43所示。有时在设计的过程中作为一种重要的手段，可以按照目标要求进行任意改变，较之在图纸上用笔反复斟酌要方便灵活得多，而且能显示真实感。初步设计阶段的模型制作，作为探究性的塑造手段，可简略、随意些。初步设计完成后，在制作(供审定用)方案展示模型时，就必须按真实比例、色彩、质感、环境甚至室内及构造细部作具体精致的表现。

图 1-43　在图形设计的同时进行初步方案的模型制作

建筑方案的模型制作，要力求充分体现出建筑设计创作所要表达的思想、意境和理想氛围。通常使用易于加工的薄质片状或轻质块状材料，如：硬纸板、胶合板、金属薄片、塑料、有机玻璃、泡沫塑料、油泥等。按照设计图纸或设计构想，依照一定比例缩小成建筑单体或群体的造型模样，以此反复研究和推敲建筑体型，以及建筑空间关系与周围环境的设计效果。

四、建筑技术设计

在建筑方案确定后，便进入技术设计阶段。其任务是在各工种相互协调一致的工作状态下进行建筑设计规范化措施的确定，编制拟建工程中各项有关设计图纸、说明和概算等。

技术设计经主管部门审核批准后，作为绘制施工图、准备主要建筑材料和设备订货的依据，并作为查找基本建设进度和工程款项分期拨付的文件。在施工进程中，大型工程、复杂功能建筑的建筑构件和设备管道相互穿插。为避免各相关工种彼此矛盾，必须拟定详细精确的施工图和说明书，而技术设计将有助于这两项工作。

(一)技术设计的规范

建筑设计的规范措施，是对新建筑物所作的最低限度技术要求的规定，是由国家制定的建筑法规体系的组成部分，在建筑设计中必须遵循。建筑法规分三个层次：

(1)法律，主要涉及行政和组织管理；

(2)规范，侧重于综合技术要求和标准；

(3)标准，侧重于单项技术要求。

建筑设计规范的内容和体例一般分为如下两部分：

(1)行政实施部分，规定建筑主管部门的职权，如进行设计审查和颁发施工及使用许可证；议事、上诉或进行仲裁等；

(2)技术要求部分，按照用途和构造对建筑物的分类分级；规定各类建筑物的使用荷载，建筑面积、高度、层数的限度；有关建筑构造的要求；常规的统一技术措施及其他某些特殊的专门规定;对防火与疏散问题的规定等。

与建筑设计密切相关的结构、材料、供暖、通风、照明、排水、消防、通信、动力等专业都具有各自的设计技术规范。对于这些规范,几项重要的如建筑结构设计、建筑结构选型、材料选择与利用等将分别进行说明。

(二)建筑结构设计

建筑结构设计是建筑设计中最基本的环节,如图1-44所示。所谓建筑结构,就是建筑物中由承重构件,如梁、柱、墙、桁架、楼盖和基础等所组成的体系,即含有技术因素的建筑物的构成体系,用以承受作用在建筑物上的各种荷载。

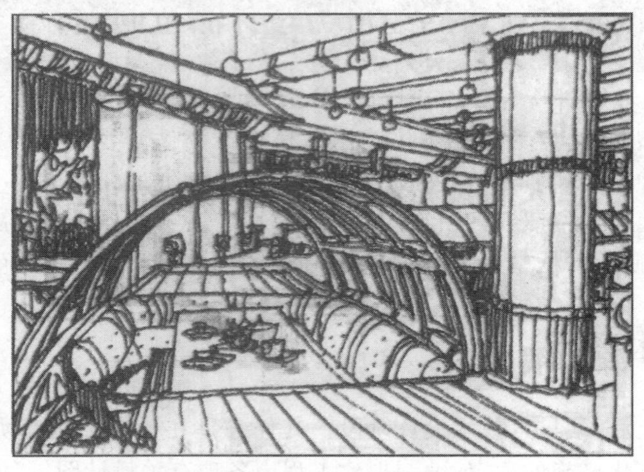

图1-44 建筑结构设计

建筑结构必须具有足够的强度、刚度、稳定性和耐久性,以适应使用要求。从使用的建筑材料上区分,建筑结构有:木结构、钢结构、钢筋混凝土结构、砖石结构、薄膜结构(如帐篷与充气薄膜结构)等;从结构体系上区分有:骨架结构、砖混结构、筒体结构、框架结构、网架结构、壳体结构,板柱结构、悬索结构、悬挂结构、装配结构、剪刀墙结构体系法。随着工程科学的不断发展,建筑结构技术愈来愈趋向先进、发达。

(三)建筑结构选型

建筑结构选型是建筑结构设计中的重要环节之一。根据建筑物的不同用途和可能条件，综合考虑建筑结构和施工等方面的问题，并经过技术经济比较，合理确定建筑结构体系，选择其结构材料和构件。

建筑结构选型的原则，是从实际出发，因地制宜，就地取材(充分利用工业废料、节约木材、钢材和水泥)，技术先进，经济合理，安全适用，施工方便。优先采用预制装配式结构，选用国家、地区或部门的定型构件，提高标准化、工业化水平。对有特殊要求(如防震、防腐蚀、恒温等)的建筑结构，应视具体情况作特殊考虑。

(四)材料的选择利用

建筑材料的选择与设计密切相关。其类型、价格、产地、厂商、质量等要素制约着艺术设计的展开和工程技术的实施。在一个相对稳定的时间段内，某一类材料用得广泛，这类材料就是流行的时尚。这种流行实际上是人们审美能力在建筑艺术设计方面的一种体现。

一般而论，建筑材料的使用总是与不同部分的使用功能要求和一定的审美概念相关，似乎很少与流行的时尚发生关系。但是，随着各种新型材料的不断涌现，以及社会的攀比和从众心理，在材料的选择和使用上居然也泛起流行的浪潮。材料的色彩、图案、质地是选择的重点。在实际的项目工程中选择材料要切实注意以下几点。

(1)设计中首先要考虑到不同材料的性能和特性。材料的特性大致分为以下几个方面：

①物理特性，如重量、热学(导热、热胀性能)、电学(导电、电阻)、声学(隔音、消音)、光学(光泽透明度)等；

②化学特性，如耐久、耐腐蚀性等；

③力学特性，如弹性、塑性、黏性、韧性、黏度、硬度等；

④感觉特性，与人的生理、心理相关的特性，如冷暖、贵贱、色彩等；

⑤经济特性，设计是商品，就要考虑成本。材料的经济与设计品位问题，是有关消费接受的重要因素之一；

⑥其他特性，包括时间性、污染性、组合性、协调性等。

(2)设计中要体现材料的形式美，还要注意天然材料在色彩、纹样上的差异，应充分利用材料固有的形式特色，包括材料本身的肌理美，在设计中应当充分地进行发掘。

(3)设计中要重视材料的各种环保要求：

①这样的设计方案会不会造成材料能源的浪费？

②设计用的材料是否可以回收利用？

③设计中，有没有过度地滥用材料？

④设计活动是否影响整个生态平衡？

⑤设计是否合乎环境标准？

五、建筑施工图设计

施工图是建筑设计方案确定后的设计图。如果说设计之初、方案确定之前的“草图”阶段是以“构思”为主要内容，而方案一经形成并进入研究阶段的“建筑构图”是以“表现”为主要内容，则施工图在方案完全确定后，将成为工程实施的蓝本，所以要以“标准”为主要内容。这个标准是施工唯一的科学依据。再好的构思、再美的表现，如果离开标准的控制则可能面目全非。施工图的制作是以材料构造体系和空间尺度体系为基础的。如图 1-45 至图 1-47 所示。

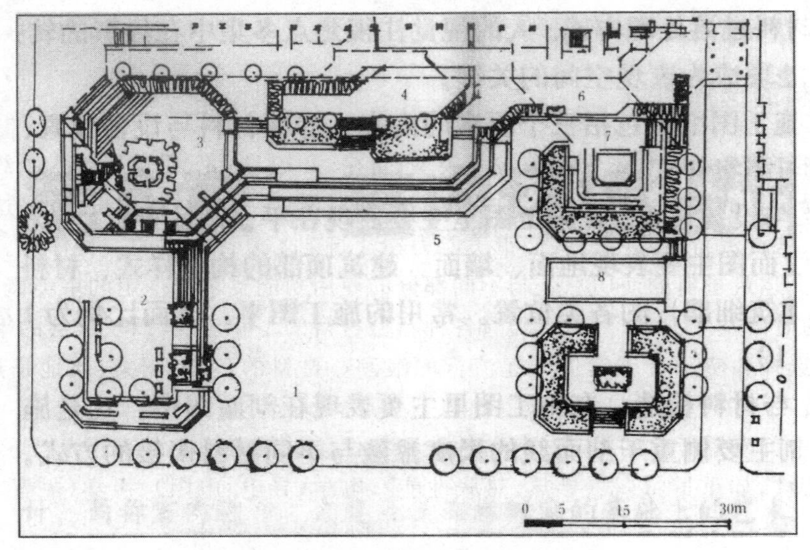

图 1-45　施工平面图

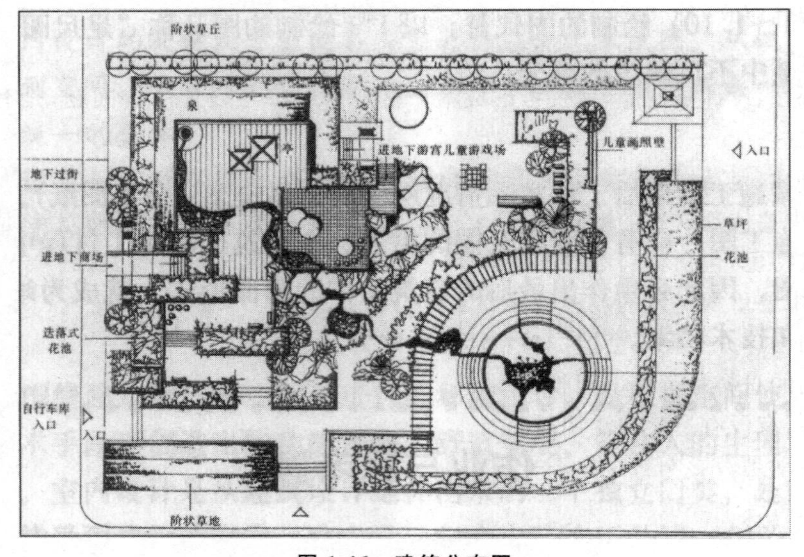

图 1-46　建筑分布图

图 1-47 建筑设计施工效果图

(一)施工图

当设计方案完全确定下来以后,准确无误地实施就主要依靠施工图阶段的深化设计。施工图设计需要把握的重点主要表现在以下 4 个方面。

(1)不同材料类型的使用特征。设计师不可能做无米之炊,建筑材料如同画家手中的颜料,应切实掌握材料的物质特性、规格尺寸,确定相应的最佳的表现形式。

(2)材料连接方式的构造特征。建筑界面的艺术表现与材料构造的连接方式有着必然的联系,可以充分利用构造特征来表达预想的设计图。

(3)环境艺术系统设备与空间构图的有机结合。环境系统设备部件包括建筑内部装修的结构、空调风口、暖气造型、管道走向等,应考虑如何使其成为空间界面构图的有机整体。

(4)界面与材料过渡处理方式。人的视觉注视焦点多集中在线形的转折点,空间界面转折与材料过渡的处理成为表现空间的关键。

一套完整的施工图纸应包括三个层次的内容:界面材料与设备位置、界面层次与材料构造、细部尺度与图案样式。

①界面材料与设备位置。在施工图里主要表现在平、立面图中。与方案图不同之处是,施工图里的平、立面图主要表现地面、墙面、建筑顶部的构造样式、材料分界与搭配比例,要标注各局部(建筑细部)的各类位置。常用的施工图平、立面比例为 1∶50,重点界面可放大到 1∶20 或 1∶10。

②界面层次与材料构造。在施工图里主要表现在剖面图中。这是施工图的主体部分,严格的剖面图绘制主要侧重于剖面线的尺度推敲与不同材料衔接的方式。常用的施工图比例为 1:5。

③细部尺度与图案样式。在施工图里主要表现在细部节点详图中。在建筑“大样图”(详图)中如果某一部分由于比例过小而内容复杂、不能表达清楚时,将该部分另用较大的比例(一

般用1∶1～1∶10)绘制的图代替。以1∶1绘制的图又称“足尺图”。这种建筑详图也是整套设计图纸中不可缺少的部分。

(二)竣工图

竣工图是根据施工结束后工程实际情况所绘制的建筑图(全套图纸)。竣工图的绘制规格和要求类似于施工图,应有全套建筑图的格式。在建筑工程施工过程中,因各种原因有时需改动原施工图,因此必须作出最后的建筑实体的图面形式,就成为竣工图。它也作为工程验收的资料和技术档案。

第二章　人体工程学与建筑设计的关系

人体工程学是研究人与工程系统及其环境相关的科学，人体工程学是在应用中发展起来的。本章主要研究建筑设计中人的因素，简要地介绍与建筑设计有关的人体工程学的基本知识，通过各种行为环境与建筑设计的分析，阐述人和环境的交互作用，为建筑设计的创作与评价提供理论依据和方法。

第一节　人体测量学在建筑设计中的应用

一、人体测量学基础

人体测量学研究人体尺度与设计制作之间的关系，它主要包括人体的静态测量和动态测量。

（一）人体静态测量

静态测量是测量人体在静止和正常体态时各部分的尺寸，在设计时可参照我国成年人人体平均尺寸，见图 2-1，但由于年龄、地区、时代的不同，人体尺度也不尽相同，设计者应根据设计对象的不同而综合考虑。例如为残疾人提供的设施要参照残疾人的尺寸进行设计，见图 2-2。

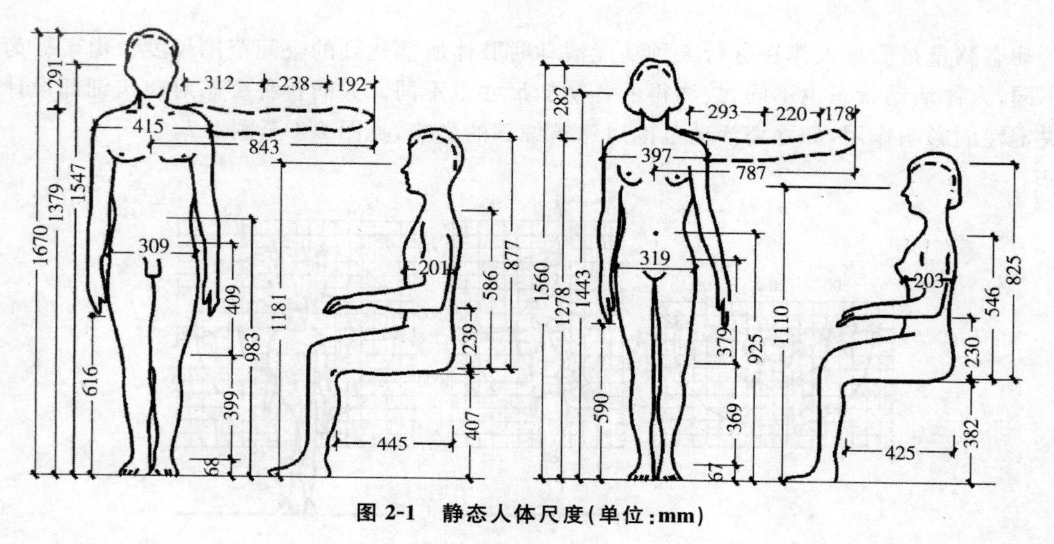

图 2-1　静态人体尺度（单位：mm）

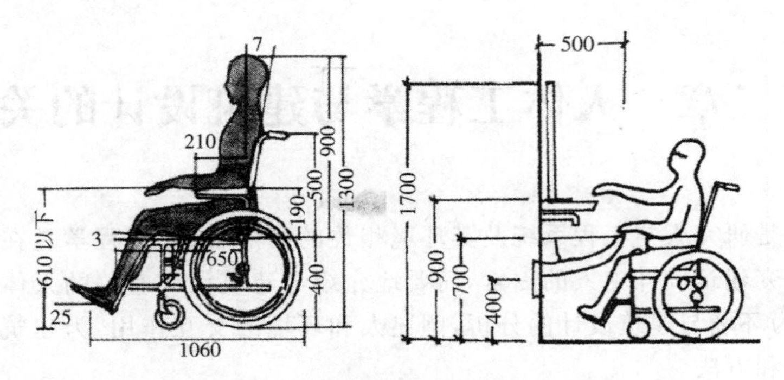

图 2-2　残疾人洗脸台高度和设置方式(单位:mm)

另外,设计中采用的人体尺寸并非都取平均数,应视具体情况在一定幅度内取值,并注意尺寸修正量,见图 2-3。

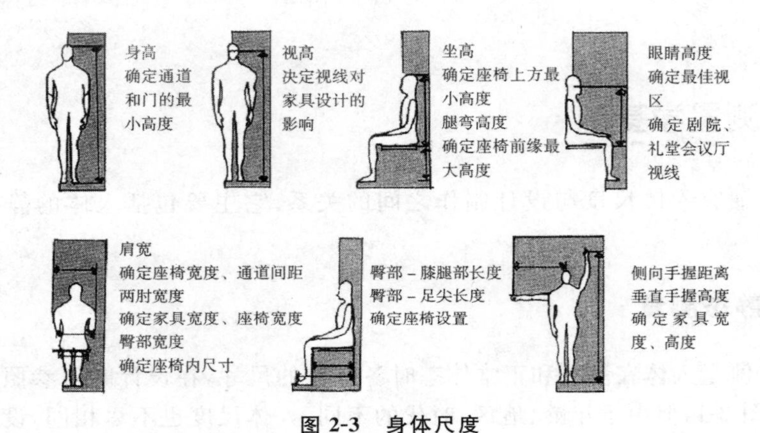

图 2-3　身体尺度

(二)人体动态测量

动态测量是测量人体在进行某种功能活动时肢体所能达到的空间范围尺度。由于行为目的不同,人体活动状态也不同,故测得的各功能尺寸也不同。人的各种姿态对建筑细部设计都有决定性的影响作用,如立姿活动范围对建筑细部的影响,见图 2-4 至图 2-7。

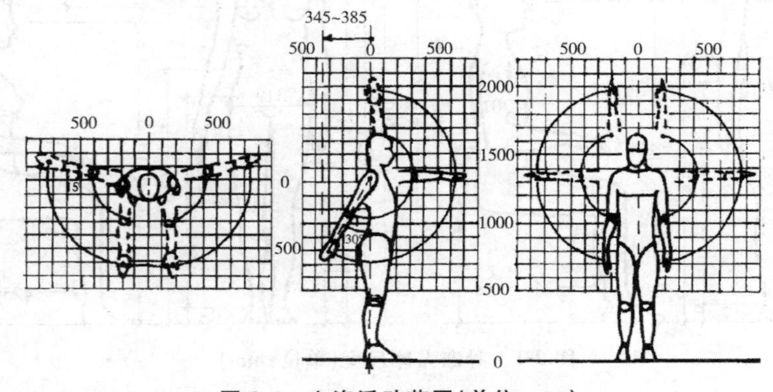

图 2-4　立姿活动范围(单位:mm)

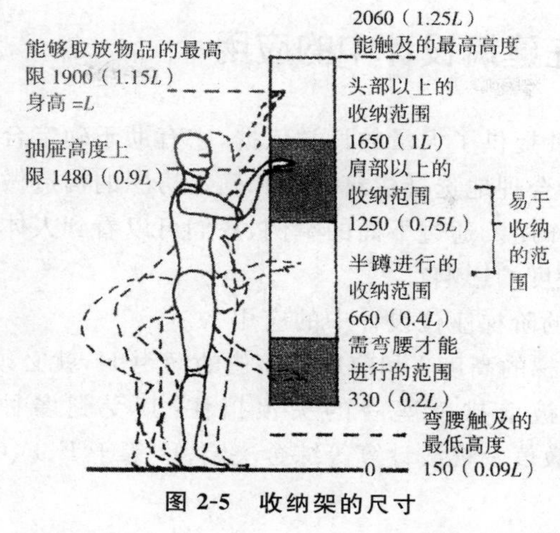

图 2-5　收纳架的尺寸

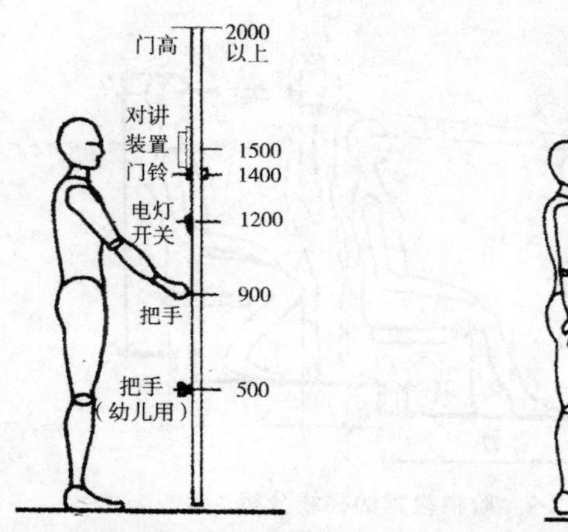

图 2-6　门周边的尺寸(单位:mm)　　图 2-7　围墙与栅栏的尺寸(单位:mm)

坐姿的活动范围直接影响着人们就座状态下的工作与生活,见图 2-8。椅子是“人体的家具”,椅面的高度以及靠背的角度等功能尺寸对使用者是否合适,是十分重要的。

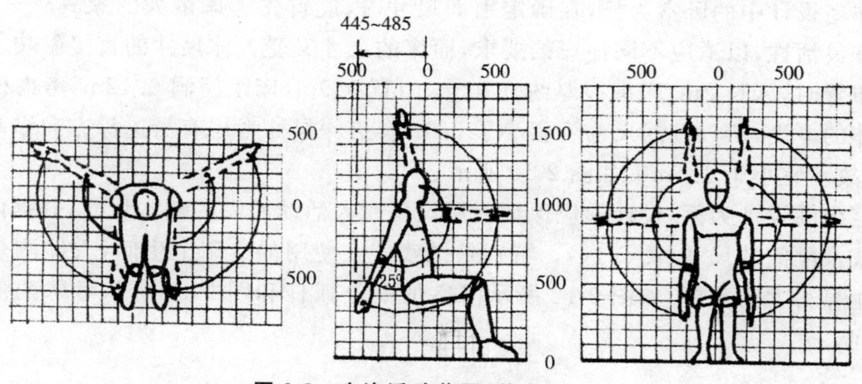

图 2-8　坐姿活动范围(单位:mm)

二、人体测量学在建筑设计中的应用

人体测量学给建筑设计提供了大量的科学依据，它有助于确定合理的家具尺寸，增强室内空间设计的科学性，有利于合理地选择建筑设备和确定房屋的构造做法，对建筑艺术真、善、美的统一起到了不可或缺的作用。通过下面的举例，我们可以看到人体测量学对房屋构造做法、房间平面尺寸、人体通行宽度的影响。

(1)在阶梯教室、影院的阶梯座位设计中的应用

如图 2-9 所示，确定阶梯的高度 I 和前后排座位的间距 H，就必须使后排就座者观看黑板(或荧幕、舞台)的视线不被前排就座者的头顶挡住，其受到多种因素的制约：D 值约为 120mm；I 值由 A、B、C、D 数值及视线计算等综合决定；H 等于 E、F、G 之和。

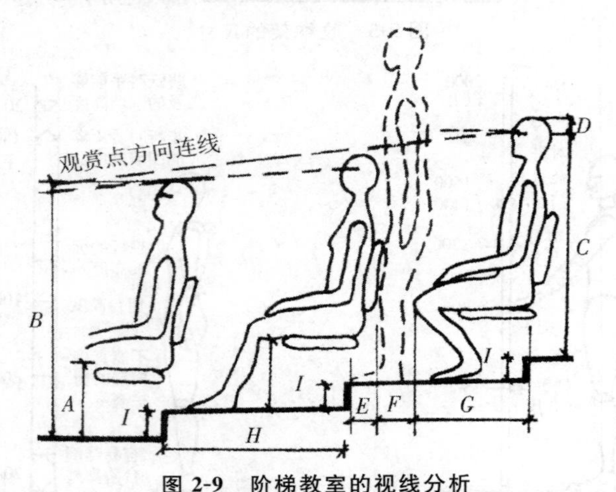

图 2-9　阶梯教室的视线分析

(2)对房间平面尺寸与家具设备布置的影响和制约

房间面积、平面形状和尺寸的确定在很大程度上受到家具尺寸、布置方式及数量的制约和影响，而家具的具体尺寸及布置又受到人体测量基础数据的制约和影响。

先以住宅设计中的卧室为例，在确定平面尺寸时，应首先考虑最大的家具——床的布置，并使其具有灵活性，以适应不同住户的要求，而床的尺寸又受人体尺寸的直接影响。当床长边平行开间布置时，床长 2m，床头板厚约 0.05m，门宽 0.9m，床距门洞 0.12m，考虑模数协调的要求和墙体的厚度，所以开间尺寸不宜小于 3.3m。进深尺寸考虑有沿进深方向纵向布置两个床的可能，故不宜小于 4.5m。如图 2-10 所示。

再以卫生间设计为例，设计中应保证使用设备时人活动所需的基本尺寸，并据此确定设备的布置方式及隔间的尺寸(图 2-11)。特别是供残疾人使用的专用卫生间，人体测量基础数据的参考应用显得尤为重要，如图 2-12 所示浴室的安全抓杆和图 2-13 所示考虑残疾人使用的专用卫生间。

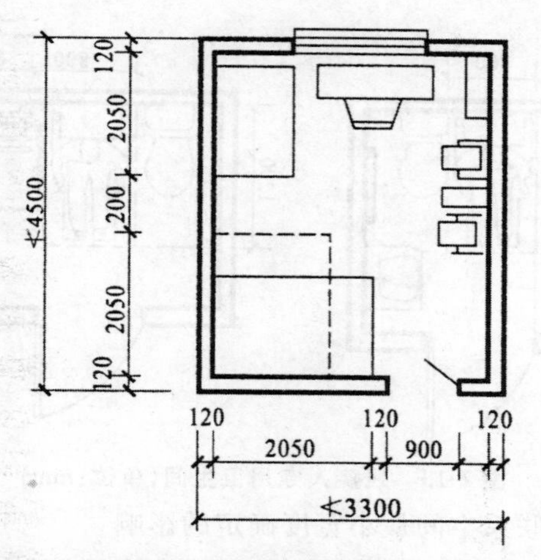

图 2-10　家具布置与平面尺寸的关系(单位:mm)

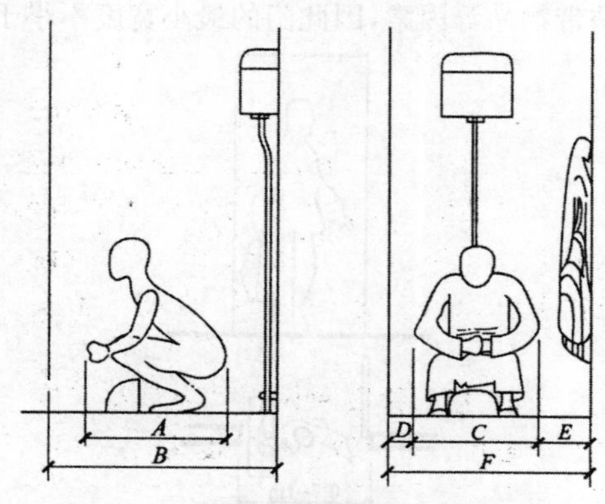

图 2-11　卫生间设备布置与隔间尺寸

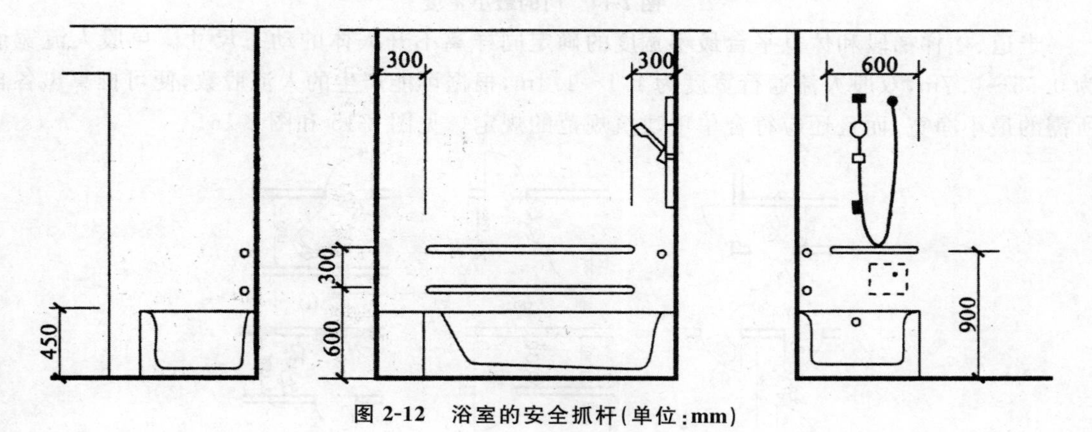

图 2-12　浴室的安全抓杆(单位:mm)

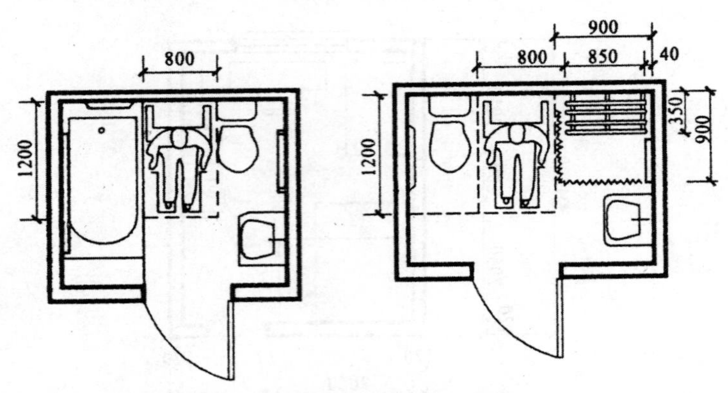

图 2-13　残疾人专用卫生间(单位:mm)

(3)对门和走道等交通联系空间最小宽度确定的影响

门的最小宽度受人体动态尺寸的制约和影响,一般单股人流最小宽度为 0.55m,加上人行走时身体的摆幅 0～0.15m,以及携带物品等因素,因此门的最小宽度不小于 0.7m。如图 2-14。

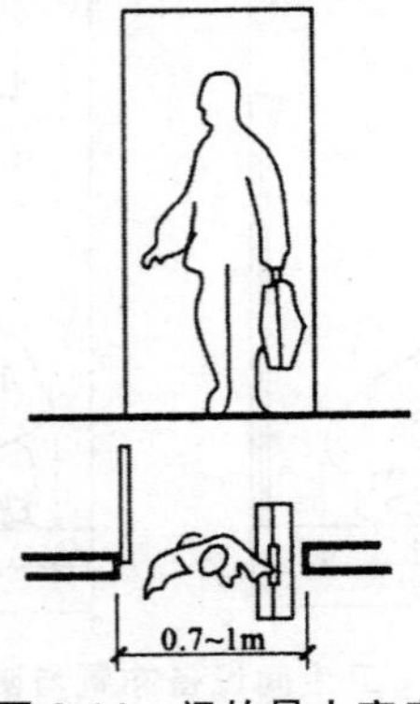

图 2-14　门的最小宽度

走道、楼梯梯段和休息平台最小宽度的确定同样离不开人体的动态尺寸。单股人流宽度为 0.55～0.7m,双股人流通行宽度为 1.1～1.4m,根据可能产生的人流股数,便可推算出各自所需的最小净宽,而且还应符合单项建筑规范的规定。见图 2-15 和图 2-16。

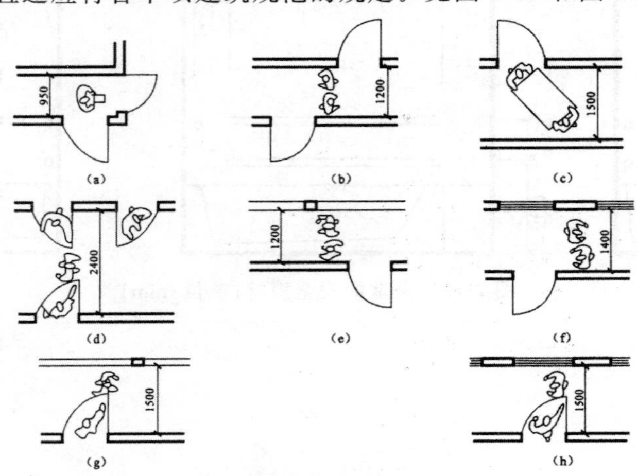

图 2-15　走道上的最小宽度

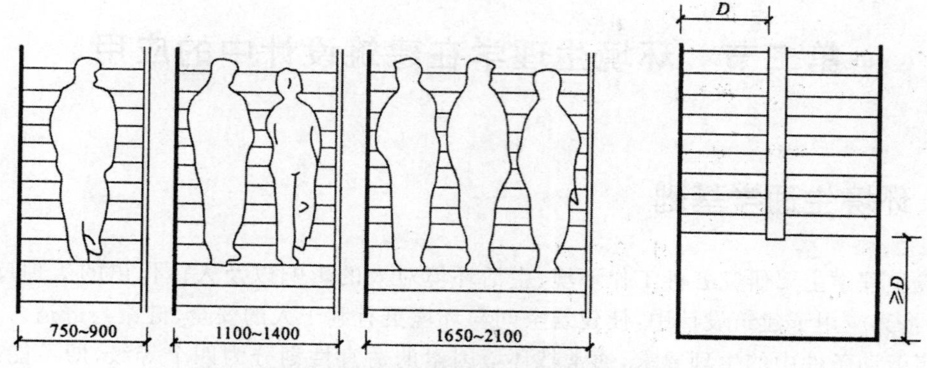

图 2-16　楼梯梯段和休息平台的最小宽度(单位:mm)

(4)建筑中栏杆、扶手、踏步等的影响

建筑中诸如栏杆、扶手、踏步等一些要素,为适应功能要求,基本上保持恒定不变的大小和高度,这些常数的确定往往也受人体测量学的直接影响。

建筑艺术要求真、善、美统一。著名建筑师柯布西耶研究了人的各部分尺度,认为它符合黄金分割等数学规律,从人体绝对尺度出发制定了两列级数,从而建立了他的模数制,并应用于建筑设计中,进一步把比例与尺度、技术与美学统一起来考虑。这一部分内容将在建筑形式美的规律中详述,在此不再赘述。

在运用人体基本尺度时,除了要考虑到地域、年龄等差别外,还应注意以下几点:

①设计中采用的身高并非都取平均数,应视具体情况在一定幅度内取值,并注意尺寸修正量。

功能修正量主要考虑人穿衣着鞋及操作姿势等引起的人体尺寸变化;心理修正量主要考虑为了消除空间压抑感、恐惧感或为了美观等心理因素而引起的尺寸变化。

②近年来对我国部分城市青少年调查表明,其平均身高有增长的趋势,所以在使用原有资料数据时应与现状调查结合起来。2002 年一份文献指出,教育部、卫生部联合调查显示,从 1995—2002 年的 7 年间,我国 12～17 岁的青少年男子身高增高 69mm,女子身高增高 55mm。由此可见,设计中若用到青少年人体尺寸的数据,尤其要注意该数据由来的年代。

③针对特殊使用对象(运动员、残疾人等),人体尺度的选择也应作调整。

环境生理学的主要内容是研究各种工作环境、生活环境对人的影响,以及人体作出的生理反应。人类能认识世界,改造环境,首先是依靠人的感觉系统,由此才可能实现人与环境的交互作用。与建筑环境直接作用的主要感官是眼、耳、身及由此而产生的视觉、听觉和触觉,另外还有平衡系统产生的运动觉等履行着人们探索世界的许多任务。本节重点介绍与建筑设计关系较密切的室内环境要素参数和人的视觉、听觉机能。

第二节　环境生理学在建筑设计中的应用

一、环境生理学基础

环境生理学主要研究各种工作环境、生活环境对人的影响以及人体作出的生理反应。通过研究，将其应用于建筑设计中，使建筑空间与环境更有利于人的安全、健康与舒适。

按照劳动条件中的生理要求，通常把环境因素的适宜性划分为四个等级，即不能忍受的、不舒适的、舒适的和最舒适的。建筑以“形”“光”“色”具体地反映着它的质感、色感、形象和空间感，视觉正常的人主要依靠视觉体验建筑和环境。人的视觉特性包括视野、视区、视力、目光巡视特性及明暗适应等几个方面，正常人的水平、垂直视野对视觉的影响最大。人的视觉特征见图 2-17、图 2-18。声音的物理性能、人耳的生理机能和听觉的主观心理特性，也与建筑声学设计有着密切关系。

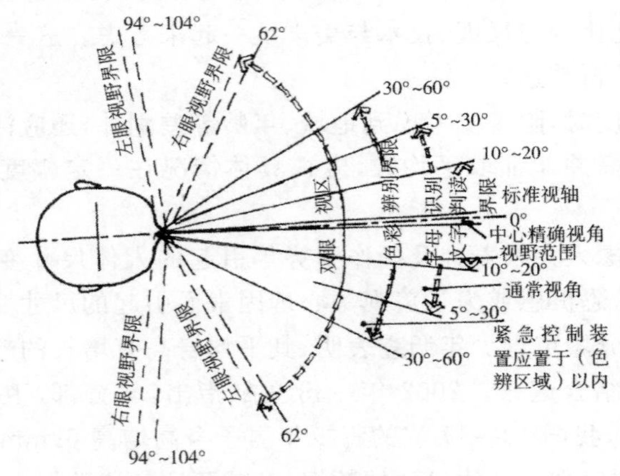

图 2-17　水平视野

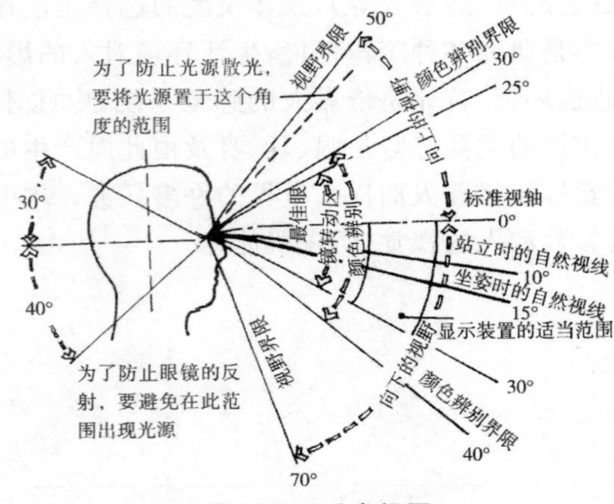

图 2-18　垂直视野

现代城市中的许多问题，如噪声、拥挤、空气污染、光污染等都可被看做背景应激物，尽管其强度远不如灾变事件和某些个人应激物，但由于它们在环境中的普遍存在和长时间作用，对人的危害不可低估。

按照国际标准，一个建筑如果有20%以上的人对居住或办公时的感觉不适进行投诉，那么这个建筑可被判定为“病态建筑”。当代的许多建筑单纯为了外观的新颖独特，舍弃传统建筑中有利于人生存的元素，大量使用热辐射高又不隔热的玻璃幕外墙，然后再不惜代价地使用空调。那种依赖巨大的能源消耗来应付不必要的冷热负荷的建筑，不仅形成了不健康的内部环境，同时也污染和破坏了周围环境。首先，大量的能量消耗加剧了市中心的热岛效应；其次，高层建筑如果设计不合理，会使街道形成常年不见阳光的阴影区，或将高风引向地面形成强风带，或阻碍地面污染物扩散而加重污染，从而造成局部小气候恶化，影响人的正常活动；此外，玻璃幕墙的大量使用带来了现在城市普遍存在的光污染。要减少建筑本身的疾病，特别需要好的建筑设计来遏制“病态建筑”的产生。

对于现代建筑，由于建筑技术的发展和人民生活水平的提高，人们不仅要求它具有安全、适用、经济和美观等特点，还要求它具有舒适性的状态。所谓舒适，就是建筑环境达到了一定的条件，包括物理的、生理的、心理的、社会的、经济的和环境的条件，使居住者或使用者感到安逸、合适、满意甚至幸福的状态，从而使他们的工作效率更高，寿命更长，生活质量更好。室内环境要素参数的测定有利于合理地选择建筑设备和确定房屋的构造做法，最大限度地满足舒适性的要求。

二、环境生理学在建筑设计中的应用

(一)光环境舒适性设计举要

合适的光环境是保持人们正常、稳定的生理、心理和精神状态，提高工作效率，减少差错和事故的必要条件。

1. 天然采光

(1)开窗面积

不开窗是不行的，“黑房子”历来是建筑设计中必须避免的“败笔”，人工照明无论怎样配置，也很难达到天然光那种柔和自然、朝晖夕阳的妙景。但是，并不是说窗户面积越大越好，因为它还涉及保温、防热、节能、眩光、通风、排湿、遣爆等多种功能，也就有了多种限制。

(2)天然采光的调控

由于天然光是按照天体运行、阴晴雨雪的自然规律而变化的，并不能处处随心所欲，因此，许多时候都需要对天然采光进行适当的调控。例如，采用有色吸热玻璃、反射玻璃、半透明玻璃、定向透射玻璃对进光量进行调控；在玻璃上涂漆、镀铬、贴膜等方式控制东晒或西晒的影响；采用固定的或活动的遮阳板、遮光格栅来避免夏季太阳强烈的直射和眩光效应；采用活动的百叶窗或各种窗帘对采光进行主动的调节；采用潜望镜原理、光导纤维或输光管道将天然光匀等。

2. 人工照明

人工照明的目的是按照人们生理、心理和社会的需求,创造一个人为的光环境。人工照明主要可分为工作照明(或功能性照明)和装饰照明(或艺术性照明),其相应的灯具也分别称为功能灯具和装饰灯具。前者主要着眼于满足人们生理、生活和工作上的实际需要,具有实用性的目的;后者主要着眼于满足人们心理、精神和社会的观赏需要,具有艺术性的目的。

在建筑空间内,可以用灯光来强调聚谈中心和就餐中心,也可以用阴影来掩盖不愿被人注意的地方,还可以采用较强的局部照明形成个人的“领域”。可以用荧光灯的分散照明使建筑空间显得宽敞些,也可以采用白炽灯的集中照明使空间显得紧凑些。如果顶棚较低,就不宜采用过大的吊灯,而应选用扁平的吸顶灯,这样可以使空间显得稍大些。

建筑的艺术照明则有美观大方的多样形式,如吊灯、暗灯、壁灯、吸顶灯、发光顶棚、各种光带、格片格栅等形式,为建筑师的艺术构思和灵感的发挥提供了驰骋的天地。

3. 光环境的舒适性

在人的视觉正常的情况下,为提高光环境的舒适性,在建筑设计中应减少大面积开窗,或采用特殊的玻璃,或玻璃镀膜,或采用多层窗帘,注意灯具的保护角,以减弱或消除眩光的危害。同样,应避免东晒或西晒,特别是夕阳直射室内的情况。另外,还应注意限制光源亮度,合理分布光源,以取得合适的亮度和照度。由于人们对明暗适应的时间相差悬殊,因此,在电影院设计中,常采用逐渐降低照度的熄灯方法,以便观众能很好地适应。在大百货公司的进出口处或商业楼的底层一定要有足够的采光和照明设计,以有利于顾客购买商品。注意建筑物的尺度或视角以及建筑与环境的亮度对比,使建筑与环境和谐统一,取得好的视觉效果。

(二)展示设计举要

大型展览会、展览馆和博物馆设计中涉及的人机学内容很多,这里只讨论小型展室设置、展示照明中的部分基本问题和展板的布置。

1. 展室设置

一个有主题的完整的展览,其内容通常总是形成“序言—第一部分—第二部分—……—结语”这样一个序列,设计中应该按这样的内容顺序来布置展室和参观者行进路线,设置行进方向路牌,引导观展人流的行进流向,让观展者在轻松、不经意的行进中能看到展览的全貌,这是布展的基本要求。

2. 展示照明

专门的、永久性的展览馆、展室建造中,自然采光是建筑设计的重点之一。对于多数非永久性的展室或展览大厅,通常主要靠人工照明。展室照明设计需掌握以下要点:

(1)一般照明、局部照明与混合照明相结合。

(2)展板、展品上混合照明的照度与一般照明照度之比≥3∶1。

(3)根据展览性质的不同,需要营造不同的展室光环境氛围。展室光环境氛围营造的一般手段，一是选择光色与照度，二是利用光照构造虚拟空间。

3. 展板的布置

（1）展板布置的高度

重要的展板应布置在高度为1000～1600mm的范围内；如果需要，则向上下延伸布置，在高度700～2000mm的范围之内还基本适宜于布展，见图2-19。

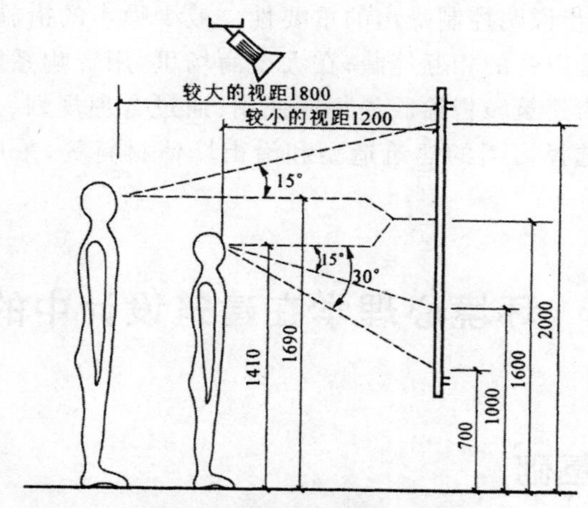

图2-19　展板布置的适宜高度（单位：mm）

（2）展板的方位布置

图2-20(a)是在三个互成直角的立面上布满了展板，这样布展在观展者观看两侧面内拐角处的展板时视线对展板倾斜的角度很大，因此会影响展示的效果；图2-20(b)、(c)把内拐角处改进为45°设置的板面，观看起来比较方便，同时增加了这个展位对观展者的亲切感，增强了展示的效果。

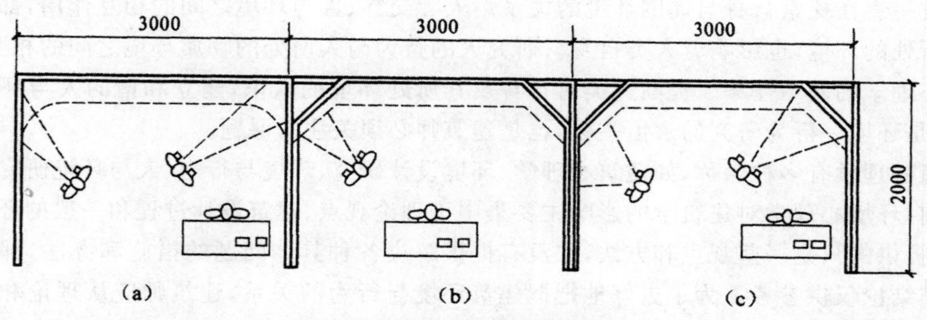

图2-20　展位中的尺寸与布置（单位：mm）

（三）声环境设计举要

噪声不仅会对语言信息的传播和工作产生影响，而且还会对人体产生危害，因此，在进行建筑声学设计时，首先要控制噪声，然后再进一步考虑室内音质。建筑设计时要求闹、静分区，需要安静环境的功能用房还要求远离室外噪声源。

声源的方向性使听觉空间的设计受到一定的限制。如果观众厅的座位面积过宽，则在靠近墙边一带的听众将得不到足够的声级，至少对高频率情况是这样。尤其是前几排，对声源所张的角度大，对边座的影响更大。因此，大的观众厅一般都不采用正方形排座。

设计时可利用双耳听闻效应的特性，将舞台上的扩声器放在台口上方而不是舞台平面的左右两角；对于电影，扩声器放在屏幕的上方 1/3 处，以便使观众的视听方位感一致。由于传声器的录音与单耳听闻相似，传声器的录音却没有耳廓效应和搜索声源的便利，因此，录音室、电话会议室、播音室等处的声学设计要格外严格才能达到预期的目的。

人耳的掩蔽效应进一步说明控制噪声的重要性。减少噪声的措施是多方面的，在建筑声学设计时，要避免有用信号声音的相互掩蔽；在大型商场里，用音响系统的声音来掩蔽场内顾客的喧闹嘈杂声；或将临街建筑转售给服务行业使用；通过合理规划、合理绿化，尤其是乔木、灌木和花草的合理配置，选择恰当的建筑造型和沿街墙体材料等，采用综合处理的方法加以解决。

第三节　环境心理学在建筑设计中的应用

一、环境心理学基础

由于文化、社会、民族、地区和人本身心情的不同，不同的人在空间中的行为截然不同，故对行为特征和心理的研究对空间环境设计有很大的帮助。

建筑设计与建筑空间环境的营造主要是为了满足人在空间中的需要、活动、欲望与心理机制，通过对行为和心理的研究使城市规划和建筑设计更加满足要求，以达到提高工作效率、创造良好生活环境的目的。

人类一直在探索自身与周围环境的关系。人际交往、人与环境之间的相互作用，都直接影响着人所处的环境，也影响着人类自身。研究人的行为与人所处的物质环境之间的相互关系，是环境心理学的基本任务。提高人类对自身及其所处环境的认识，建立和谐的人与环境之间的关系，是环境一行为研究的永恒主题，也是建筑师必须关注的课题。

环境心理学有多种名称，如建筑心理学、环境设计研究、环境与行为、人与环境研究等。

目前，环境心理学对建筑学的影响主要集中于理论观点、建筑设计过程和一般的环境一行为问题，提供的只是一些观点和方法，并没有提供解决各种具体问题的措施和办法，部分研究实例及其结论仅供参考。为了更好地把握建筑环境与行为的关系，建筑师应从理论和实践两方面着手，既从多学科的环境一行为信息中汲取创作的源泉，又身体力行地参与使用后的评估和有关研究。

环境心理学作为一个兴起不久又是多学科交叉的学术领域，建筑设计人员可以在大致了解与环境一行为研究有关的心理学基本知识的基础上，重点了解当前关于建筑环境与人的行为关系研究的主要成果及其在城市设计、建筑设计中的应用，以此作为参考和借鉴，可以深化设计并提高设计水平。

二、环境心理学在建筑设计中的应用

(一)视觉心理学基础及在建筑设计中的应用

1. 心理环境色彩学

(1)基本知识与相关理论

①色彩对比

在视野中对一块颜色的感觉由于受到与它临近的其他颜色的影响而发生变化的现象称为色彩对比。

②色彩的知觉效应

由于感情效果和对客观事物的联想,色彩对视觉的刺激会产生一系列色彩知觉心理效应。与建筑设计有关的色彩知觉心理效应主要有温度感、距离感、重量感、疲劳感、注目感、空间感、面积感、混合感、明暗感和性格感等。

(2)具体应用与设计举要

建筑色彩的应用,一是要表现建筑的性格,二是注意与环境的配合,三是要注意装饰材料的色彩及其在光影中的变化,而同时要考虑到它的演进。例如,银行建筑曾经是资本的象征,色彩也表现为庄重与神秘,而如今却以轻松愉快、亲切可人的色彩装饰来吸引储户的注意,但对安全的要求却一如既往。

①建筑设计中的色彩对比

色彩构图是指立面上色彩的配置。一般以大面积墙面的色彩为基调色,其次是屋面;而出入口、门窗、遮阳设施、阳台、装饰及少量墙面可作为重点处理,对比可稍大些。一般来说,色彩对比强的构图使人兴奋,过分则刺激;色彩对比弱的构图感觉淡雅,过分则单调。

②色彩的知觉效应在建筑设计中的体现与应用

一般来说,在建筑色彩设计时,为避免视觉疲劳感,色相数不宜过多,彩度不宜过高,同时要考虑到远近相宜的色彩组合。建筑设计中,为了达到安定、稳重的效果,宜采用重感色。为了达到灵活、轻快的效果,宜采用轻感色。通常建筑色彩的处理多是上轻下重。另外,建筑设计中常利用色彩的距离感来调整空间的尺度距离等的感觉影响,利用色彩的温度感来渲染环境气氛,势必会收到很好的效果。

③环境色彩的应用举例

位于印度北部古城阿格拉的泰姬·玛哈尔陵于1631年建成,其色彩设计历来为人们所称道。它的周围环绕着红砂墙,里边是大片绿茵,正中十字水渠贯通四方,中间是浅绿的方形水池,池两侧为墨绿色树木,陵园中央是白色大理石的正方形台基,台基上为白色大理石圆顶寝宫,顶部为金属小尖塔。整个陵墓给人以圣洁神秘之感,又使人有轻盈欲升的向往。

总之,在建筑色彩设计时,应利用色彩的物理性能(温度感、距离感、重量感、诱目性等)以及对生理、心理的影响(疲劳感、感情效果、联想性等)来提高建筑的艺术表现力。此外,照明条件、色彩的对比现象、混色效果等也应予以重视。

2. 心理建筑形态学

(1)基本知识与相关理论

建筑形态具有多样化的特点，它由点、线、面、体、群等基本元素所构成，又由空间、体量、色彩、光影、质感和肌理等形态表现出来，大体上分为可以直接感触的形态即现实形态(包括自然形态和人造形态)和不能直接感触的形态即抽象形态或概象形态。

①图形的视觉特征

图形的视觉特征是建筑造型和空间组合及室内和室外各个界面装修设计的理论基础。不同形态的几何要素具有特定的表情和表达力，环境中的任何一种几何形体都具备主观视觉特征。

点——在空间中放置一点，由于它刺激视感官而产生注意力。当点位于空间中心时，则具有平静安定感，既单纯又引人注目。当点的位置在上方则有重心上移的感觉。当点的位置不居中且在上方一角，则产生不稳定感。相反，点在下方居中或偏一角，则产生稳定感，并使空间有变化。点的排列和组合，由于联想或错觉，其图形具有线或体的感觉。点的视觉特征见图2-21、图2-22。

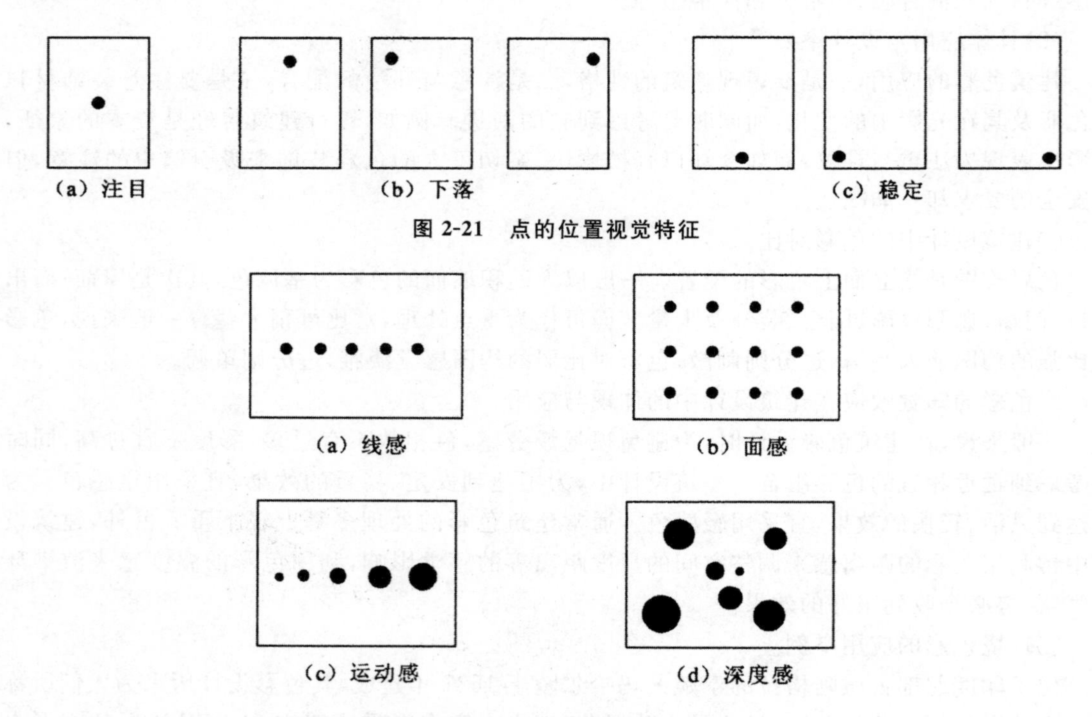

图 2-21　点的位置视觉特征

图 2-22　点的组合视觉特征

线——线在空间中具有方向感。直线具有紧张、锐利、简明、刚直的感觉。从心理或生理感觉来看，直线具有男性特点。曲线给人的印象是柔软、丰满、优雅、轻快、节奏感强等。心理和生理角度来看，曲线具有女性特点。线的视觉特征见图2-23。

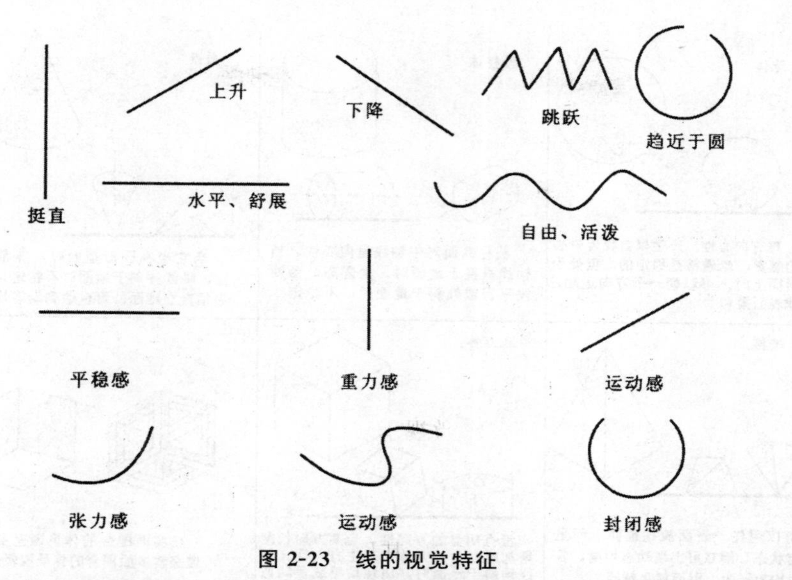

图 2-23　线的视觉特征

面——面是建筑设计和室内设计的基本要素。地面、墙面、顶棚、屋面以及由此围合而成的空间，均是由面组成的。形状是面的主要特征，并由于它的视觉特征而确定了空间的大小、形态、界面的色彩、光影、质地以及空间的开放性与封闭性。面的视觉特征见图 2-24。

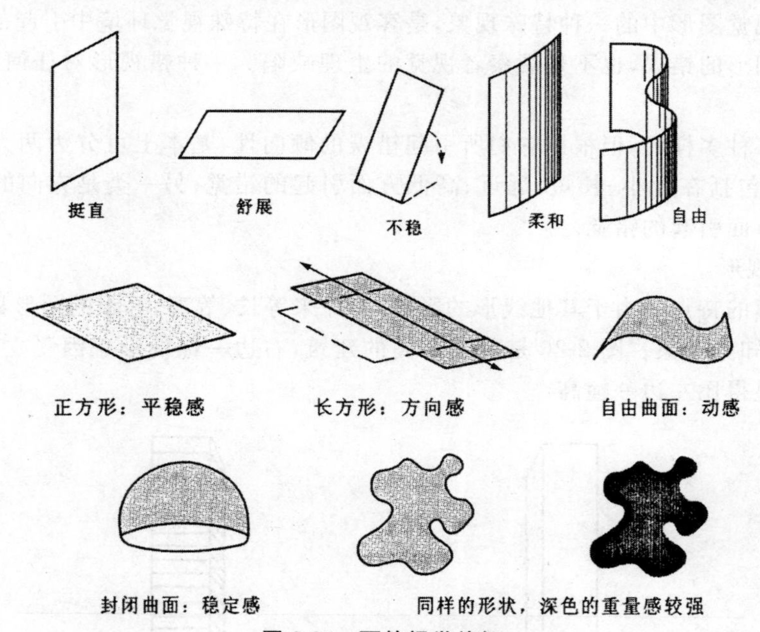

图 2-24　面的视觉特征

体——体是用来描述一个物体的外貌和总体结构的基本要素。它除了具有面的视觉特征外，还具有给空间以尺寸、大小、尺度关系、颜色和质地等的视觉特征。体的视觉特征例图 2-25 所示。

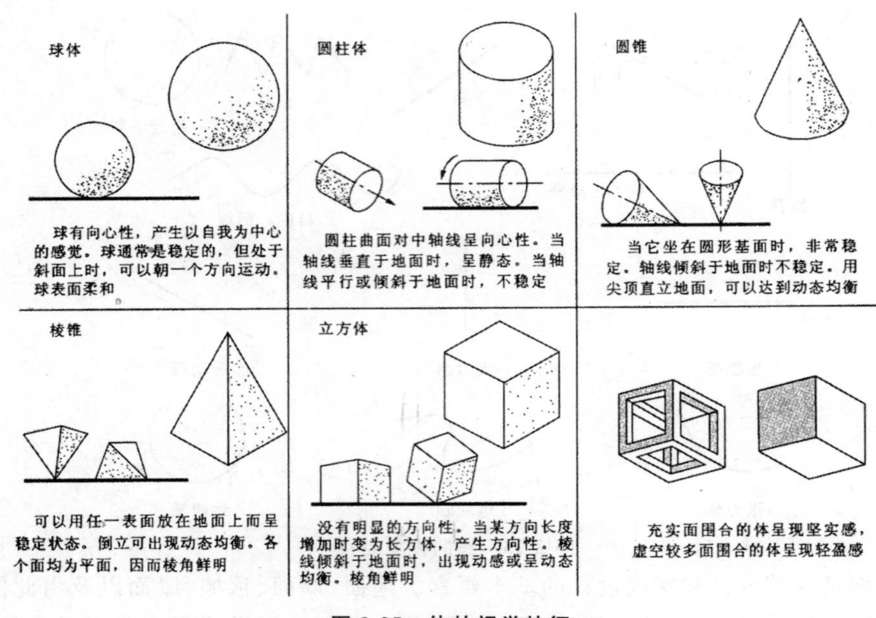

图 2-25　体的视觉特征

②错视形

错视形是视觉图形中的一种特殊现象，是客观图形在特殊视觉环境中引起的视错觉反映。它既不是客观图形的错误，也不是观察者视觉的生理缺陷。一种错视形对任何观察者的反映几乎是一样的。

错视形是多种多样的，但根据它们所引起错误的倾向性，基本上可分为两大类：一类是数量上的错觉，它包括在大小、长短、远近、高低方面引起的错觉；另一类是方向的错觉，包括平行、倾斜、扭曲方面引起的错觉。

A. 数量错视形

数量错视形的特点是由于其他线形的影响，使原来等长、等高、等距的图形显得有大小、高低、远近的错误知觉现象。图 2-26 是两幢等高的建筑，右边一幢的形象因受立面中重复水平线的“引导”而显得比左边一幢高。

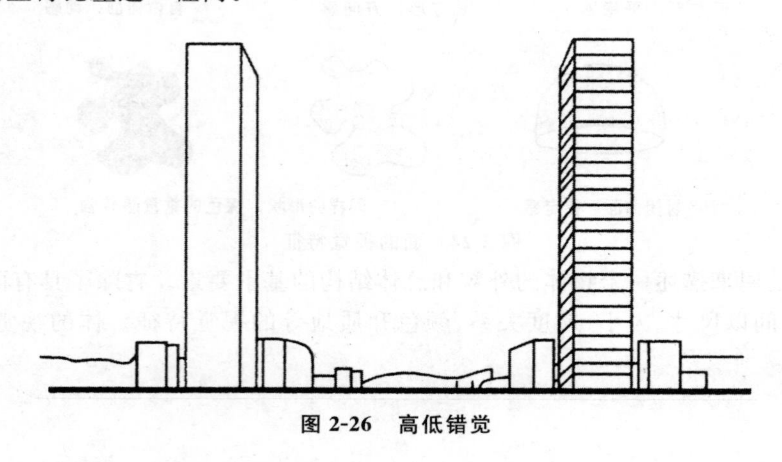

图 2-26　高低错觉

B. 方向错视形

方向错视形的共同点都有斜线“干扰”平行线，形成锐角，使原有平行线看上去不平行。例如尖顶的拱廊的错觉（图 2-27），后面的尖顶拱的尖顶因受前面尖拱斜线的影响，看上去后面尖顶拱的右侧要比左侧的斜线低一些，相同的尖顶拱显得不平衡。

图 2-27　尖顶拱廊的错觉

③质感与空间形象

质地是由于物体的三维结构产生的一种特殊品质。人们经常用质地来形容物体表面相对粗糙和光滑的程度，或用来形容物体表面材料的品质。

空间是建筑的目的和内容，而结构、材料、照明、色彩和装饰等则是建筑的手段。建筑以空间容纳人、满足人的行为需要，以空间的特性来影响环境气氛，满足人的生理和心理的需求。

A. 质地的视觉特性

物体表面材料的物理力学特性及材料的肌理在不同的光线和背景作用下会产生不同的质地视觉特性。与建筑设计有关的主要有重量感、温度感、空间感、尺度感、方向感和力度感等视觉特性。

质地的视觉特性并不是单一地表现在一个环境中，而是综合作用，加上其他视觉因素，如形、光、色、空间等的综合作用，从而使建筑产生各种各样的视觉效果。

B. 空间的视觉特性

a. 空间的大小

空间的大小包括几何空间尺度的大小和视觉空间尺度的大小。前者不受环境因素的影响，几何尺寸大的空间显得大，相反则显得小；而后者是由比较而产生的视觉概念。空间大小的确定，即空间尺度控制是建筑设计的关键。

b. 空间的形状

任何一个空间都有一定的形状，它是由基本的几何形状的组合、变异而形成的。

C. 空间形象思维

建筑空间是通过其形象给人以感受的，也就是说，人对建筑的认识主要是通过形象思维来实现的。构成空间形象思维的因素有五个方面，即空间的形态、光影、色彩、界面的质感和空间旷奥度。

(2)具体应用与设计举例

①点在建筑中运用举例

一幢建筑,不论规模大小,立面上必然有许多窗洞。怎样处理这些窗洞呢?如果让它们形状各异又乱七八糟地分布在墙面上,那么势必会形成一种混乱不堪的局面。反之,如果机械地、呆板地重复一种形式,也会使人感到死板和单调。为避免这些缺点,墙面处理最关键的问题就是要把墙、垛、柱、窗洞、槛墙等各种要素组织起来,使之有条理、有秩序、有变化,特别是具有各种形式的韵律感,从而形成一个统一和谐的整体。

②线在建筑中运用举例

柱、遮阳板、雨篷、带形窗、凹凸产生的线脚、不同色彩或不同材料对墙体的划分以及刚性饰面上的分格缝等,都可以当作立面上的线条。某些建筑物的墙面处理并不强调单个窗洞的变化,而把重点放在整个墙面的线条组织和方向感上。不同粗细、长短、曲直的线条以及它们不同的位置会使立面产生不同的艺术效果。同样大小和形状的立面,采用竖向分割的方法常因挺拔、俊秀而使人感到雄伟、庄严、兴奋,并显得高一些;采用横向分割的方法则使人感到舒展、亲切、安定、宁静,并显得低一些;采用弯曲或粗细、长短变化的线条则会使立面生动。

③面在建筑中运用举例

建筑立面通常指建筑形体直立的外表面。人们观赏建筑,实际上是透视的效果,因此,各个立面应相互协调,成为一个有机的整体。立面设计就是妥善地安排屋顶、墙身、勒脚、柱、檐口、阳台、线脚等构部件,确定它们的形状、比例、尺度、色彩和材料质感,使建筑的艺术构思得以完美体现。

④体在建筑中运用举例

任何复杂的建筑形体都可以简化为基本形体的变换与组合,这些基本形体单纯、精确、完整,具有逻辑性,易为人所感知和理解。不同几何形体以及这些形体所处的状态具有不同的视觉效应和表现力。

⑤视错觉在建筑中的纠正与运用举例

由于视错觉的存在,使"眼见为实"成为相对准确的真理,建筑师有必要在现实设计中采取相应的矫正措施才能满足视觉心理的协调性需要。例如,建筑中的横梁、走廊、雨篷及阳台板、遮阳板的下部应采用外窄内宽,给人的感觉才是平整的;如果做成内外等宽,用几何测量它是平的,却给人以下坠之感。

⑥质感与空间形象

在建筑立面设计中,材料的选用和质感的处理很重要。各种不同的材料有不同的质感,加工方法不同质感也不同。粗糙的混凝土和毛石显得厚重坚实,平整光滑的金属和玻璃显得轻巧细腻,粉刷及面砖按表面处理和施工方法不同而有差异。巧妙地运用质感特性进行有机组合,有利于加强和丰富建筑的表现力。

人们花费巨大的人力、物力、财力和时间建造了各种形式的建筑实体,而使用的则是它们的空间,因此,空间是建筑的目的和内容。

a.空间的形象塑造

建筑外部空间形象的塑造又称为建筑造型,是指建筑的整体形象,它受内部空间构成的制约。建筑造型有多种形式,基本上分为两种类型:一类是形式的象征,多数用于纪念性或公共性建筑设计中；另一类就是一般的建筑造型，它是通过形象的各种要素的处理，构成某种心理感觉的形象，如庄重、肃穆、朴实、大方、轻快、明朗、高雅、华贵等。

b. 建筑形象思维

将建筑形象思维分为空间的形态、光影、色彩、界面的质感和空间旷奥度五个因素来考虑，为建筑创作尤其是建筑形象的塑造提供科学的方法。比如根据环境行为确定了建筑空间的基本形态，然后通过其他形象思维因素的变化，如改变"光、色、质"等因素，则建筑形象会立即发生变化；同时也为建筑评价提供理论依据。

(二)听觉心理学基础及在建筑设计中的应用

1. 基本知识与相关理论

环境中的声音可分为乐音和噪声两大类。

(1)心理乐音学

能让听觉产生舒适感，能使人感到愉悦的声音称为乐音。乐音有自然界的，也有人工制作的。背景音乐是指为了使工作者精神状态得到放松，缓解工作疲劳，提高效率而在工作场所播放的音乐。

(2)心理噪声学

从物理学的角度说，声波频谱与强弱对比杂乱无章，强度过强或较强且持续时间过长的声音，称为噪声。从人的主观感受而言，凡是干扰人们工作、学习、休息的声音，即不需要的声音，都属于噪声。前者是客观标准，后者是主观标准。噪声达到一定程度会对人的心理、听觉和生理产生危害。

2. 具体应用与设计举要

任何建筑都有一定的功能要求。以听闻为主的建筑，如音乐厅、剧院、电影院、大礼堂、教室、演播室、录音室、摄影棚、电话会议室等，室内的传声质量常常是评价该建筑的决定因素之一。由于厅堂音质主要是人的主观感受，尽管这种感受受到民族、地域、文化、风格、时代、爱好、情绪、行为等因素的影响，但它总有一些规律性的东西。所谓音质设计，就是从音质上保证建筑物符合使用要求所采取的措施和步骤。音质的主观评价，一般可以从四个方面来进行，即质量、数量和空间因素以及避免一些明显的声缺陷。

①数量方面

室内音质的主观评价在量的因素方面主要表现为响度、丰满度、清晰度、声场均匀度和适当的混响时间等。设计中应着重把握以下几点：

a. 合适的响度。

b. 声场均匀度。在声学设计中，应注意使全体观众处于混响场内，并避免声影、声聚焦等缺陷。

c. 较高的清晰度。

d. 最佳混响时间。当混响时间短时，音节清晰度要好些；混响时间长时，音乐的丰满度要好些；高频混响时间长时，声音显得洪亮激昂；低频混响时间长时，声音显得柔和浑厚。

②质量方面

厅堂音质在质量方面的要求主要是针对音乐和戏剧，对于以语言为主的电影、话剧和讲演的要求不如前者那么严格。对质量要求的评价指标很多，其中比较重要的有活跃感、亲切感、温暖感、平衡感和融合感等。

③空间方面

厅堂音质的空间因素主要是双耳听到不同的声音后，在大脑皮层处理信号时引起的相干作用所致。声音环境过于简单，大脑皮层兴奋不起来，认为太单调、无味；声音环境过于复杂则超过了大脑处理信号的能力；声音过强过多则听觉受损。所以人们偏爱中等复杂的刺激，从而形成对厅堂音质的特殊要求。

为此，设计厅堂时应布置足够多、足够大的扩散体，或采用非对称形的体型。古代厅堂内的浮雕、柱子、包厢等凹凸面使室内声场扩散，产生良好的音质效果。现代音乐厅采用反射纸、顶棚和两侧墙的扩散体、反射面以提供足量的、较早的、趋渐衰减的前次反射声和足够长的混响声；也可以采用电声系统，如通过安装环绕音喇叭，安装电子混响器、调音台等手段提高厅堂音质的质量。

④避免明显的声缺陷的设计举措

厅堂音质的主观评价不仅因素复杂，而且具有明显的模糊性，但是，室内声缺陷问题不可轻视，力戒明显的声缺陷就成为厅堂设计和主观评价中一个举足轻重的问题。

a. 回声和颤动回声

可采用后墙面强吸声处理；挑台栏杆向上微翘以作扩散处理或吸声处理；天花板不能过高，如音乐厅应在 12m 以下；两侧墙不能太宽，如音乐厅最好在 20m 以内；天花板和侧墙面的前部采用扩散处理，后部采用吸声处理等手法。

b. 声聚焦和声影（声场不均匀的两种极端情况）

为避免厅堂内的声聚焦，慎用或不用凹面，或者使它的曲率半径 R 远大于厅堂的高度 H，如 $R>4H$；或者使其远小于厅堂的高度，如 $R<H/4$；或者采用吸声和扩散处理。

为避免声影，对于一般剧场，挑台长度应小于挑台下开口高度的两倍；对于音乐厅，挑台长度约等于挑台下开口高度。并注意在挑台下设计反射板以使听众获得足够的反射声。

c. 声失真

严格地说，任何厅堂都会对演奏的音色进行染色，只是当这种过程有利于演奏与欣赏时，我们称之为厅堂的音质优良，反之则认为声失真。

d. 沿边反射

圆形或扇形平面的剧场必须采取有效的扩散声场的措施，否则就容易出现声音沿边反射的声缺陷。

e. 耦合空间

剧场大厅内有池区，挑台上下空间和舞台上方空间，还有侧厅、楼梯井、门洞等，各部分混响时间差别不能太大，否则相互影响。同时，调音室最好与大厅相连，并且使它的混响时间与大厅的一致。但是，同声翻译室由于混响时间很短，因而最好与剧场大厅分开。

f. 噪声干扰

厅堂设计应采取认真选址、平面布局、足够的墙厚、过廊和声锁等措施，使厅堂内的噪声低于相应的房间允许噪声评价指数。为了控制噪声的危害，我国已制定了不同环境下的噪声控制标准。

(三)交际空间心理学基础及在建筑设计中的应用

1.人类的领域性

(1)基本知识与相关理论

人类的领域是由个体、家族、团体、社会等控制或占有的区域，是一种被人格化了的、以某种方式确切标志的、独立使用并具有排他性的空间。

人们日常活动时，在其周围形成一个心理场，对外界进行监测与交往时就好像随身携带着无形的弹性的气泡，和其他人保持相当的距离。在不同的场合达到不同的距离时，人们有相应的心理反应和相应的举动，维持自身情绪的稳定和自身的安全。在建筑方面，领域可表现为空间的一部分。

人的领域性是指与领域有关的行为习惯，它是指个人或人群为了满足自身的某种合理合法的需要，占有或控制一个特定的空间范围及空间中所有物的要求与实施。

霍尔(E. T. Hall)提到："我们站的距离的确经常影响着感情和意愿的交流"。每个人都生活在无形的空间范围内，这个空间范围就是自我感觉到的应该同他人保持的间距和距离，我们也称这种伴随个人的空间范围圈为"个人空间"。

领域空间感是对实际环境中的某一部分产生具有领土的感觉，领域空间对建筑场地设计有一定帮助。纽曼将可防御的空间分为公用的、半公用的和私密的三个层次，环境的设计如果与其结合就会给使用者带来安心感。

霍尔将人际交往的尺寸分为四种，并认为人的距离随着人与人之间的关系和活动内容的变化而有所变化。霍尔在《隐匿的尺度》一书中提出的四种个人交际空间距离模式，如图 2-28 所示。

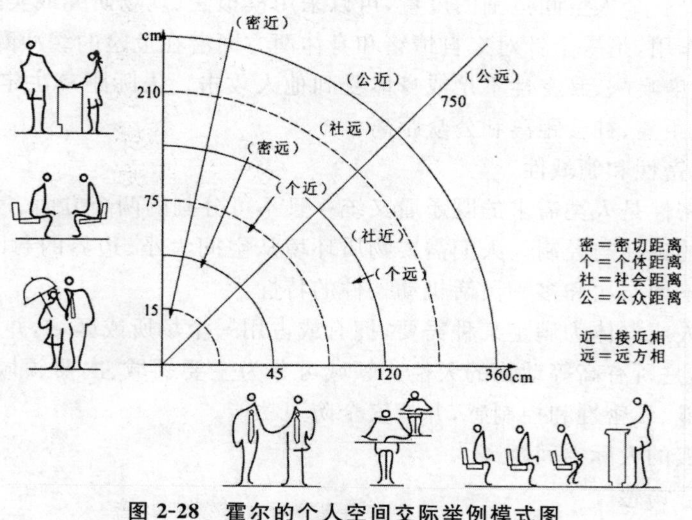

图 2-28　霍尔的个人空间交际举例模式图

①密切距离　近程密切距离为0～15cm,是耳鬓厮磨的距离;远程密切距离为15～45cm。

②个体距离　近程个体距离为45～75cm;远程个体距离为75～120cm。

③社会距离　近程社会距离为120～210cm;远程社会距离为210～360cm。

④公众距离　近程公众距离为360～750cm;远程公众距离为750cm以上。

(2)具体应用与设计举例

在日常生活环境(尤其是居住环境)中划分不同的功能分区,以满足使用者之间的良好关系。在一些新建的多层住宅楼前用栅栏围出一定范围的空间作为住户的花园,不仅加强了居民对户外环境的控制感和私密感,而且也美化了居住区的环境。那些楼前楼后没做任何处理的住宅,陌生人可随意接近,居民由于缺乏安全感和控制感,对户外环境表现出漠不关心、听之任之,于是就出现了户内装修讲究、户外脏乱的极不协调的强烈反差。

在医院病房设计中,提供个人领域往往会促进精神病患者的康复。霍拉汗与塞格特对纽约一所精神病院的病房进行了大规模改造,将以前的多人病房分隔为双人病房。改造后经过六个月的连续观察发现,病房内人格化倾向明显增加:病房内出现了书籍、杂志、毛巾、香粉等个人用品,甚至窗台上还摆放了鲜花。与未改造的病房相比,病房内具有更好的社会气氛,病人也更加愉快,充分显示出提高领域性对改进治疗环境的作用。

日本建筑师青木正夫发现,儿童们开始时不愿在他设计的沙坑里边玩耍,而当沙坑中有一个作业台时却有所改善。后来,他在沙坑中设计很多大小不等、高低错落、形状各异的作业台,使儿童们各自拥有自己的可识别的领域,于是各得其所、各得其乐。

另外,建筑环境设计中还应针对没有明确领域感的地方可能会发生的两种后果(一种是引起领域争端,导致邻里不和;另一种是无人过问,被糟蹋和滥用)给予充分的考虑与设计。

2. 个人对空间的需求

(1)基本知识与相关理论

个人空间是个人心理上所需要的最小的空间范围,他人对这一空间的侵犯与干扰会引起个人的焦虑和不安。个人空间范围的度量,可以采用模拟法、现场研究或实验室试验。个人空间起着自我保护作用,是一个针对来自情绪和身体两方面潜在危险的缓冲圈,以避免过多的刺激,导致应激的过度唤醒、私密性不足或身体受到他人攻击。人际距离决定交往方式,它可分为密切距离、个人距离、社会距离和公众距离。

①公共性、私密性和领域性

公共性与私密性是人类需求的既矛盾又统一且不可分割的两个方面。私密性是指对生活方式和交往方式的选择与控制。人们需要物质环境从空间大小、边界的封闭与开放等方面为其离合聚散提供不同层次和多种灵活机动条件的特性。

领域性是个人或群体为满足某种需要,拥有或占用一个场所或区域,并对其加以人格化和防卫的行为模式,是所有高等动物的天性。领域可分为主要领域、次要领域和公共领域三类。领域具有组织功能、私密性和控制感,并有安全防卫功能。

②理想与现实的人际空间距离

a. 符合度和舒畅感

日本建筑师芦原义信针对这一问题进行了研究。他发现,用H表示建筑物的高度,用D

表示与邻幢建筑物之间的距离，那么，当 D/H=1 时，建筑物之间的高度与距离的搭配显得匀称合适；当 D/H>1 时，心理感觉有远离或疏远的倾向；当 D/H<1 时，心理感觉有贴近或过近的倾向；当 D/H>4 时，各幢建筑之间的影响可以忽略不计。

b. 高密度和拥挤感

城市化使人口集中，而出现了人口密度过大，使公共设施出现超载、拥挤的情况，在世界各地都表现得越来越突出。高密度常常会引起男性普遍的消极情感反应，高密度导致攻击性似乎也是不争的事实。在拥挤的环境中总是缺乏秩序、礼貌和尊重，人们不仅产生心理应激、生理应激，还会受到传染病的威胁。

(2)具体应用与设计举要

个人空间、私密性和领域性直接影响着人的拥挤感、控制感和安全感。心理学家阿尔托曼发展了一种模式，试图把私密性、个人空间、领域性和拥挤感联系起来。他认为，在拥挤的状态中为了避免过度应激，人们用两种机制——保卫个人空间和领域行为达到所需要的私密性水平。

①公共性、私密性和领域性

公共性、私密性和领域性对个人生活和社会生活都起着重要作用。私密性的关键在于为使用者提供控制感和选择性，这就需要物质环境从空间的大小、边界的封闭与开放等方面为人们聚合离散提供不同的层次和多种灵活机动的特性。领域性有利于私密性的形成和控制感的建立。人们生活在具有丰富私密性—公共性层次的环境之中，会感到舒适自然，既可以选择不同方式的交往，又可以躲避不必要的应激。设置屏蔽是确保私密性的常用手段。在建筑设计中，应根据不同群体的需求，寻求私密性和公共性的平衡。

②理想与现实的人际空间距离

空间的开敞和围合是影响场所感的主要因素之一。对象高度与观察距离之比与围合感有关：比例为 1/1 时产生完全的围合感；1/2 是围合感的临界值；1/3 具有最低程度的围合感；1/4 则失去围合感。界面的特点对空间的围合感也具有重要影响。建筑师还必须注意社会和文化因素对建筑体验的影响：对于同一量度的室内空间，不同地域的不同人群会有完全不同的空间开敞感。

针对高密度和拥挤感，在建筑设计上通常采用下述设计手法：

a. 适当分隔可以减少相互之间对个人空间的侵犯，使部分空间领域化。例如，百货大楼分隔成不同专卖部，有助于减少混乱和拥挤；景观办公室相互适当地分隔可以避免干扰；电影院和 KTV 可以分隔出雅座或包厢。

b. 减少感觉过载阅览室内采用局部照明，案台上要足够亮，过道上应稍暗些，使人心里感觉到空间开阔。候车室、候诊室等处可设计注意中心和兴趣中心，如耐看的壁画和知识窗等能转移人们的视线和注意力。同时，清洁的环境和严格的秩序也使人感到空间的扩大。

c. 减少行为限制人们的自由度越多，选择的余地越大，人们的心情就会越舒畅，因此，房间和庭院活动的空间越大，给人的感觉越自由。公共建筑的中庭也给人一种开敞和自由的感觉。目前各地已拆除了一些单位的围墙和马路上的栏杆，开发了许多有用的空间。

(四)行为环境心理学基础及在建筑设计中的应用

从建筑设计原理的角度来看,环境一行为研究是“适用”的现代术语。传统的“功能适用”概念往往忽视人的心理、行为和社会文化需求。建筑设计中的环境一行为研究的目的是扩大和深化传统的功能适用要求,不仅要考虑人的生理需要、人体尺寸及其动作规律、可观察到的人流流线和活动,而且还要外延和深入到人的心理、行为和社会文化需求,包括人怎样感知和认知建筑外观和室内环境,怎样占有和使用空间,怎样满足人的社会交往需要,以及怎样理解建筑形式表达的意义和象征等。

1.行为、心理与建筑、环境

(1)基本知识与相关理论

①行为的特点

人的行为,简单地说就是指人们日常生活中的各种活动,或者指足以表明人们思想、品质、心理等内容的外在的人们的各种活动,或者说是“为了满足一定的目的或欲望而采取的逐步行动的过程”等。

人类行为的特点主要有主动性、动机性、目的性、因果性、持久性和可塑性等。人们的行为状态可分为正常、异常和非常三种。相应地,人们的行为又分为正常行为、异常行为和非常行为;从心理上分析又分为正常心理和变态心理或病态心理。建筑设计应当防患于未然,针对非常状态实施预见性设计,并要求具有一票否决权。

②行为与环境

行为是人们的社会结构意识等支配的能动性的活动,行为必然发生在一定的环境脉络之中,并且在许多方面与外在的环境,包括自然的、人工的、文化的、心理的、物理的环境有着很好的对应关系而形成一定的行为模式。

生态心理学家巴克尔在人一环境的研究中提出了人的行为模式理论,他分析了形体环境与重复行为模式的密切联系,在20世纪40年代提出了行为场所的概念,并把它作为分析环境一行为关系的基本单元。

行为场所的概念揭示了人们观察和总结行为与环境的对应关系。建筑学中已经有走廊、人行道等不同的名称,但是,名称本身却不能充分反映人们在特定环境中的行为模式。例如,人行道上存在着老人休息、妇女聊天、儿童玩耍、小摊卖货等不同的行为模式,还有匆匆而过的行人、并肩而行的恋人、东张西望的陌生人和悠然而去的闲人。行为场所的概念则有助于设计人员更加深入地了解、思考和确定在特定环境中所规定的行为模式,以便在设计中做出相应的环境处理,以保证人们的行为得以顺利地实施。

③环境与心理

环境的不定性是指环境被人感知的过程中表现出来的不确定的特征。它包含两方面的含义,首先是指为人所感知的环境具有不明确性、模糊性或复杂性;其次是环境各要素之间在意义上的多样性或联想的丰富性。不同的人对同一环境要素或要素关系可能有截然相反或相异的联想;同一个人也会时过境迁,今非昔比,各有所好。环境不定性一方面表现出环境的复杂性,另一方面说明了人与环境的相互依赖性。其依赖性说明环境与人的心理和行为具有一定的规律性，需要我们实事求是地去分析探讨；其复杂性又需要我们见微知著，具体分析，以便妥善地解决实际问题。

④欲望与建筑

欲望是指取得某种东西或达到某种目的的要求。只要人活着，天天就会有种种欲望，就会做种种努力，一步步地去实现自己的欲望。心理上欲望的差异又必然与物质上的功能差异相对应。保持私密性与维护交际性的欲望又交织在一起，给建筑师的设计带来极大的复杂性和矛盾性，有些潜意识的欲望是建筑师所未能体会到或认识到的，可有些建筑本身却起到了建筑师所始料未及的功能。

(2)具体应用与设计举要

①行为的特点在建筑中的体现

建筑师不仅应考虑到正常状态下的正常行为，也要考虑到非常状态下的非常行为，让人们生活得更方便、愉快、舒适、满意，并避免在万一状态下的可能伤害。建筑师还应当有设身处地的人道主义精神，为残疾人和老年人考虑，设置无障碍行车的车道以方便他们的生活。设计精神病院和股票交易所时应当考虑人们的特殊需要。

②"行为与环境"相关理论的应用举例

设计人员更加深入地了解、思考和确定在特定环境中所规定的行为模式，以便在设计中做出相应的环境处理，以保证人们的行为得以顺利地实施。

例如，王国梁先生在《建筑师》这本杂志中谈到他在合肥新客站的设计中为了缩短旅客的进站流线，将正方形的候车大厅旋转45°，用它的两条边作为进站旅客集中和排队的地方，既有足够的长度，又缩短了步行距离，也避免了人流的迂回交叉，特别是减轻了旅客在检票前后比较紧张的心理负担，并简化了繁杂忙乱的行为模式。

再如：高层住宅的居民就有一种回避的行为，这是指居民主观上回避交往的愿望和行为，以保证自身活动的独立性和正常性。但回避行为的社会分离性使居民社会组织降低，社会网络脆弱，邻里关系淡漠，而产生出不合理状况的危机。因此，建筑设计师应当想办法在环境上促成居民间的接近行为和社会向心作用，使居民交往在自然而然的状态下进行。

③"环境与心理"相关理论的应用举例

建筑设计中，环境对心理的影响要引起高度重视。例如日本有座大寺院盖了一所幼儿园，曾聘请知名建筑师进行设计，耗了巨资，购买了先进设备，并配备了优秀教师，可是效果并不理想，到这里来的小朋友脾气暴躁，动辄吵架斗殴，上课也很不专心，后来请了一位儿童教育心理学家，他发现幼儿园是座标准很高的现代的六角形建筑，教室处在正中央，六个面上全用大玻璃落地窗。家长们很关心孩子在这所高级幼儿园的学习情况，经常从落地窗外观察儿童们的上课情况。院子的四角分别是喷水池、游泳池、花圃和滑梯秋千。其中，南侧的喷水池还可以把阳光反射到教室里面；两边的游泳池、滑梯秋千等也使儿童们心神不安，难以集中注意力。于是，这位心理学家建议把三面落地窗加上窗帘，以调整四季的阳光，喷水池在上课期间暂时关闭，楼房四周密集种植灌木墙，使家长们无法靠近观察，儿童也无法看到外面的情况。这样，效果十分明显，一个月以后，孩子们的脾气、学习等情况都有明显改善。

④“欲望与建筑”相关理论对设计的影响与作用

生活空间的设计正是利用物质的汇集，满足人们的某种欲望，导向愉快和舒适的心理活动。建筑师要能在不言不语、不知不觉之中利用个人无(潜)意识和集体无(潜)意识，将人们导向自己的设计意图，达到“引而不发，跃如也”的境界，完成最出色的设计。

2. 特定环境下的行为模式

(1)基本知识与相关理论

①环境中人们的分布模式

人们在特定的环境中，相互之间有一定的分布模式，即人们根据情境采取一定的空间定位，并具有保持这种空间位置的倾向性。人们在比较狭窄的空间里通常呈现出线性分布的特点，例如在建筑的走廊、过道、楼梯等交通空间里。而在比较宽阔的环境里则呈现出面状分布的特点，例如在机场的候机楼里、在火车站的广场上和在公共建筑的中庭里。

人们还发现这样的情况，四通八达的空间往往只能作为交通要道或过渡空间，人们不可能在其中滞留，因为他们的个人空间总是被人们以视线、声线或路线进行干扰。而凹形空间却提供了一种避风港，在公共空间里可以暂时保持一定的私密性，人们乐于停留，感到安全与自在。这种公共场合的端头、角落或凹形空间被称为活动口袋，是人们常常乐于停留和感到有所依靠的地方。

②环境中人们的流动模式

人们在环境中的移动就形成人们的流动。人们的流动具有一定的规律性和倾向性。

a. 人群流动的特点

人们的流动一般具有这样一些特点，如靠右行、识途性、走捷径以及人流的暂时停滞等。

b. 人群流动的量化指标

流动系数是指在交通环境中以单位宽度、单位时间内能够通过的人数为指标，是表示人流性能的有效指标。

断面交通量是指单位时间内通过某地点的步行人数。一般以时间为水平轴，以人流量为竖直轴，就能够清楚地表明不同时间内该地点人流的变化。人流密度与人们步行的速度有一定的关系。当人流密度超过 1.2 人/m^2 时，步行速度明显减慢。

人们处于某一点的移动潜势，可以采用空间移动的概率图来表示。例如，处于客厅里的人们走出客厅 100 次，其中有 10 次走向门厅，10 次走进厕所，25 次回卧室休息，55 次去厨房做饭，则客厅里人群移动方向的概率可以采用图 2-29 表示。这样，就能很方便地总结观察和记录到的情况，为建筑设计提供理论上的依据。

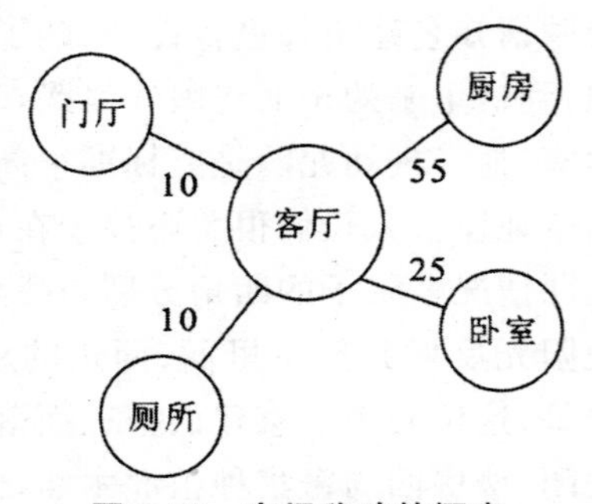

图 2-29　空间移动的概率

c. 人们的觅路行为

觅路或觅道是指人们在环境中寻找重要地点的具体行为。人们首先要探究所在位置，确定要去的方向，了解所在地与目的地之间的关系，并确定到达目的地的手段和行动。否则，就可能迷向和迷失。

③特殊环境中的非常行为

a. 集群行为

集群行为是指在特殊的环境中，人们在激烈的互感互动中自发产生的无指导、无约束、无明确目的、不受正常社会规范限制的众多人群的狂热和骚乱的行为。

b. 避险行为

在非常时刻（火灾、水灾、地震、沉船等自然灾害和突发的意外事件）的特殊环境中，人们首先采取的还是习以为常、自然而然和近乎机械的反应与行为：例如，抄近路、走熟路、向左拐等，还表现出求生本能、躲避本能、向光本能和追随本能等特点。

c. 人群灾害

人群灾害是指人群在异常警觉的环境中，由于特殊或偶然的原因，引起群体的恐慌、骚乱和危机而造成的人身伤亡事故。

④建筑环境的易识别性

大型公共建筑室内交通空间众多，人流线还包含着大量的转折点，要求人们在找路和寻址时不断对空间定向做出选择，因而应把"建筑便于使用者在其中找路和寻址的容易程度"即"建筑的易识别性"作为判断建筑设计优劣的依据之一。

对易识别性影响较大的建筑环境因素有：建筑的平面形状；建筑内外熟悉的标志或提示的可见性；建筑不同区域间有助于定向和回想的区别程度；提供识别或方向信息的符号和编号。

（2）具体应用与设计举例

①环境中人们的分布模式对建筑设计的影响与制约

在建筑设计中，要求针对不同的人流分布模式作出相应的考虑和设计，做到最大限度地为人所用。

例如，股票交易大厅的设计就要充分考虑人们的分布特点，对于排队购买、咨询与观察股市行情的人群、整理钱物的区域都能留出足够的空间。

再如学校的食堂设计中，要考虑到拥挤和混乱问题，通过增加售饭菜的柜台和窗口、合理布置食堂大厅、灵活布置坐椅饭桌等多种方法，从而综合解决问题。

另外，在公共空间设计中还要通过设置凹形空间，让公众乐于停留，感到安全与自在。

②环境中人们的流动模式对建筑设计的影响与制约

建筑设计中，要善于利用人群流动的特点，有效地调节和疏导人流，根据人群分布的密度和人们流向的目的性，以及当时的心理行为特点，做出相应的规划和处置。

例如，在安全疏散楼梯设计时要考虑到人们已经形成了靠右行、左回转的习惯，因此安全疏散楼梯的下行方向最好也形成靠右行、左回转的形式，使人们在紧急避难时感到方便、舒畅、快捷与安全。诸如美术馆、博物馆的参观路线的安排都采取靠右行、左回转的方式。

在住宅设计中，为了使客厅成为联系一家人的桥梁，客厅与各卧室之间的距离尽可能短一些，到客厅来不用拐弯或走很长的路，这样，卧室保障了家庭成员的私密性，客厅则成为全家的公共性区域而让人们在此得到感情的交流。

在商业街设计中，对人流密度的概念一定要考虑周到，如果没有足够宽的人行道，人们比肩接踵，拥挤不堪；同时还要考虑必要的休息场所，划分出专门的步行街，搞好绿化，改善环境状况，避免由于人多车多产生的脏、乱、挤、吵而使顾客心烦，同时购买东西太多也不好携带，因此就尽量少买，甚至只好不买；买完东西后都想赶快离开，不愿过多地停留，实际上使商家又失去了一些潜在顾客。

另外考虑到人们的觅路行为，设计者应当采取适当措施，针对最广大和最普遍的使用者，特别是要考虑到陌生人定向和觅路需要，使环境具备易识别性，有必要明确建筑群的布置和交通系统。许多大学、公园、小区、大商场都在门口或交通枢纽处设置小型地图，这有助于人们明确自己所处的位置，并能迅速地确定要去的方向。对于特定的目的地，可以采取具有特色的建筑设计标志，例如火车站的钟楼；在夜间可以采用泛光照明手段，突出目的地的特色。

③特殊环境中的非常行为对建筑设计的影响

集群行为在某时某地发生固然有其不可预料的特点，但一些特殊的环境还是应当早做准备。根据各国的经验，集群行为以运动场中观看比赛时发生的较多，而尤以足球赛为甚。那么，足球场中相应的场馆应在分区上划分明确，一些相应的栏杆、挑台等容易发生危险的设施应加强设计，并以冷色镇静的色彩油漆。个别悬挑结构应避免使用，以防在集群行为时造成更大的伤亡。

在建筑设计中，要有强烈的防灾意识，对防火等级、防火分区、防火墙等的设计要给予足够重视，有必要在设计防火隔断、疏散通道、报警和灭火设备、指示设备、防烟楼梯和防火门时，考虑人员的自救措施，如设置室外疏散楼梯、待避阳台、屋顶广场等。

众所周知，人群往往是由正常状态转向异常状态，而后由于某种激发而进入恐慌状态，因此，建筑设计中可以采取一些方法处理恐慌问题。比如，在人群集中处扩大出口，全力疏散；在安全出口和其他临时出口处明确标志；以权威人士诱导，使人群冷静与安宁；设法控制引起恐慌的因素。

④加强室内空间定向(易识别性)的建议

a. 妥善处理建筑平面的拓扑复杂性，包括降低建筑平面中服务对象使用部分的拓扑复杂性，适当重复同一拓扑模式，强化重点或中心区域等；

b. 强化建筑特点的可见性；

c. 改善标志系统；

d. 辩证考虑具体行为习性和习惯(如趋光性、转弯倾向、环顾倾向和性别差异等)。

第三章　住宅建筑的基本构造

建筑是一门专门研究建筑物各组成部分的构造原理和方法的学科，是建筑设计不可分割的一部分。其主要任务是根据建筑物的功能要求、材料供应和施工技术条件，提供合理地、经济的构造方案，以作为建筑设计中综合解决技术问题及施工图设计的依据。本章将讲述住宅建筑的基本构造的各个部分。

第一节　地基与基础

一、地基与基础的概念及内涵

建筑物建造在地层上，将会引起地层中的应力状态发生改变，工程上把因承受建筑物荷载而应力状态发生改变的土层或岩层称为地基，把建筑物荷载传递给地基的那部分结构称为基础。因此，地基与基础是两个不同的概念，地基属于地层，是支承建筑物的那一部分地层；基础则属于结构物，是建筑物的一部分。由于建筑物的建造使地基中原有的应力状态发生变化，因此土层发生变形。为了控制建筑物的沉降并保持其稳定性，就必须运用力学方法来研究荷载作用下地基土的变形和强度问题。研究土的特性及土体在各种荷载作用下的性状的一门力学分支称为土力学。土力学主要内容包括土中水的作用、土的渗透性、压缩性、固结、抗剪强度、土压力、地基承载力、土坡稳定等土体的力学问题。

在地基中把直接与基础接触的土层称为持力层，持力层下受建筑物荷载影响范围内的土层称为下卧层，其相互关系如图 3-1 所示。

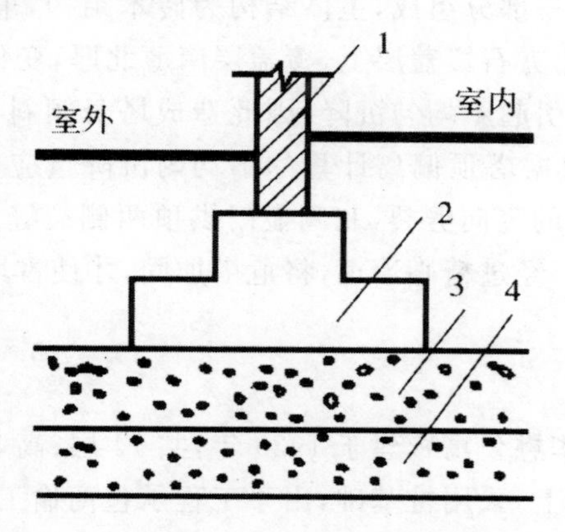

1—上部结构；2—基础；3—持力层；4—下卧层

图 3-1　地基基础示意图

基础的结构形式很多，按埋置深度和施工方法的不同，可分为浅基础和深基础两大类。通常把埋置深度不大（一般不超过 5m），只需经过挖槽、排水等普通施工程序，采用一般施工方法和施工机械就可施工的基础称为浅基础，如条形基础、独立基础、筏形基础等；而把基础埋置深度超过一定值。需借助特殊施工方法施工的基础称为深基础，如桩基础、地下连续墙、沉井基础等；如果土质不良，需要经过人工加固处理才能达到使用要求的地基称为人工地基：不加处理就可以满足使用要求的地基称为天然地基。

基础是建筑物的一个组成部分，基础的强度直接关系到建筑物的安全与使用。而地基的强度、变形和稳定更直接影响到基础及建筑物的安全性、耐久性和正常使用。建筑物的上部结构、基础、地基三部分构成了一个既相互制约又共同工作的整体。目前，要把三部分完全统一起来进行设计计算还有一定困难。现阶段采用的常规设计方法是将建筑物的上部结构、基础、地基三部分分开，按照静力平衡原则，采用不同的假定进行分析计算，同时考虑建筑物的上部结构、基础、地基相互共同作用。满足同一建筑物设计的地基基础方案往往不止一个，应通过技术经济比较，选取安全可靠、经济合理、技术先进、施工简便又能保护环境的方案。

二、地基与基础在建筑工程中的地位及作用

地基和基础是建筑物的根本，又位于地面以下，属地下隐蔽工程。它的勘察、设计及施工质量的好坏，直接影响建筑物的安全，一旦发生质量事故，补救和处理都很困难，甚至不可挽救。此外，花费在地基和基础上的工程造价与工期在建筑物总造价和总工期中所占的比例，视其复杂程度和设计、施工的合理与否，可以在百分之几到百分之几十之间变动，造价高的约占总造价的 1/3，相应工期约占总工期的 1/4。在中外建筑史上，有举不胜举的地基基础事故的例子，下面列举几个典型的例子。

（一）建筑物倾斜

苏州虎丘塔为全国重点文物保护单位，该塔建于公元 961 年，共 7 层，高 47.5m，塔平面呈现八角形，由外壁、回廊和塔心三部分组成，主体结构为砖木结构，采用黄泥砌砖，浅埋式独立砖墩基础，坐落在人工夯实的土夹石覆盖层上，覆盖层南薄北厚，变化范围为 0.9～3.6m，基岩弱风化。土夹石覆盖层压实后引起不均匀沉降，因此造成塔身倾斜，据实测，塔顶偏离中心线 2.34m。由于过大的沉降差（根据塔顶偏离计算的不均匀沉降量应为 66.9cm）引起塔楼从底层到第 2 层产生了宽达 17 cm 的竖向劈裂，北侧壶门拱顶两侧裂缝发展到了第 3 层。砖墩压酥、碎裂、崩落，堪称危如累卵。经过精心治理，将危塔加固，才使古塔得以保存。

（二）建筑物地基下沉

上海锦江饭店北楼（原名华懋公寓），建于 1929 年，共 14 层、高 57m，是当时上海最高的一幢建筑。基础坐落在软土地基上，采用桩基础，由于工程承包商偷工减料，未按设计桩数施工，造成了大幅度沉降，建筑物的绝对沉降达 2.6m，致使原底层陷入地下，成了半地下室，严重影响使用。

(三)建筑物地基滑动

加拿大特朗斯康谷仓,平面呈矩形,南北向长59.44m,东西向宽2.47m,高31.00m,容积36368m³。谷仓为圆筒仓,每排13个,5排共计65个。谷仓基础为钢筋混凝土筏形基础,厚度61cm,埋深3.66m。谷仓于1941年动工,1 943年秋完工。谷仓自重20000t,相当于装满谷物后满载总重量的42.5%。1943年9月装谷物,10月17日当谷仓已装了32822m³谷物时,发现1h内竖向沉降达30.5cm。结构物向西倾斜,并在24h内谷仓倾倒,仓身倾斜26°53′,谷仓西端下沉7.32m,东端上抬1.52m,上部钢筋混凝土筒仓坚如磐石。建谷仓前未对谷仓地基进行调查研究,而是据邻近结构物基槽开挖试验结果,计算地基承载力为352kPa,应用到此谷仓。1952年经勘察试验与计算,谷仓地基实际承载力为193.8~276.6kPa,远小于谷仓破坏时发生的压力(329.4kPa),因此,谷仓地基因超载发生强度破坏而滑动。

(四)建筑物墙体开裂

天津市人民会堂办公楼东西向长约27.0m,南北向宽约5.0m,高约5.6m,为两层楼房,工程建成后使用正常。1984年7月在办公楼西侧新建天津市科学会堂学术楼。此学术楼东西向长约34.0m,南北宽约18.0m,高约22.0m。两楼外墙净距仅30cm。当年年底,人民会堂办公楼西侧北墙发现裂缝,此后,裂缝不断加长、展宽。最大的一条裂缝位于办公楼西北角,上下墙体于1986年7月已断开错位150mm,在地面以上高2.3m处,开裂宽度超过100mm。这条裂缝朝东向下斜向延伸至地面,长度超过6m。这是相邻荷载影响导致事故的典型例子,新建学术楼的附加应力扩散至人民会堂办公楼西侧软弱地基,引起严重沉降,造成墙体开裂。

(五)建筑物地基溶蚀

徐州市区东部新生街居民密集区,于1992年4月12日发生一次大塌陷。最大的塌陷长25m、宽19m,最小的塌陷直径3m,共7处塌陷,深度普遍为4m左右。整个塌陷范围长210m,宽140m。位于塌陷内的78间房屋全部陷落倒塌。塌陷周围的房屋墙体开裂达数百间。塌陷区地基为黄河泛滥沉积的粉砂与粉土,厚达2m。其底部为古生代奥陶系灰岩,中间缺失老黏土隔水层,灰岩中存在大量深洞与裂隙。徐州市过量开采地下水导致水位下降,对灰岩的覆盖层粉土与粉砂形成潜蚀与空洞,并不断扩大。在下大雨后雨水渗入地下,导致大型空洞上方土体失去支承而塌陷。

(六)土坡滑动

香港宝城大厦建在香港山坡上,1972年5~6月出现连续大暴雨,特别是6月份雨量高达1658.6mm,引起山坡因残积土软化而滑动。1972年7月18日早晨7点钟,山坡下滑,冲毁宝城大厦,居住在该大厦的120位银行界人士当场死亡,这一事故引起全世界的震惊,从而对岩土工程倍加重视。

从以上工程实例可见,基础工程属百年大计,必须慎重对待。只有详细掌握勘察资料,深入了解地基情况,精心设计、精心施工,抓好每一个环节,才能使基础工程做到既经济合理又保证质量。

三、地基与基础的设计要求

要保证建筑物的质量，首先必须保证有可靠的地基与基础，否则整个建筑物就可能遭到损坏或影响正常使用。例如：地基的不均匀沉降，可导致上部结构产生裂缝或建筑物发生倾斜；如果地基设置不当，地基承载力不够，还有可能使整个结构物倒塌。而已建成的建筑物一旦由于地基基础方面的原因而出现事故，往往很难进行加固处理。此外. 地基与基础部分的造价在建筑物总造价中往往也占很大比重。所以不管从保证建筑物质量方面，还是从建筑物的经济合理性方面考虑，地基和基础的设计和施工都是建筑物设计和施工中十分重要的组成部分。为了使全国各地都有一个统一的设计依据和标准，各基本建设部门都有一定的设计规范，这些规范是根据我国的现有生产技术水平、实际经验和科学研究成果，结合各专业的特殊要求编制出来的。《建筑地基基础设计规范》(GB5007—2001)对地基和基础设计规定了一些具体的要求，可归纳为下列几点。

(1)保证地基有足够的强度，也就是说地基在建筑物等外荷载作用下，不允许出现过大的、有可能危及建筑物安全的塑性变形或丧失稳定性的现象。

(2)保证地基的压缩变形在允许范围以内，以保证建筑物的正常使用。地基变形的允许值决定于上部结构的结构类型、尺寸和使用要求等因素。

(3)防止地基土从基础底面被水流冲刷掉。

(4)防止地基土发生冻胀。当基础底面以下的地基土发生严重冻胀时，对建筑物往往是十分有害的。冻胀时地基虽有很大的承载力，但其所产生的冻胀力有可能将基础向上抬起，而冻土一旦融化，土体中含水量很大，地基承载力突然大幅降低，地基有可能发生较大沉降，甚至发生剪切破坏。所以对寒冷地区，这一点必须予以考虑。

(5)保证基础有足够的强度和耐久性。基础的强度和耐久性与砌筑基础的材料有关，只要施工能保证质量，一般比较容易得到保证。

(6)保证基础有足够的稳定性。基础稳定性包括防止倾覆和防止滑动两方面，这个问题与荷载作用情况、基础尺寸和埋置深度及地基土的性质均有关系。此外，整个建筑物还必须处于稳定的地层上，否则上述要求虽然都得到满足，也可能导致整个建筑物出现事故。

四、基础的类型分析

基础一般可分为两类：浅基础和深基础。开挖基坑后可以直接修筑基础的地基，称为天然地基。而那些不能满足要求而需要事先进行人工处理的地基，称为人工地基。

浅基础根据结构形式可分为扩展基础、联合基础、柱下条形基础、柱下交叉条形基础、筏形基础、箱形基础和壳体基础等。根据基础所用材料的性能可分为无筋基础(刚性基础)和钢筋混凝土基础。深基础主要有桩基础和沉井基础。

(一)扩展基础

墙下条形基础和柱下独立基础(单独基础)统称为扩展基础。扩展基础的作用是把墙或柱的荷载侧向扩展到土中，使之满足地基承载力和变形的要求。扩展基础包括无筋扩展基础和钢筋混凝土扩展基础。

1. 无筋扩展基础

无筋扩展基础是指由砖、毛石、混凝土或毛石混凝土、灰土和三合土等材料组成的无须配置钢筋的墙下条形基础及柱下独立基础(图 3-2)。无筋基础的材料都具有较好的抗压性能，但抗拉、抗剪强度都不高，为了使基础内产生的拉应力和剪应力不超过相应的材料强度设计值，设计时需要加大基础的高度。因此，这种基础几乎不发生挠曲变形，故习惯上把无筋基础称为刚性基础。无筋扩展基础适用于多层民用建筑和轻型厂房。

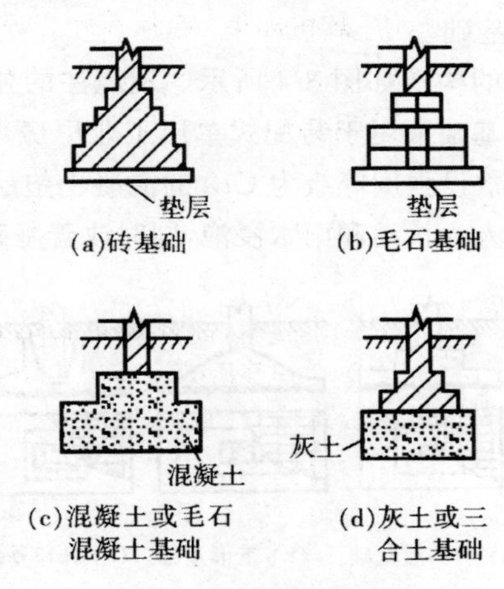

图 3-2　无筋扩展基础

采用砖或毛石砌筑无筋基础时，在地下水位以上可用混合砂浆，在水下或地基土潮湿时则应用水泥砂浆。当荷载较大，或要减小基础高度时，可采用混凝土基础，也可以在混凝土中掺入体积占 25%～30%的毛石(石块尺寸不宜超过 300mm)，即做成毛石混凝土基础. 以节约水泥。灰土基础宜在比较干燥的土层中使用，多用于我国华北和西北地区的灰土由石灰和土配制而成，石灰以块状为宜，经熟化 1～2 天后过 5mm 筛立即使用：土料用塑性指数较低的粉土和黏性土，土料团粒应过筛，粒径不得大于 15mm。石灰和土料按体积比 3∶7 或 2∶8 拌和均匀，在基槽内分层夯实(每层虚铺 220～250mm，夯实至 150mm)。在我国南方则常用三合土基础。三合土是由石灰、砂和骨料(矿渣、碎砖或碎石)加水泥混合而成的。

2. 钢筋混凝土扩展基础

钢筋混凝土扩展基础常简称为扩展基础，是指墙下钢筋混凝土条形基础和柱下钢筋混凝土独立基础。这类基础的抗弯和抗剪性能良好，可在竖向荷载较大、地基承载力不高以及承受水平力和力矩荷载等情况下使用。与无筋基础相比，其基础高度较小，因此更适宜在基础埋置深度较小时使用。

(1)墙下钢筋混凝土条形基础

墙下钢筋混凝土条形基础的构造如图 3-3 所示。一般情况下可采用无筋的墙基础。如地基不均匀，为了增强基础的整体性和抗弯能力，可以采用有筋的墙基础，见图 3-3(b)，肋部配置足够的纵向钢筋和箍筋，以承受由不均匀沉降引起的弯曲应力。

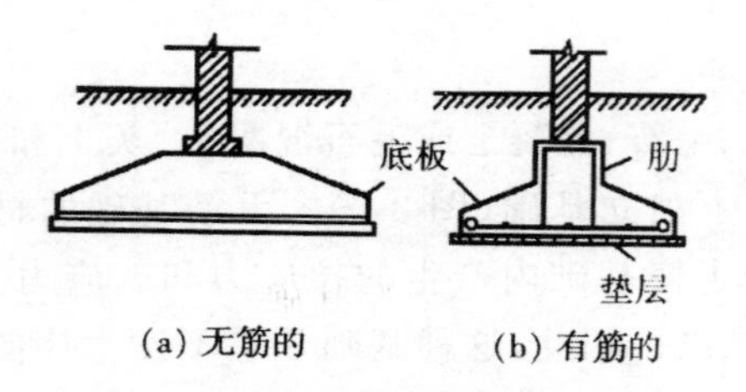

(a) 无筋的　(b) 有筋的

图 3-3　墙下钢筋混凝土条形基础

(2)柱下钢筋混凝土独立基础

柱下钢筋混凝土独立基础的构造如图 3-4 所示。现浇注的独立基础可做成锥形或阶梯形，预制柱则采用杯口基础。杯口基础常用于装配式单层工业厂房。砖基础、毛石基础和钢筋混凝土基础在施工前常在基坑底面敷设强度等级为 C10 的混凝土垫层，其厚度一般为 100mm。垫层的作用在于保护坑底土体不被人为扰动和雨水浸泡，同时改善基础的施工条件。

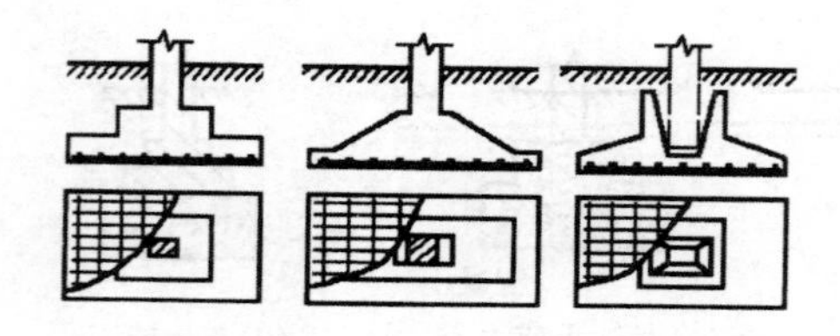

(a) 阶梯形基础　(b) 锥形基础　(c) 杯口基础

图 3-4　柱下钢筋混凝土独立基础

(二)联合基础

联合基础主要指同列相邻二柱公共的钢筋混凝土基础，即双柱联合基础(图 3-5)，但其设计原则，可供其他形式的联合基础参考。

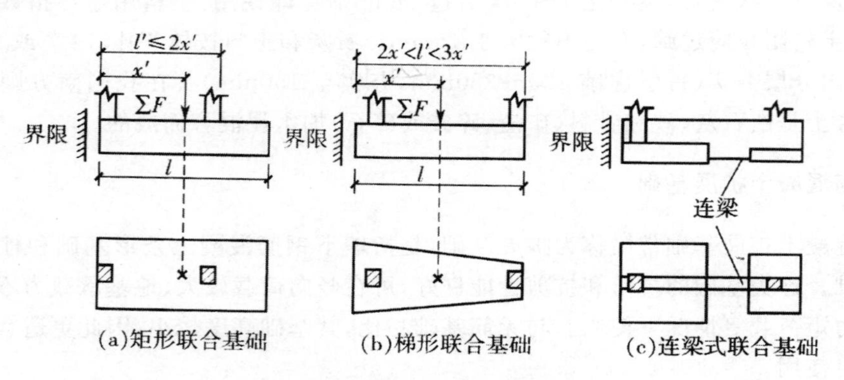

(a)矩形联合基础　(b)梯形联合基础　(c)连梁式联合基础

图 3-5　典型的双柱联合基础

在为相邻二柱分别配置独立基础时，常因其中一柱靠近建筑界线，或因二柱间距较小，而出现基底面积不足或荷载偏心过大等情况，此时可考虑采用联合基础。联合基础也可用于调整相邻两柱的沉降差，或防止两者之间的相向倾斜等。

（三）柱下条形基础

当地基较为软弱、柱荷载或地基压缩性分布不均匀，以致采用扩展基础可能产生较大的不均匀沉降时，常将同一方向（或同一轴线）上若干柱子的基础连成一体而形成柱下条形基础（图3-6）。这种基础的抗弯刚度较大，因而具有调整不均匀沉降的能力，并能将所承受的集中柱荷载较均匀地分布到整个基底面积上。柱下条形基础是常用于软弱地基上框架或排架结构的一种基础形式。

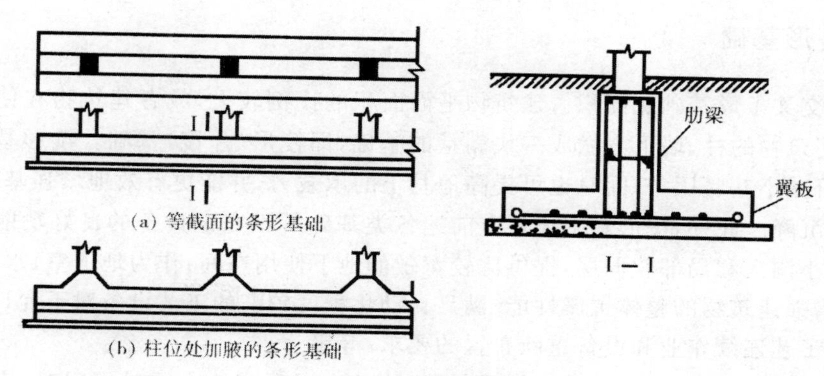

图 3-6　柱下条形基础

（四）柱下交叉条形基础

如果地基软弱且在两个方向分布不均，需要基础在两方向都具有一定的刚度来调整不均匀沉降，则可在柱网下沿纵横两向分别设置钢筋混凝土条形基础，从而形成柱下交叉条形基础（图3-7）。

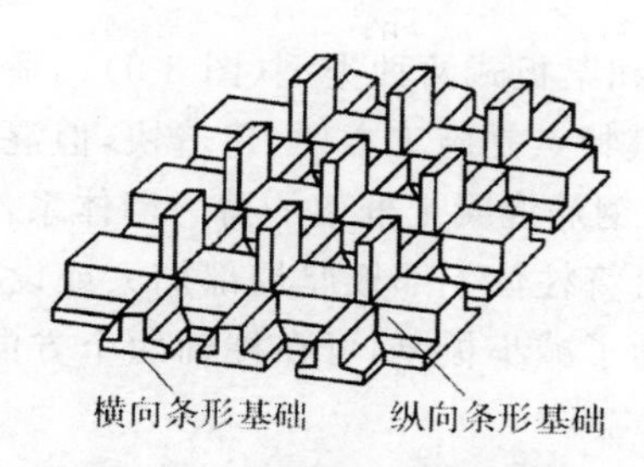

图 3-7　柱下交叉条形基础

如果单向条形基础的底面积已能满足地基承载力的要求，则为了减少基础之间的沉降差，可在另一方向加设连梁，组成如图3-8所示的连梁式交叉条形基础。为了使基础受力明确，连梁不宜着地。这样，交叉条形基础的设计就可按单向条形基础来考虑。连梁的配置通常是带经验性的，但需要有一定的承载力和刚度，否则作用不大。

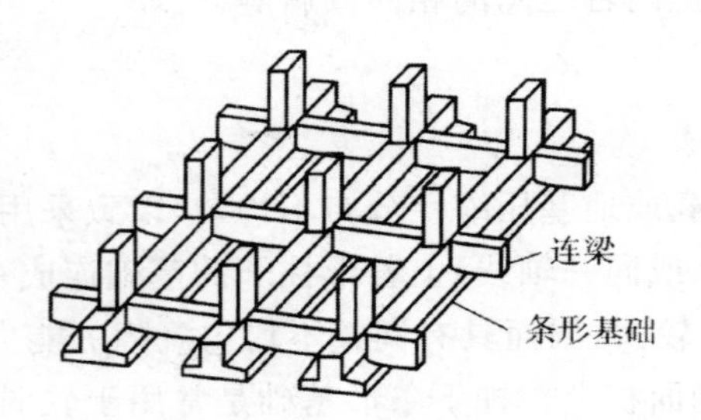

图 3-8 连梁式交叉条形基础

(五)筏形基础

当柱下交叉条形基础底面积占建筑物平面面积的比例较大,或者建筑物在使用上有要求时,可以在建筑物的柱、墙下方做成一块满堂的基础,即筏形(片筏)基础。筏形基础由于其底面积大,故可减小基底压力,同时也可提高地基土的承载力,并能更有效地增强基础的整体性,调整不均匀沉降。此外,筏形基础还具有前述各类基础所不完全具备的良好功能,例如:能跨越地下浅层小洞穴和局部软弱层:提供比较宽敞的地下使用空间;作为地下室、水池、油库等的防渗底板;增强建筑物的整体抗震性能;满足自动化程度较高的工艺设备对不允许有差异沉降的要求以及工艺连续作业和设备重新布置的要求,等等。

但是,当地基有显著的软硬不均情况,例如地基中岩石与软土同时出现时,应首先对地基进行处理,单纯依靠筏形基础来解决这类问题是不经济的,甚至是不可行的。筏形基础的板面与板底均配置受力钢筋,因此经济指标较高。

按所支承的上部结构类型可分为用于砌体承重结构的墙下筏形基础和用于框架、剪力墙结构的柱下筏形基础。前者是一块厚度约 200～300mm 的钢筋混凝土平板,埋深较浅,适用于具有硬壳持力层(包括人工处理形成的)、比较均匀的软弱地基上六层及六层以下承重横墙较密的民用建筑。

柱下筏形基础分为平板式和梁板式两种类型(图 3-9)。平板式筏板基础的厚度不应小于 400mm,一般为 0.5～2.5m。其特点是施工方便、建造快,但混凝土用量大。建于新加坡的杜那士大厦是高 96.62m、29 层的钢筋混凝土框架—剪力墙体系,其基础即为厚 2.44m 的平板式筏形基础。当柱荷载较大时,可将柱位下部板厚局部加大或设柱墩,见图 3-9(a),以防止基础发生冲切破坏。若柱距较大,为了减小板厚,可在柱轴两个方向设置禁梁,形成梁板式筏形基础,见图 3-9(b)。

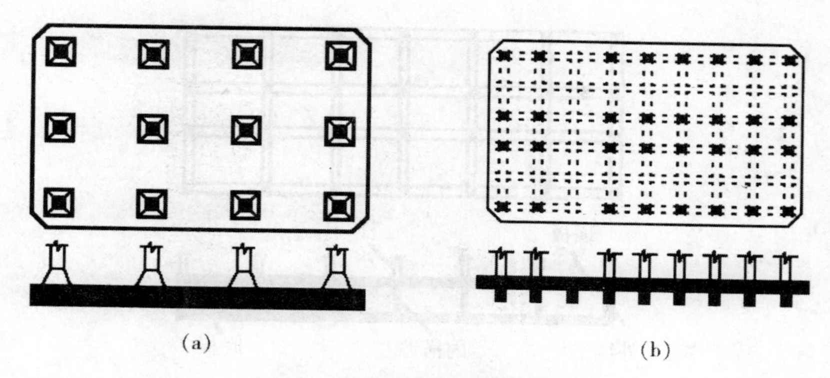

(a)　　(b)

图 3-9　连梁式交叉条形基础

(六)壳体基础

为了发挥混凝土抗压性能好的特性,可以将基础的形式做成壳体。常见的壳体基础形式有三种,即正圆锥壳、M形组合壳和内球外锥组合壳(图 3-10)。壳体基础可用作柱基础和筒形构筑物(如烟囱、水塔、料仓、中小型高炉等)的基础。

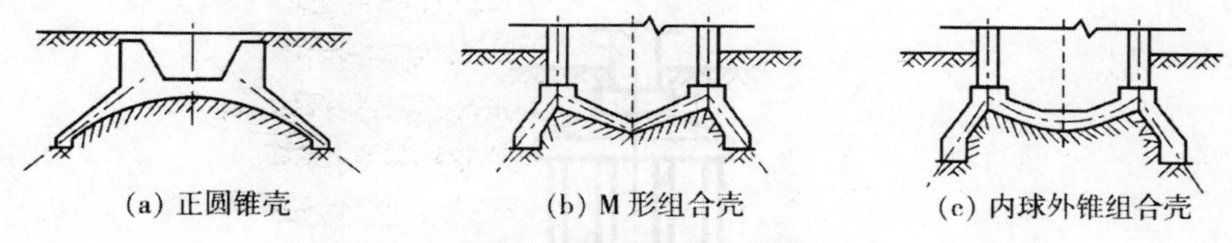

(a) 正圆锥壳　　(b) M形组合壳　　(c) 内球外锥组合壳

图 3-10　壳体基础的结构形式

壳体基础的优点是材料省、造价低。根据统计,中小型筒形构筑物的壳体基础,可比一般梁、板式的钢筋混凝土基础少用混凝土 30%～50%,节约钢筋 30%以上。此外,一般情况下施工时不必支模,土方挖运量也较少。不过,由于较难实行机械化施工,因此施工工期长。同时施工工作量大,技术要求高。

(七)箱形基础

箱形基础是由钢筋混凝土的底板、顶板、外墙和内隔墙组成的有一定高度的整体空间结构(图 3-11),适用于软弱地基上的高层、重型或对不均匀沉降有严格要求的建筑。与筏形基础相比,箱形基础具有更大的抗弯刚度,只能产生大致均匀的沉降或整体倾斜,从而基本上消除了因地基变形而使建筑物开裂的可能性。箱基埋深较大,基础中空,从而使开挖卸去的土重部分抵偿了上部结构传来的荷载(补偿效应),因此,与一般实体基础相比,它能显著减小基底压力、降低基础沉降量。此外,箱基的抗震性能较好。高层建筑的箱基往往与地下室结合考虑,其地下空间可作人防、设备间、库房、商店以及污水处理等。冷藏库和高温炉体下的箱基有隔断热传导的作用,以防地基土产生冻胀或干缩。但由于内墙分隔,箱基地下室的用途不如筏基地下室广泛,例如不能用作地下停车场等。

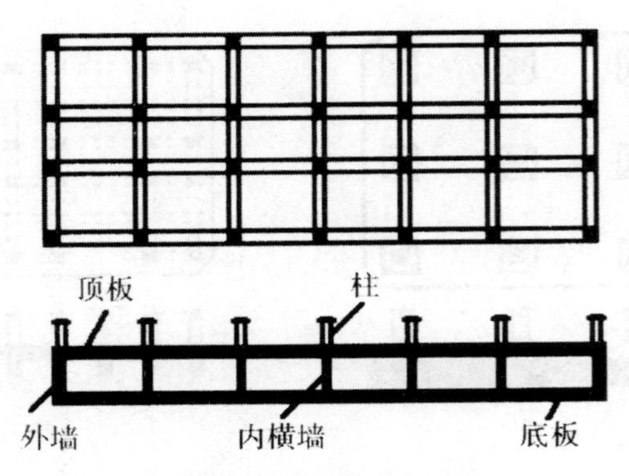

图 3-11　箱形基础

箱基的钢筋水泥用量很大，工期长、造价高、施工技术比较复杂，在进行深基坑开挖时，还需考虑降低地下水位、坑壁支护及对周边环境的影响等问题。因此，箱基的采用与否，应在与其他可能的地基基础方案做技术经济比较之后再确定。

(八)桩基础

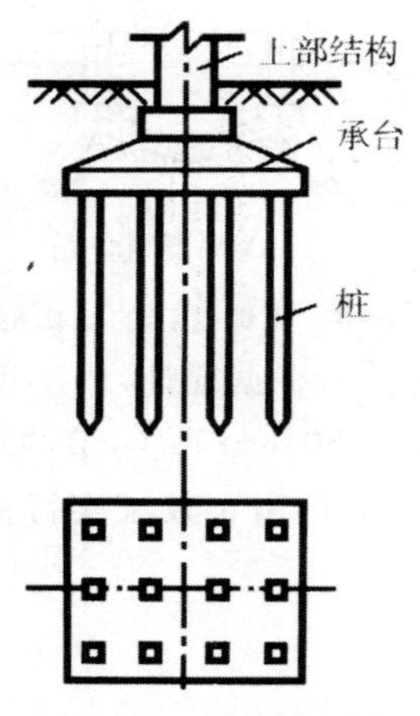

图 3-12　低桩承台

一般建筑物应充分利用天然地基或人工地基的承载能力，尽量采用浅基础。但遇软弱土层较厚，建筑物对地基的变形和稳定要求较高，或由于技术、经济等各种原因不宜采用浅基础时，就得采用桩基础。桩是一种埋入土中，截面尺寸比其长度小得多的细长构件，桩群的上部与承台连接而组成桩基础，通过桩基础把竖向荷载传递到地层深处坚实的土层上去，或把地震力等水平荷载传到承台和桩前方的土体中。房屋建筑工程的桩基础通常为低承台桩，如图 3-12所示，其承台底面一般位于土面以下。

从工程观点出发，桩可以用不同的方法分类。就其材料而言，有木桩、钢筋混凝土桩和钢桩。由于木材在地下水位变动部位容易腐烂，且其长度和直径受限制，承载力不高，目前已很少使用。近代主要制桩材料是混凝土和钢材，这里仅按桩的承载性状、施工方法及挤土效应进行分类。

随着高层和高耸建(构)筑物如雨后春笋般地涌现，桩的用量、类型、桩长、桩径等均以极快的速度向纵深方面发展。桩的最大深度在我国已达104m，最大直径已达6000mm。这样大的深度与直径并非设计者的标新立异，而是上部结构与地质条件结合情况下势在必行的客观要求。建(构)筑物越高，则采用桩(墩)的可能性就越大。因为每增高一层，就相当于在地基上增加12～14kPa的荷载，数十层的高楼所要求的承载力高的土层往往埋藏很深，因而常常要用桩将荷载传递到深部土层去。

(九)沉井基础

沉井基础是一种历史悠久的基础形式，适用于地基浅层较差而深部较好的地层，既可以用作陆地基础，也可用作较深的水中基础。所谓沉井基础，就是用一个事先筑好的以后能充当桥梁墩台或结构物基础的井筒状结构物，一边井内挖土，一边靠它的自重克服井壁摩擦阻力后不断下沉到设计标高，经过混凝土封底并填塞井孔，浇筑沉井顶盖，沉井基础便告完成。然后即可在其上修建墩身，沉井基础的施工步骤如图3-13所示。

沉井是桥梁工程中较常采用的一种基础形式。南京长江大桥正桥1号墩基基础就是钢筋混凝土沉井基础。它是从长江北岸算起的第一个桥墩。那里水很浅，但地质钻探结果表明在地面以下100m以内尚未发现岩面，地面以下50m处有较厚的砾石层，所以采用了尺寸为20.2m×24.9m的长方形的井底沉井。沉井在土层中下沉了53.5m，在当时来说，是一项非常艰巨的工程，而1999年建成通车的江阴长江大桥的北桥塔侧的锚链，也是个沉井基础，尺寸为69m×51m，是目前世界上平面尺寸最大的沉井基础。

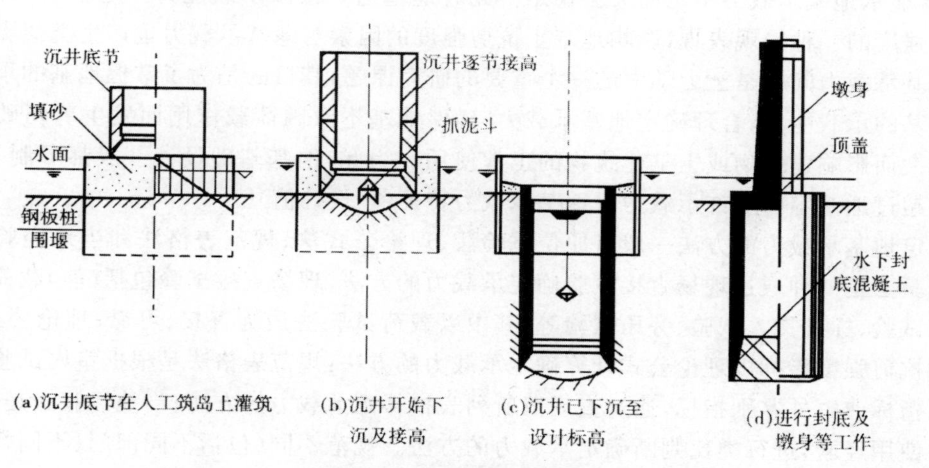

图3-13　沉井基础施工步骤

沉井基础的特点是其入土深度可以很大，且刚度大、整体性强、稳定性强，有较大的承载面积，能承受较大的垂直力、水平力及挠曲力矩，施工工艺也不复杂。缺点是施工周期较长，如遇到饱和粉细砂层时，排水开挖会出现翻浆现象，往往会造成沉井歪斜；下沉过程中，如遇到孤石、树干、溶洞及坚硬的障碍物及井底岩层表面倾斜过大时，施工有一定的困难，需做特殊处理。

遵循经济上合理、施工上可能的原则，通常在下列情况下，可优先考虑采用沉井基础。

(1)在修建负荷较大的建筑物时,其基础要坐落在坚固、有足够承载能力的土层上,且当这类土层距地表面较深(8～30m),天然基础和桩基础都受水文地质条件限制时;

(2)山区河流中浅层地基土虽然较好,但冲刷大,或河中有较大卵石不便桩基施工时;

(3)倾斜不大的岩面.在掌握岩面高差变化的情况下,可通过高低刃脚与岩面倾斜相适应或岸面平坦且覆盖薄,但河水较深,采用扩大基础施工围堰有困难时。

沉井有着广泛的工程应用范围,不仅大量用于铁路及公路桥梁中的基础工程,市政工程中给、排水泵房,地下电厂,矿用竖井,地下储水、储油设施中也广泛应用,而且在建筑工程中还用于基础或开挖防护工程,尤其适用于软土中地下建筑物的基础。

五、地基承载力

各种土木工程在整个使用年限内都要求地基稳定,即要求地基不致因承载力不足、渗流破坏而失去稳定性,也不致因变形过大而影响正常使用。地基承载力是指地基承担荷载的能力。在荷载作用下,地基要产生变形,随着荷载的增大,地基变形逐渐增大,初始阶段地基尚处在弹性平衡状态,具有安全承载能力。当荷载增大到地基中开始出现某点或小区域内各点某一截面上的剪应力达到土的抗剪强度时,该点或小区域内各点就产生剪切破坏而处在极限平衡状态,土中应力将发生重分布。这种小范围的剪切破坏区称为塑性区。地基小范围的极限平衡状态大都可以恢复到弹性平衡状态,地基尚能趋于稳定,仍具有安全的承载能力。但此时地基变形稍大,尚须验算变形的计算值不超过允许值。当荷载继续增大,地基出现较大范围的塑性区时,将显示地基承载力不足而失去稳定。此时地基达到极限承载能力。地基承载力是地基土抗剪强度的一种宏观表现,影响地基土抗剪强度的因素对地基承载力也产生类似影响。

地基承载力问题是土力学中的一个重要的研究课题,其目的是为了掌握地基的承载规律,发挥地基的承载能力,合理确定地基承载力,确保地基不致因荷载作用而发生剪切破坏,产生变形过大而影响建筑物或土工建筑物的正常使用。为此,地基基础设计一般都限制基底压力最大不超过地基容(允)许承载力或地基承载力特征值(设计值)。

确定地基承载力的方法一般有原位试验法、理论公式法、规范表格法和当地经验法四种。原位试验法是一种通过现场直接试验确定承载力的方法,现场直接试验包括(静)载荷试验、静力触探试验、标准贯入试验、旁压试验等,其中以载荷试验法最为直接、可靠;理论公式法是根据土的抗剪强度指标以理论公式计算确定承载力的方法:规范表格法是根据室内试验指标、现场测试指标或野外鉴别指标,通过查规范所列表格得到承载力的方法;当地经验法是一种基于地区的使用经验,进行类比判断确定承载力的方法。规范不同(包括不同部门、不同行业、不同地区的规范),其承载力值不会完全相同,应用时需注意各自的使用条件。

第二节　墙体

一、墙体概述

墙体是建筑物的承重和围护构件。因此对结构受力、空间限定、建筑节能起着重要的作用,墙体的布置与构造是建筑设计的重要内容。

(一)墙体的类型

1. 按墙体所在位置分类

按墙体在平面上所处位置不同,可分为外墙和内墙。外墙位于建筑物外界四周,是房屋的外围护结构,能抵抗大气的侵袭,保证建筑物内部空间的舒适。内墙位于建筑内部,主要是分隔内部空间。任何一面墙,窗与窗之间和窗与门之间的称为窗间墙,窗台下面的墙称为窗下墙。

2. 按墙体受力状况分类

在混合结构建筑中,按墙体受力方式不同,分为承重墙和非承重墙。承重墙直接承受上部屋顶、楼板所传来的荷载。

非承重墙又可分为两种:一是自承重墙,不承受外来荷载,仅承受自身重量并将其传至基础;二是隔墙,起分隔房间的作用,不承受外来荷载,并把自身重量传给梁或楼板。框架结构中的墙称为框架填充墙。

隔墙用于分隔建筑内部空间,并把自重传给楼板或梁。框架结构中填充在柱子之间的墙称框架填充墙。在框架结构中,墙不承受外来荷载,其自重由框架承受,墙仅起分隔与围护作用。悬挂于骨架外部或楼板间的轻质外墙称为幕墙。外部的填充墙和幕墙不承受上部楼板层和屋顶的荷载,却承受风作用和地震荷载。

3. 按墙体构造分类

墙体按构造方式分类可以分为实体墙、空体墙和组合墙三种(图 3-14)。实体墙由单一材料组成,如砖墙、砌块墙等。空体墙也是由单一材料组成,可由单一材料砌成内部空腔,也可用具有孔洞的材料建造墙,如空心砖墙、空心砌块墙等。组合墙由两种以上材料组合而成,例如混凝土、加气混凝土复合板材墙。其中混凝土起承重作用,加气混凝土起保温隔热作用。

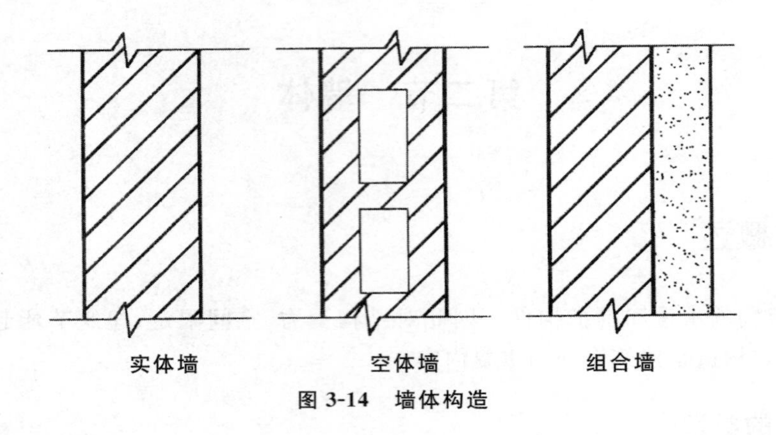

图 3-14 墙体构造

4. 按施工方法分类

按施工方法分类可以分为块材墙、板筑墙及板材墙三种。由砂浆等胶结材料将砖石块材等组砌而成的墙体称为叠砌式块材墙。装配式墙是在工厂预制成系列墙板,然后运到施工现场进行机械安装的墙体。装配式墙机械化程度高、施工速度快、工期短,是建筑工业化的方向。板筑墙是在现场支模板,然后在模板内夯筑或浇筑材料捣实而成的墙体。

5. 按墙体方向划分

墙体按其方向又可分为纵墙和横墙。沿建筑物短轴方向布置的墙称横墙,横向外墙一般称山墙。沿建筑物长轴方向布置的墙称纵墙,纵墙有内纵墙与外纵墙之分(图 3-15)。在一片墙上,窗与窗或门与窗之间的墙称窗间墙;窗洞下部的墙称窗下墙。

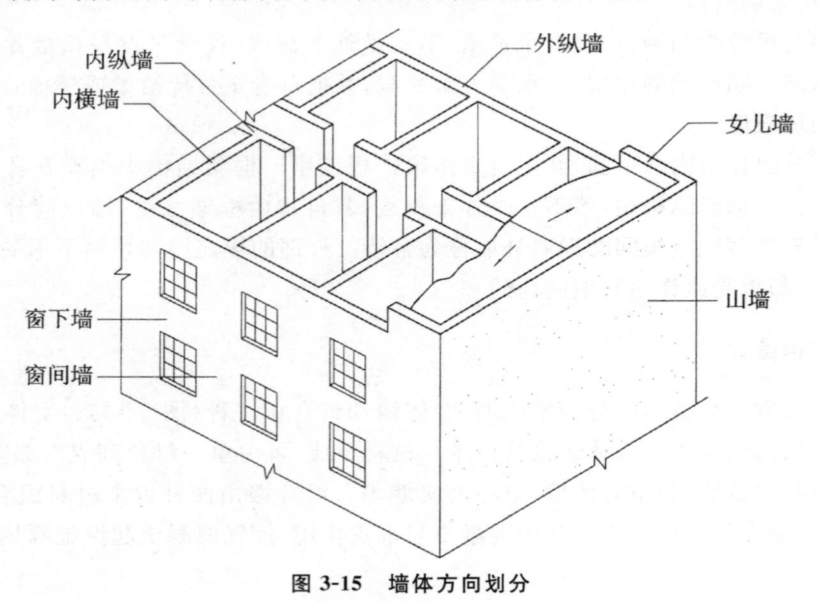

图 3-15 墙体方向划分

6. 按所用材料划分

墙体按所用材料不同，可分为砖墙、石墙、砌块墙和混凝土墙等。近年来，我国已提出限制和禁止使用实心黏土砖墙；砌块墙是今后建筑墙体发展的趋势。

（二）墙体的设计要求

1. 墙体的结构要求

以墙体承重为主的结构，常要求各层的承重墙上、下必须对齐；各层的门、窗洞孔也以上、下对齐为佳。此外，还需考虑以下两方面的要求。

（1）合理选择墙体结构布置方案。

（2）具有足够的强度和稳定性。

强度是指墙体承受荷载的能力，它与所采用的材料以及同一材料的强度等级有关。作为承重墙的墙体，必须具有足够的强度，以确保结构的安全。地震区还应考虑地震作用下的墙体承载力，多层砖混建筑一般以抵抗水平方向的地震作用为设计依据。

墙体的稳定性与墙的高度、长度和厚度有关。高而薄的墙稳定性差，矮而厚的墙稳定性好；长而薄的墙稳定性差，短而厚的墙稳定性好。抗震设防地区，为了增加建筑物的整体刚度和稳定性，在多层砖混结构房屋的墙体中，还需设置贯通的圈梁和钢筋混凝土构造柱，使之相互连接，形成空间骨架，加强墙体抗弯、抗剪能力。

2. 墙体的节能要求

为贯彻国家的节能政策，改善严寒和寒冷地区居住建筑采暖能耗高、热工效率差的状况，必须通过建筑设计和构造措施来节约能耗。其中墙体节能设计是建筑节能的重要方面。

节能主要以保温与隔热为主。作为围护结构的外墙，对热工的要求十分重要。采暖建筑的外墙应有足够的保温能力，寒冷地区冬季室内温度高于室外，热量从高温传至低温，围护结构必须具有保温能力，以减少热量损失。同时还应防止在围护结构内表面和保温材料内部出现凝结水现象，降低保温效果。

而炎热地区夏季太阳辐射强烈，室外热量通过外墙传入室内，使室内温度升高，产生过热现象，影响人们的工作与生活，甚至损害人的健康，因此，炎热地区的外墙应具有足够的隔热能力。除考虑建筑朝向、通风外，可以选用热阻大、重量大的材料或选用光滑、平整、浅色的材料，以增加对太阳的反射能力。

3. 墙体的隔声要求

墙体作为房屋的围护结构必须具有足够的隔声能力，以避免噪声对室内环境的干扰。为保证建筑的室内使用要求，不同类型的建筑具有相应的噪声控制标准。

墙体主要隔离由空气直接传播的噪声。一般采取以下措施：

（1）加强墙体缝隙的填密处理；

（2）增加墙厚和墙体的密实性；

(3)采用有空气间层式多孔性材料的夹层墙;

(4)尽量利用垂直绿化降噪声。

4. 墙体的防火要求

根据建筑的火灾危害和建筑的耐火等级,选择的墙体材料和构造做法必须满足国家有关防火规范要求。

5. 墙体的防水与防潮要求

为保证墙体的坚固耐久性,卫生间、厨房、实验室等有水的房间及地下室的墙体应采取防潮或防水措施。选择良好的防水材料以及恰当的构造做法,使室内有良好的卫生环境。

6. 墙体的工业化生产要求

在大量性民用建筑中,墙体工程量占着相当的比重,建筑工业化的关键是墙体改革,必须改变手工生产操作,提高机械化施工程度,提高工效,降低劳动强度,并应采取轻质高强的墙体材料,以减轻自重,降低成本。

(三)墙体的结构布置

建筑设计首先要确定结构布置方案,建筑结构布置分为墙承重和骨架承重两种。砖混结构即为墙承重方案,墙体不仅是分隔、围护构件,也是承重构件。墙体布置必须既满足建筑的功能与空间布局的要求,又应选择合理的墙体结构布置方案,砖混结构墙体结构布置方案分为横墙承重、纵墙承重、纵横墙承重、半框架承重等几种体系。

1. 横墙承重体系

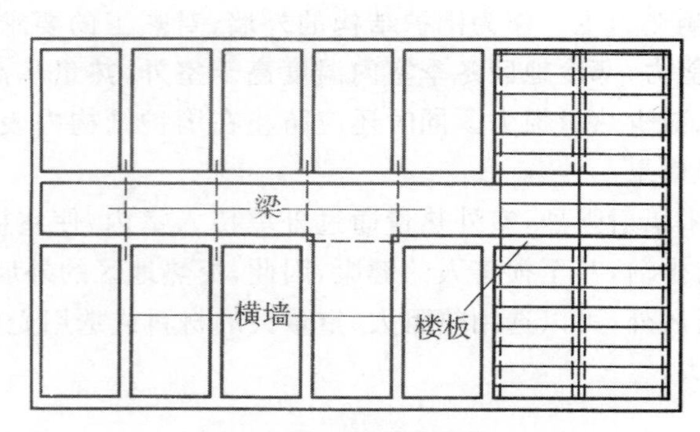

图 3-16　横承重墙体

横承重墙体(图 3-16)主要由垂直于建筑物长度方向的横墙组成。当建筑物内的房间使用面积不大,墙体位置比较固定时,楼板的两端搁置在横墙上,楼面荷载依次通过楼板、横墙、基础传递给地基。由于横墙数量多,具有整体性好、房屋空间刚度大等优点,有利于抵抗风力、地震力和调整地基不均匀沉降;缺点是建筑空间组合不够灵活。在横墙承重体系中,纵墙不承重,只起围护、分隔和联系作用,所以对在纵墙上开门、窗限制较少。适用于房间的使用面积不大、墙体位置比较固定的建筑，如住宅、宿舍、旅馆等。

2. 纵墙承重体系

纵承重墙体(图 3-17)主要由平行于建筑物长度方向的纵墙组成。当房间要求有较大空间，横墙位置在同层或上下层之间可能有变化时，通常把大梁或楼板搁置在内、外纵墙上，构成纵墙承重体系。楼面荷载依次通过楼板、梁、纵墙、基础传递给地基。在纵墙承重方案中，由于横墙数量少，房屋刚度差，应适当设置承重横墙，与楼板一起形成纵墙的侧向支撑，以保证房屋空间刚度及整体性的要求。纵墙承重方案的优点是空间划分较灵活，但限制了设在纵墙上的门、窗大小和位置。适用于对空间的使用上要求有较大空间以及划分较灵活的建筑，如教学楼中的教室、阅览室、实验室等。

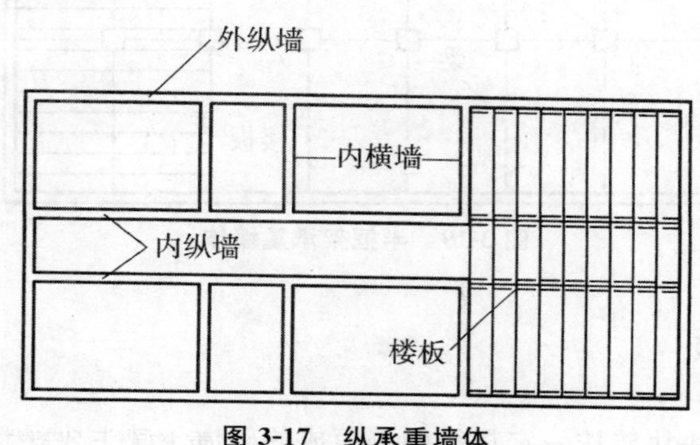

图 3-17　纵承重墙体

3. 纵横墙承重体系

纵横承重墙体(图 3-18)由纵横两个方向的墙体混合组成。当房间的开间、进深变化较多时，结构方案可根据需要在一部分房屋中用横墙承重，另一部分中用纵墙承重，形成纵横墙混合承重方案。此方案的优点是空间刚度较好，建筑组合灵活，但墙体材料用量较多。适用于开间、进深变化较多的建筑，如住宅、医院、实验楼等。

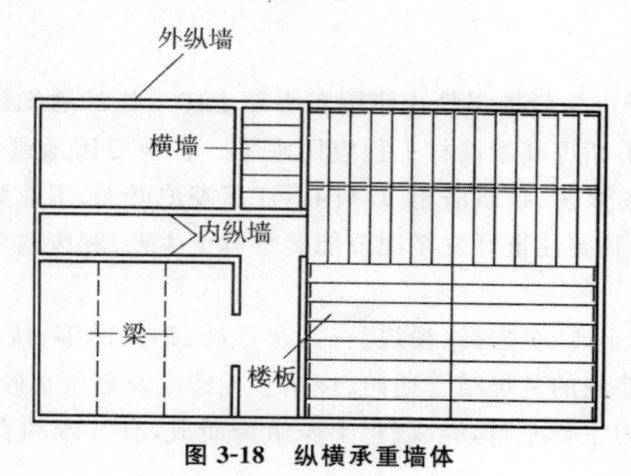

图 3-18　纵横承重墙体

4. 半框架承重体系

当建筑需要大空间时，采用内部框架承重，四周为墙承重，如商店、综合楼等。楼板自重及活荷载由梁、柱或墙共同承担。半框架承重方案的特点是空间划分灵活，空间刚度由框架保证，对抗震不利，如图 3-19 所示。

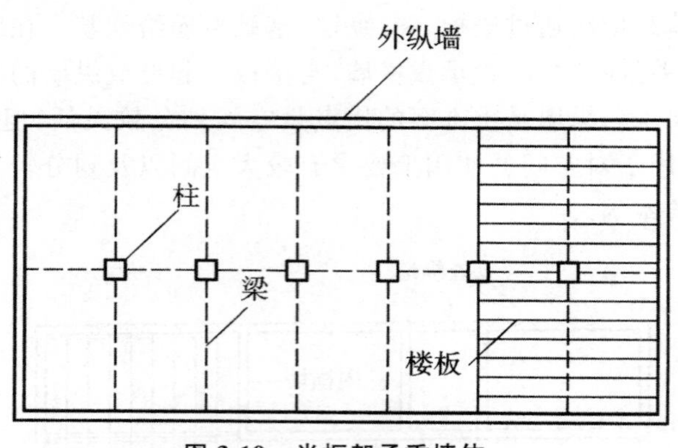

图 3-19　半框架承重墙体

二、砖墙的构造

砖墙是用砂浆将一块块砖按一定规律砌筑而成的砌体。其主要材料是砖与砂浆。砖墙具有一定的承载能力，且保温、隔热、隔声、防火、防冻性能较好；但由于砖墙自重大、施工速度慢、劳动强度大，并且黏土砖占用农田，因此砖墙将由轻质、高强、空心、大块的墙体材料形成的墙体替代。

(一)砖墙材料

1. 砖

2007 年建设部《关于进一步加强禁止使用实心黏土砖工作的通知》(建科[2007]74 号)指出，加快开发新型墙材，不断提高新墙材工程应用水平。各地要因地制宜，根据本地的资源情况，重点发展利用尾矿、粉煤灰、建筑渣土、煤矸石、江河湖泊淤泥、工业废渣等固体废弃物作为主要原料的新型墙材，尤其要注重开发淤泥节能砖等本土生产、利废与节能一体的新型自保温墙材。

砖按材料不同，有黏土砖、页岩砖、粉煤灰砖、灰砂砖、炉渣砖等；按形状分有实心砖、多孔砖和空心砖等。应用最普遍的是烧结普通砖、烧结多孔砖以及蒸压灰砂砖、蒸压粉煤灰砖等。

普通黏土砖以黏土为主要原料，经成型、干燥焙烧而成，有红砖和青砖之分。青砖比红砖强度高，耐久性好。

我国标准砖的规格为 240mm×115mm×53mm，砖的长：宽：厚为 4：2：1(包括 10mm 宽灰缝)，标准砖砌筑墙体时是以砖宽度的倍数，即 115＋10＝125mm 为模数。这与我国现行

《建筑模数协调统一标准》中的基本模数米＝100 毫米不协调，因此在使用中，须注意标准砖的这一特征。

砖的强度以强度等级表示，即每平方毫米能承受多少牛顿的压力，单位是 N/平方毫米，其等级分别为 mU30、mU25、mU20、mU15、mU10、mU7.5 共 6 个级别。如 mU30 表示砖的极限抗压强度平均值为 30MPa，即每平方毫米可承受 30N 的压力，如图 3-20。

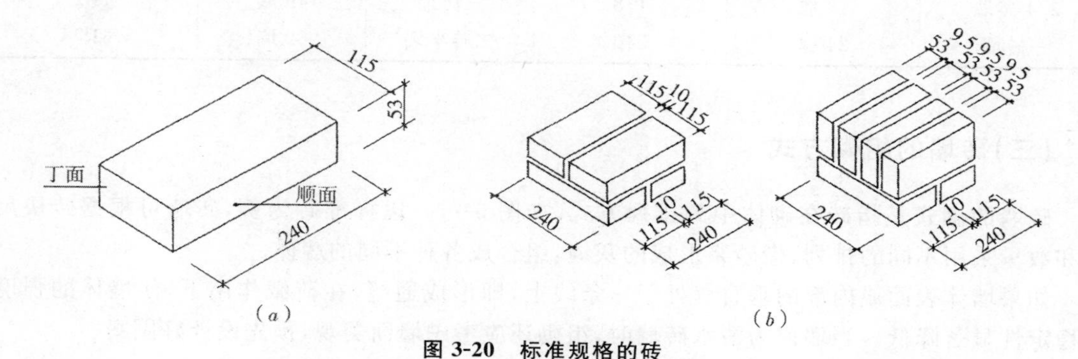

图 3-20　标准规格的砖

2. 砂浆

砂浆是砌体的粘结材料，它将砖块胶结成为整体，并将砖块之间的空隙填平、密实，便于使上层砖块所承受的荷载能逐层均匀地传至下层砖块，以保证砌体的强度，能提高防寒、隔热和隔声的能力。砌筑砂浆要求有一定的强度，以保证墙体的承载能力，还应该有良好的和易性，以便于砌筑。

常用的砂浆有水泥砂浆、混合砂浆、石灰砂浆和黏土砂浆。

(1)水泥砂浆，由水泥、砂加水拌和而成，属水硬性材料，强度高，但可塑性和保水性较差，适应砌筑湿环境下的砌体，如地下室、砖基础等。

(2)石灰砂浆，由石灰膏、砂加水拌和而成。由于石灰膏为塑性掺和料，所以石灰砂浆的可塑性很好，但它的强度较低，且属于气硬性材料，遇水强度即降低，所以适宜砌筑次要的民用建筑的地上砌体。

(3)混合砂浆系由水泥、石灰膏、砂加水拌合而成，这种砂浆强度较高，和易性和保水性较好，常用于砌筑地面以上的砌体。

砂浆的强度等级是用龄期为 28d 的标准试块的抗压强度划分的，单位为 N/平方毫米，分为 m15、m10、m7.5、m5、m2.5 五个级别。

(二)砖墙的尺度

砖墙的尺度包括厚度和墙段尺寸等。厚度和墙段尺寸的确定应以满足结构和功能设计要求为依据，还要符合砖的规格。

实砌黏土砖墙的厚度是以标准黏土砖的规格 53mm×115mm × 240mm(厚×宽×长)为基数的。灰缝一般按 10mm 进行组合时，砖厚加灰缝，砖宽加灰缝，与砖长之间成 1∶2∶4 为其基本特征，即(4 个砖厚＋3 个灰缝)＝(2 个砖宽＋1 个灰缝)＝1 砖长。用标准砖砌筑墙体，常见的墙体厚度及名称如表 3-1 所示。

表 3-1 砖墙的厚度

墙厚名称	习惯称号	实际尺寸(mm)	墙厚名称	习惯称号	实际尺寸(mm)
半砖墙	12 墙	115	一砖半墙	37 墙	365
3/4 砖墙	18 墙	178	二砖墙	49 墙	490
一砖墙	24 墙	240	二砖半墙	62 墙	615

(三)砖墙的组砌方式

砖墙的砌式是指砖在砌体中的排列方式,如图 3-21。以标准砖为例,砖墙可根据砖块尺寸和数量采用不同的排列,借砂浆形成的灰缝,组合成各种不同的墙体。

如果墙体表面或内部的垂直缝处于一条线上,即形成通缝,在荷载作用下,使墙体的强度和稳定性显著降低。当墙面为清水砖墙时,组砌还应考虑墙面美观,预先设计好图案。

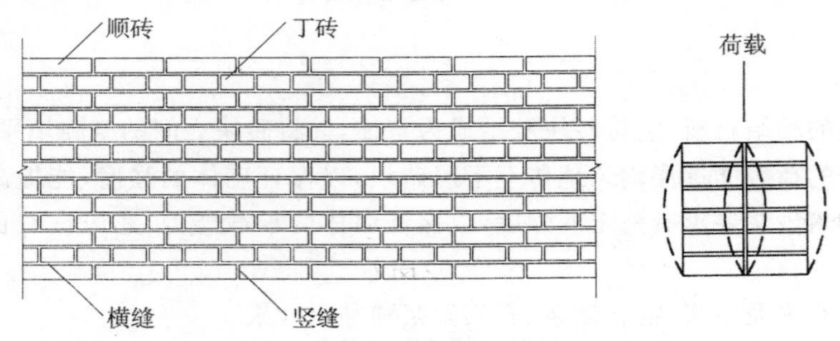

图 3-21 砖墙的组砌名称与错缝

为了保证墙体的强度,砖砌体的砖缝必须横平竖直,错缝搭接,避免通缝。同时砖缝砂浆必须饱满,厚薄均匀。常用的错缝方法是将顶砖和顺砖上下皮交错砌筑。每排列一层砖称为一皮。常见的砖墙砌式有全顺式(120 墙)、一顺一丁式、三顺一丁式、多顺一丁式、每皮丁顺相间式(240 墙,也叫十字式)、两平一侧式(180 墙)等,见图 3-22。

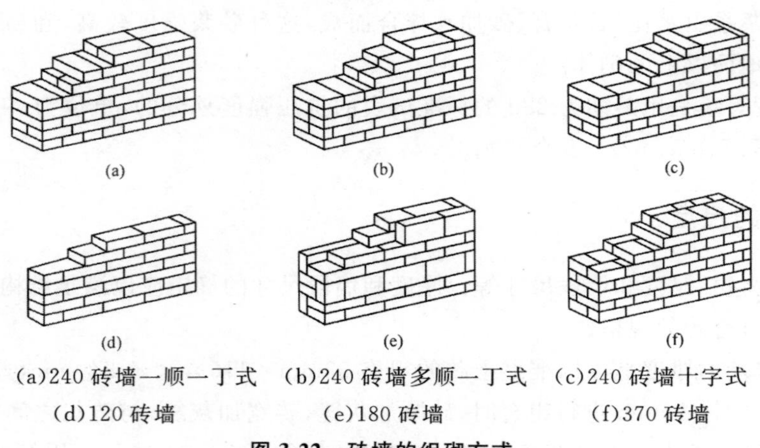

(a)240 砖墙一顺一丁式 (b)240 砖墙多顺一丁式 (c)240 砖墙十字式
(d)120 砖墙 (e)180 砖墙 (f)370 砖墙

图 3-22 砖墙的组砌方式

(四)砖墙的细部构造

1. 墙脚构造

墙体在室内地面以下，基础以上部分的称为墙脚(图 3-23)，内外墙都有墙脚，墙脚包括勒脚、防潮层及散水或明沟。

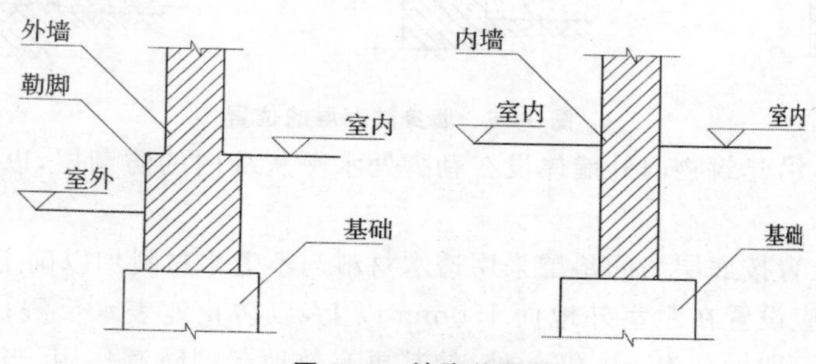

图 3-23　墙脚位置

(1)勒脚

勒脚(图 3-24)是外墙墙身接近室外地面的部分，为防止雨水和机械力等影响，所以要求墙脚坚固耐久和防潮。勒脚采用石材，如条石等。一般采用以下几种构造做法：

①抹灰：可采用 20 厚 1∶3 水泥砂浆抹面，1∶2 水泥白石子浆水刷石或斩假石抹面。此法多用于一般建筑。

②贴面：可采用天然石材或人工石材，如花岗石、水磨石板等。其耐久性、装饰效果好，用于高标准建筑。

③石砌勒脚：采用条石、毛石等坚固的材料进行砌筑，同时可以取得特殊的艺术效果，在天然石材丰富的地区应用较多。

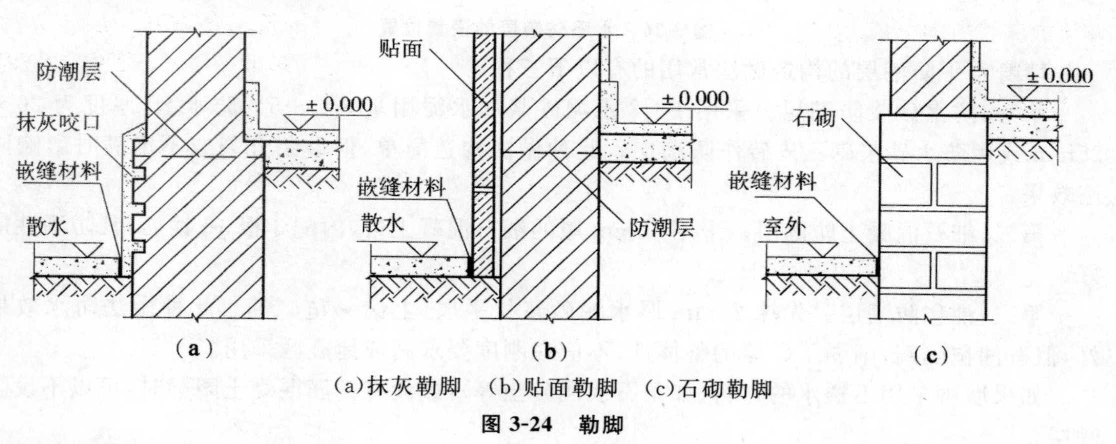

(a)抹灰勒脚　(b)贴面勒脚　(c)石砌勒脚

图 3-24　勒脚

(2)防潮层

防潮层是为了防止地面以下土壤中的水分进入砖墙而设置的材料层。防潮层的位置，如图 3-25 所示。

①水平防潮层

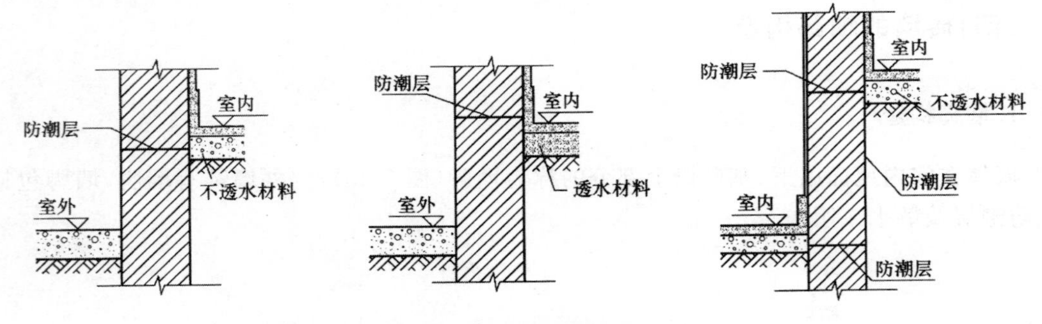

图 3-25 墙身防潮层的位置

水平防潮层是沿建筑物内外墙体设在勒脚处水平灰缝内的防潮层，以隔绝地下潮气等对墙身的影响。

水平防潮层位置按底层房间垫层采用透水材料与不透水材料加以确定。当垫层采用不透水材料时，其位置应设置在距室外地面 150mm 以上，以防止地表水反溅；同时在地坪的垫层厚度之间的砖缝处，即标高为－0.06m 处，使其更有效地起到防潮作用，当垫层采用透水材料时，其位置应设置在地面以上(图 3-26)。

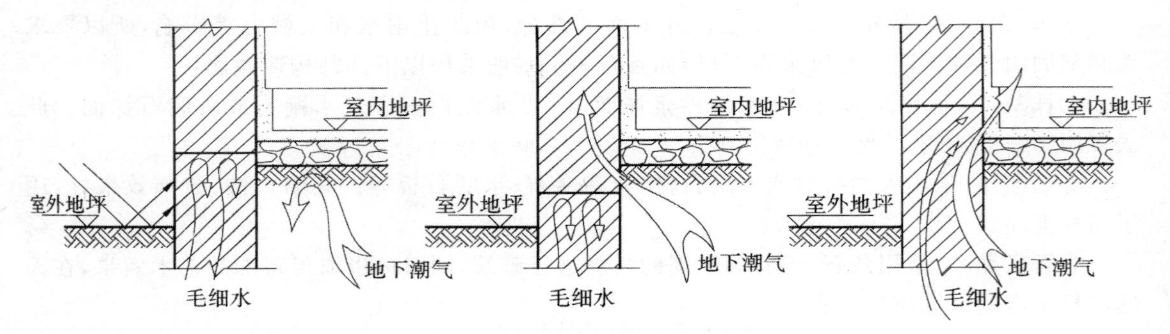

图 3-26 水平防潮层的设置位置

墙身水平防潮层的构造做法常用的有以下三种：

第一，防水砂浆防潮层。采用 1：2 水泥砂浆加水泥用量 3%～5%防水剂，厚度为 20～25mm 或用防水砂浆砌三皮砖作防潮层。此种做法构造简单，但砂浆开裂或不饱满时影响防潮效果。

第二，细石混凝土防潮层。采用 60mm 厚的细石混凝土带，内配 3 根 $\varphi 6$ 钢筋，其防潮性能好。

第三，油毡防潮层。先抹 20mm 厚水泥砂浆找平层，上铺一毡二油。此种做法防水效果好，但有油毡隔离，削弱了砖墙的整体性，不应在刚度要求高或地震区采用。

如果墙脚采用不透水的材料(如条石或混凝土等)，或设有钢筋混凝土圈梁时，可以不设防潮层。

②垂直防潮层

当首层相邻室内地坪出现高差或室内地坪低于室外地面时，为了避免高地坪房间(或室外地面)填土中的潮气侵入墙身，应在迎潮气一侧两道水平防潮层之间的墙面上设垂直防潮层(图 3-27)。其做法是先用水泥砂浆找平，再涂防水涂料或采用防水砂浆抹灰防潮。

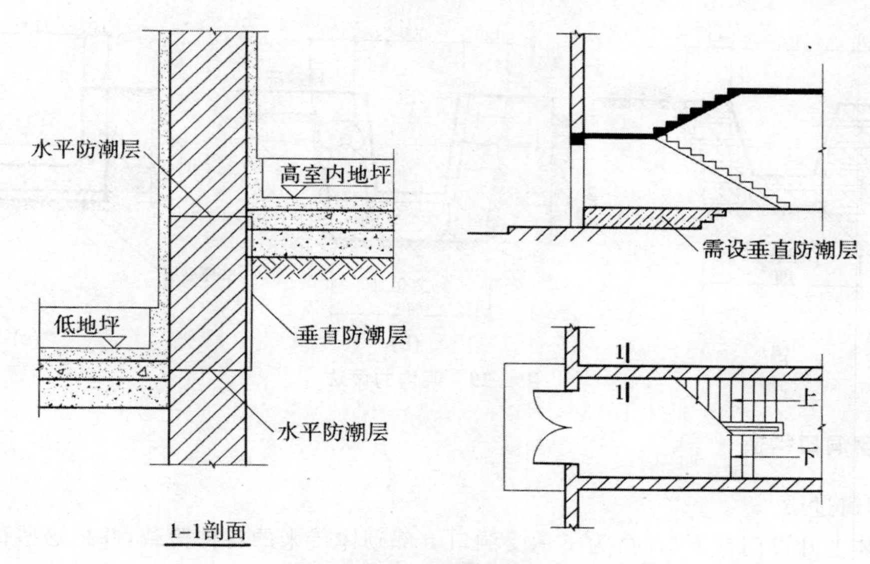

图 3-27　垂直防潮层

(3)散水与明沟

为保护墙基不受雨水和室外积水的侵蚀，常在外墙四周设置明沟与散水，将雨水迅速排走。散水是外墙四周向外倾斜的排水坡面，明沟是在外墙四周设置的排水沟。

散水的做法通常是在素土夯实上铺三合土、混凝土等材料，厚度 60～70mm。散水应设不小于 3%的排水坡。散水宽度一般 0.6～1.0m。散水与外墙交接处应设分格缝，分格缝用弹性材料嵌缝，防止外墙下沉时将散水拉裂。散水整体面层纵向距离每隔 6～12m 做一道伸缩缝(图 3-28)。

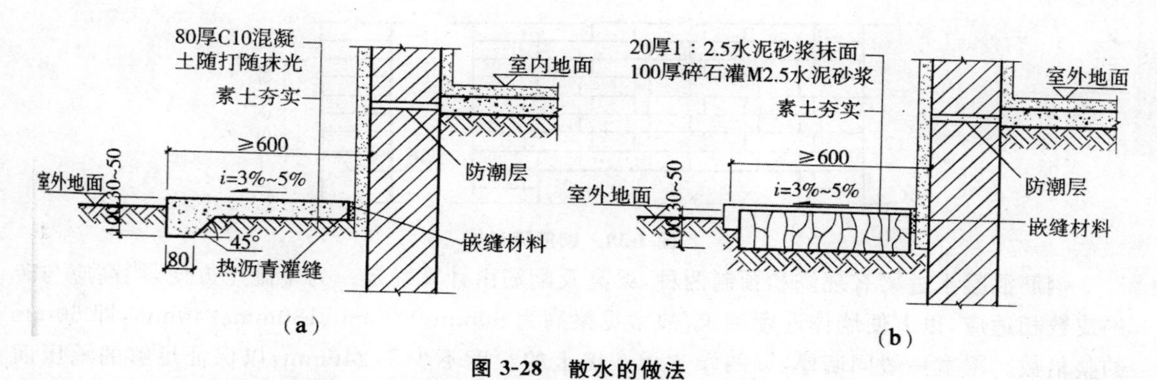

图 3-28　散水的做法

明沟的构造做法可用砖砌、石砌、混凝土现浇，沟底应做纵坡，坡度为 0.5%～1%，宽度为 220～350mm(图 3-29)。

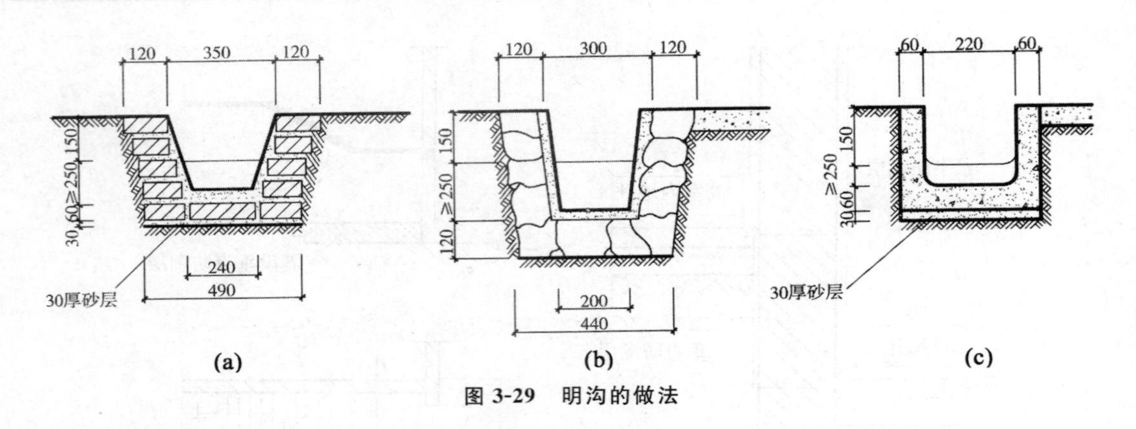

图 3-29 明沟的做法

2. 门窗洞口构造

(1)门窗过梁

当墙体上开设门窗洞口时,为了承受洞口上部砌体传来的各种荷载,并把这些荷载传给洞口两侧的墙体,而在门窗洞口上设窗过梁。过梁的形式有砖拱过梁、钢筋砖越梁和钢筋混凝土过梁三种。

砖拱过梁分为平拱和弧拱。由竖砌的砖作拱圈,一般将砂浆灰缝做成上宽下窄,上宽不大于 20mm,下宽不小于 5mm。砖不低于米 U7.5,砂浆不能低于米 2.5,砖砌平拱过梁净跨宜小于 1.2m,不应超过 1.8m,中部起拱高约为 1/50L。

钢筋砖过梁用砖不低于米 U7.5,砌筑砂浆不低于米 2.5。一般在洞口上方先木模,砖平砌,下设 3～4 根 φ6 钢筋,要求伸入两端墙内不少于 240 毫米,梁高砌 5～7 皮砖或≥L/4,钢筋砖过梁净跨宜为 1.5～2m(图 3-30)。

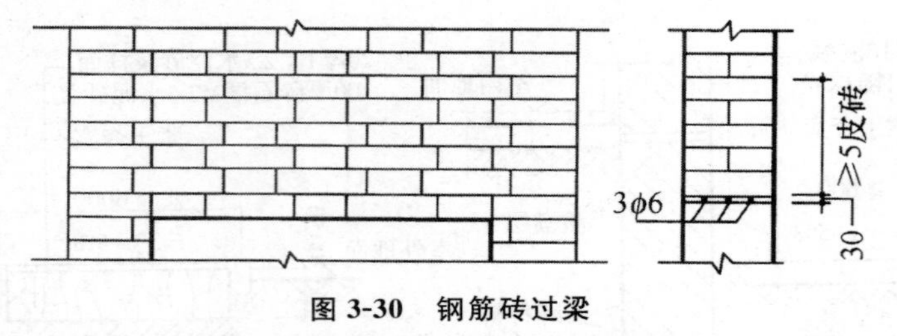

图 3-30 钢筋砖过梁

钢筋混凝土过梁有现浇和预制两种,梁高及配筋由计算确定。为了施工方便,梁高应与砖的皮数相适应,以方便墙体连续砌筑,故常见梁高为 60mm、120mm、180mm、240mm,即 60mm 的整倍数。梁宽一般同墙厚,梁两端支承在墙上的长度不少于 240mm,以保证足够的承压面积(图 3-31)。

过梁断面形式有矩形和 L 形。为简化构造,节约材料,可将过梁与圈梁、悬挑雨篷、窗楣板或遮阳板等结合起来设计。如在南方炎热多雨地区,常从过梁上挑出 300～500mm 宽的窗楣板,既保护窗户不淋雨,又可遮挡部分直射太阳光。

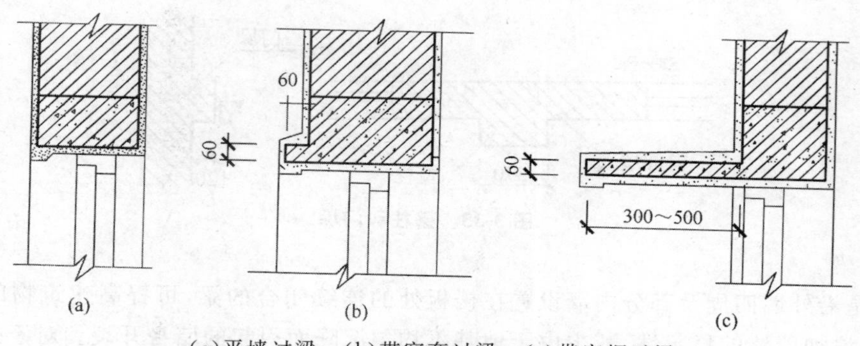

(a)平墙过梁 (b)带窗套过梁 (c)带窗帽过梁

图 3-31 钢筋混凝土过梁

(2)窗台

为避免沿窗面流下的雨水渗入墙身，在窗下聚积并沿窗下槛渗入室内，同为避免雨水污染外墙面，常于窗下靠室外一侧设置泄水构件，即窗台。由于窗台也是建筑立面处理的重点部位，因此其构造应满足排水和装饰的双重功能。

窗台按构造形式有悬挑窗台和不悬挑窗台两种。悬挑窗台用砖砌或预制钢筋混凝土板，应向外出挑 60mm，窗台长度每边应比窗洞宽出不小于 120mm，表面用水泥砂浆等作抹灰或贴面处理，并做一定的排水坡度。在外沿下部抹出滴水槽或滴水线，引导上部雨水能垂直下落而不致影响窗下墙面(图 3-32)。

此外，应注意抹灰与窗下槛处的交接处理，防止水沿窗下槛处向室内渗透。

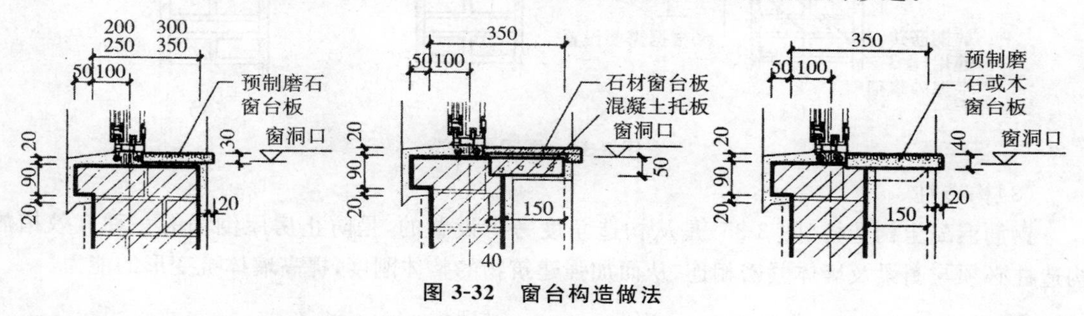

图 3-32 窗台构造做法

3. 墙身加固的构造

(1)壁柱和门垛

当墙体的窗间墙上出现集中荷载，而墙厚又不足以承担其荷载；或当墙体的长度和高度超过一定限度并影响到墙体稳定性时，常在墙身局部适当位置增设凸出墙面的壁柱以提高墙体刚度。壁柱凸出墙面的尺寸一般为 120mm×370mm、240mm×370mm、240mm×490mm 或根据结构计算确定。

当在较薄的墙体上开设门洞时，为便于门框的安置和保证墙体的稳定，须在门靠墙转角处或丁字接头墙体的一边设置门垛，门垛凸出墙面不少于 120mm，宽度同墙厚(图 3-33)。

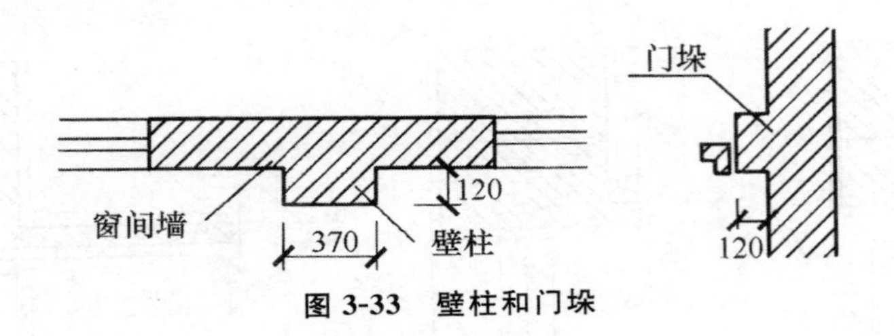

图 3-33　壁柱和门垛

(2)圈梁

圈梁是沿外墙四周及部分内墙设置在楼板处的连续闭合的梁,可提高建筑物的空间刚度及整体性,增加墙体的稳定性,减少由于地基不均匀沉降而引起的墙身开裂。对于抗震设防地区,利用圈梁加固墙身更加必要。圈梁有钢筋砖圈梁和钢筋混凝土圈梁两种。

钢筋砖圈梁就是将前述的钢筋砖过梁沿外墙和部分内墙一周连通砌筑而成。钢筋混凝土圈梁的高度不小于 120mm,宽度与墙厚相同。

当圈梁被门窗洞口截断时,应在洞口上部增设相同截面的附加圈梁,其配筋和混凝土强度等级均不变(图 3-34)。

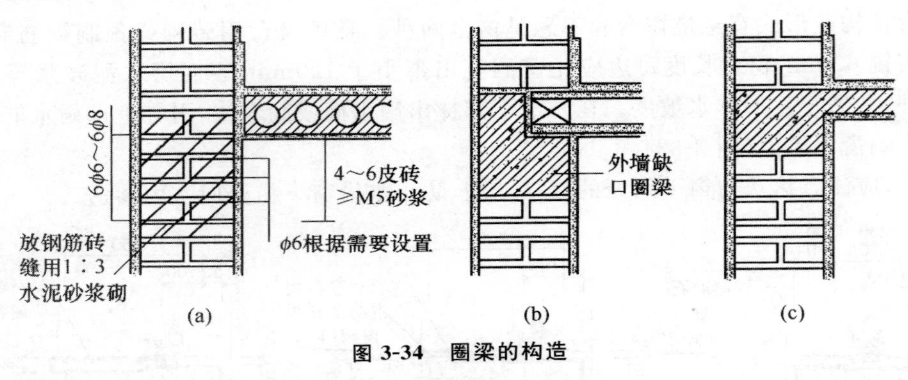

图 3-34　圈梁的构造

(3)构造柱

钢筋混凝土构造柱(图 3-35)是从构造角度考虑设置的,是防止房屋倒塌的一种有效措施。构造柱必须与圈梁及墙体紧密相连,从而加强建筑物的整体刚度,提高墙体抗变形的能力。

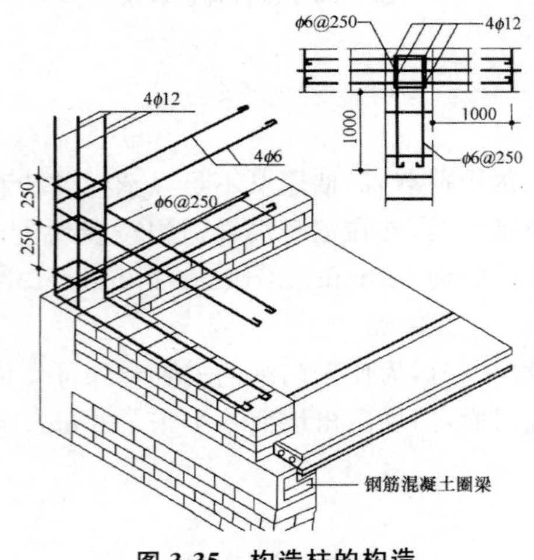

图 3-35　构造柱的构造

4. 防火墙构造

防火墙的作用在于截断火灾区域，防止火灾蔓延。作为防火墙，其耐火极限应不小于4.0h。防火墙的最大间距应根据建筑物的耐火等级而定，当耐火等级为1级、2级时，其间距为150m；3级时为100m；4级时为75m。

防火墙应截断燃烧体或难燃烧体的屋顶，并高出非燃烧体屋顶0.4m；高出难燃烧体屋面0.5m(图3-36)。

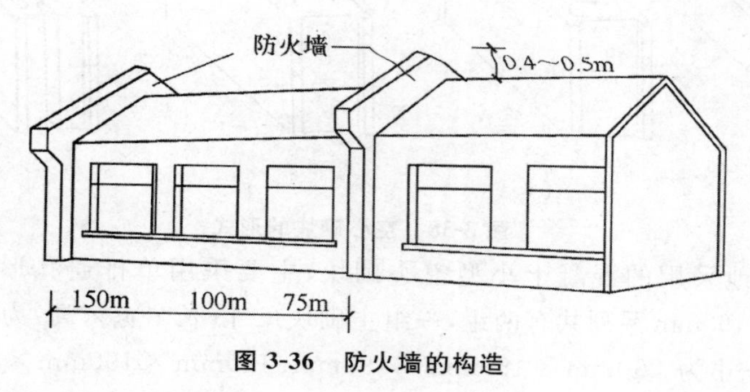

图 3-36　防火墙的构造

三、砌块墙的构造

砌块墙是利用预制块材所砌筑的墙体。砌块可以采用素混凝土或利用工业废料和地方材料制成实心、空心或多孔的块材。砌块具有自重轻，且制作方便，施工简单，运输较灵活，效率高。同时还可以充分利用工业废料，减少对耕地的破坏和节约能源。因此在大量的民用建筑中，应大力发展砌块墙体(图3-37)。

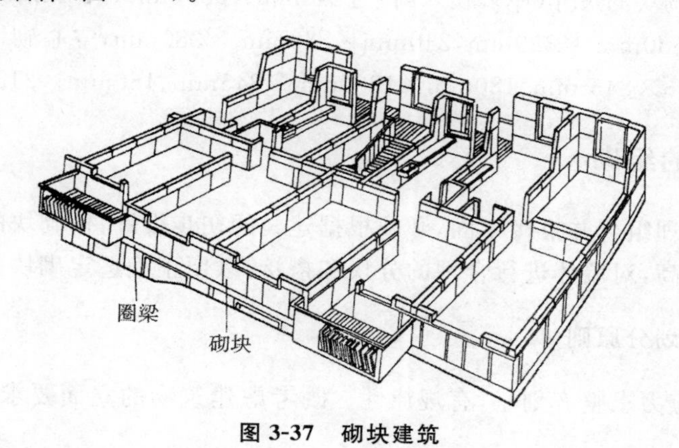

图 3-37　砌块建筑

(一)砌块的材料、规格与类型

1. 砌块的材料

目前广泛采用的材料有混凝土、加气混凝土、各种工业废料、粉煤灰、煤矸石、石碴等。

2. 砌块的规格与类型

我国各地生产的砌块，主要分为大、中、小三种。目前，以中、小型砌块和空心砌块（图 3-38）居多，但规格类型尚不统一。

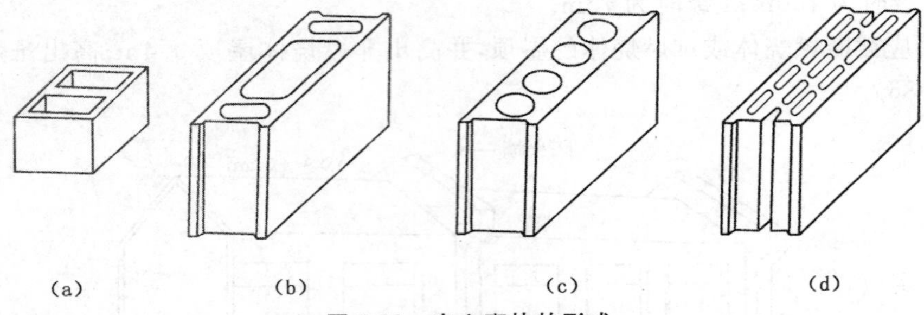

图 3-38　空心砌块的形式

目前，我国各地采用的混凝土小型空心砌块，主要采用单排通孔形，宽度分 190mm 和 90mm 两个系列。190mm 系列共有两组，一组主砌块尺寸（长×宽×高）为 390mm×190mm×190mm，辅助块尺寸为 290mm×190mm×190mm、190mm×190mm×190mm 和 90mm×190mm×190mm 。另一组主砌块（长×宽×高）为 390mm ×190mm×90mm，辅助块尺寸为 290mm×190mm ×90mm、190mm×190mm×90mm 和 90mm×190mm×90mm。90mm 系列也分两组，主砌块（长×宽×高）为 390mm×90mm×190mm，辅助块尺寸为 290mm×90mm×190mm、190mm×90mm×190mm 和 90mm×90mm×190mm。另一组主砌块（长×宽×高）为 390×90mm×90mm，辅助块尺寸为 290mm×90mm ×90mm、190mm×90mm×90mm 和 90mm×90mm×90mm 。此外还有配套用过梁砌块及芯柱开口块等。

常见中型实心砌块的尺寸（厚×长×高）为 240mm×280mm×380mm、240mm ×430mm ×380mm、240mm ×580mm ×380mm，240mm×880mm ×380mm，空心砌块尺寸（厚×长×高）为 180mm ×630mm×845 mm、180mm×1280mm×845mm、180mm×2130mm ×845mm。

（二）砌块墙的组砌

为使砌块墙合理组合并搭接牢固，必须根据建筑的初步设计，作砌块的试排工作。即按建筑物的平面尺寸层高，对墙体进行合理的分块和搭接，以便正确选定砌块的规格、尺寸。

1. 砌块墙面的划分原则

（1）砌块排列应力求整齐划一，有规律性。既考虑建筑物的立面要求，又考虑建筑施工的方便。

（2）大面积的墙面要错缝搭接、避免通缝，以提高墙体的整体性。

（3）内、外墙的交接处应咬砌，使其结合紧密，排列有致。

（4）尽量使用主块，使其占总数的 70％以上，尽可能少镶砖。

（5）使用空心砌块时，上下皮砌块应尽量将孔对齐，以便穿钢筋灌注混凝土形成构造柱。

2. 砌块墙面砌块的排列方式

墙面砌块的排列方式应根据施工方式和施工机械的起重能力确定。

(三)砌块墙的构造

砌块墙多为松散材料或多孔材料制成,因此,比砖墙更需要从构造上增强其墙体的整体性与稳定性,提高建筑物的整体刚度和抗震能力。

1. 混凝土小型空心砌块墙的构造

(1)门窗固定构造

门窗固定有预灌预埋式和预灌后埋式两种,前者在砌筑前,先在砌块中浇筑混凝土,并同时埋入木砖或金属连接件;后者是当门窗需设混凝土芯柱时,应先灌混凝土芯柱,再钻孔埋设涂胶圆木或金属连接件。

混凝土小型空心砌块墙在丁字转角、垂直转角和十字墙交接处,均需进行排列组合,加强砌块建筑的整体性(图 3-39)。

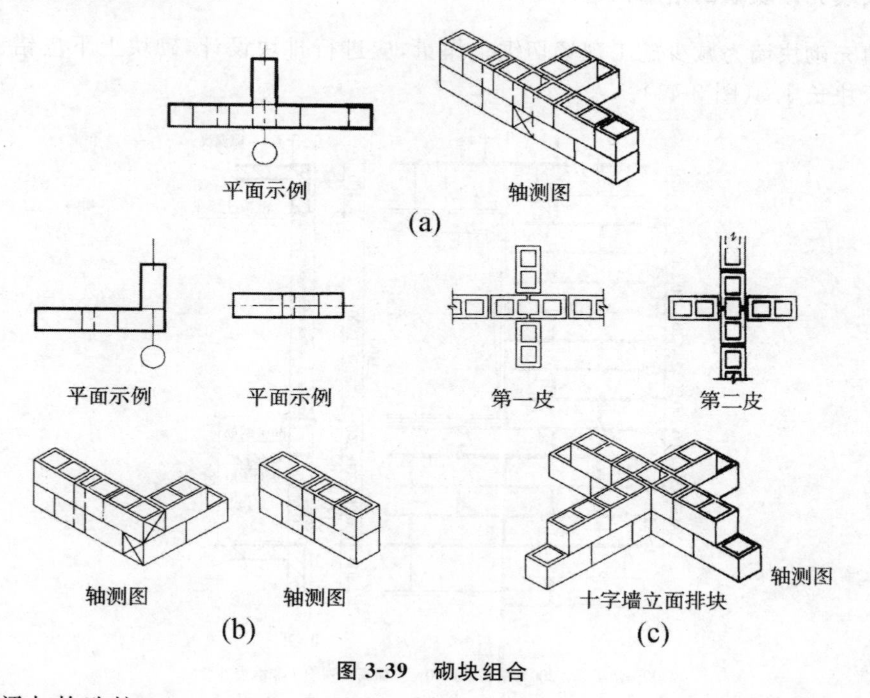

图 3-39　砌块组合

(2)圈梁与构造柱

为加强砌块建筑的整体性,多层砌块建筑应设置圈梁。当圈梁与过梁位置接近时,往往圈梁、过梁一并考虑。圈梁有现浇和预制两种形式。现浇圈梁整体性和抗震能力强,有利于对墙身的加固,但施工支模较麻烦。故工程中采用 U 形预制砌块来代替模板,然后在凹槽内配置钢筋,并现浇混凝土,效果很好(图 3-40)。

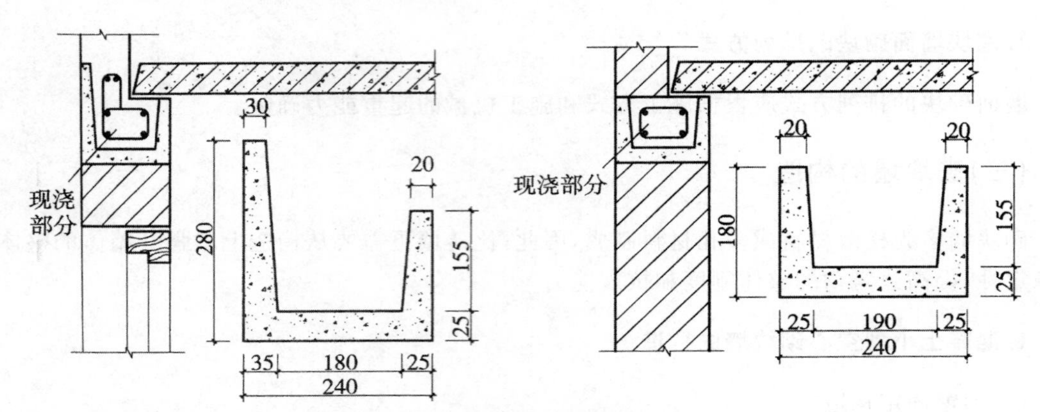

图 3-40　砌块现浇圈梁

为加强砌块建筑的整体刚度，多层砌块建筑应于外墙转角和必要的内、外墙交接处设置构造柱。构造柱多利用空心砌块将其上下孔洞对齐，在孔中配置 φ10～12 毫米钢筋，并用 C20 细石混凝土分层浇灌。为增强砌块建筑的抗震能力，构造柱与圈梁、基础须有较好的连结。

2. 框架填充砌块墙的搭结构造

框架填充砌块墙为减少施工现场切锯工作量，应进行排块设计，砌块上下皮错缝，搭接长度不宜小于块长 1/3（图 3-41）。

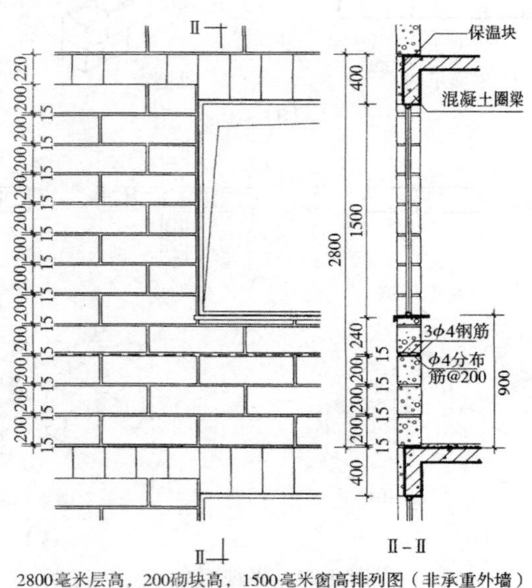

2800毫米层高，200砌块高，1500毫米窗高排列图（非承重外墙）

图 3-41　框架填充排块立面

为了保证墙体整体性，砌块墙与框架柱、梁要有可靠的连接。此外北方地区建筑外墙为了保温，需要设外保温材料，砌块墙还应注意与不同材料交接的构造和防裂处理（图 3-42）。

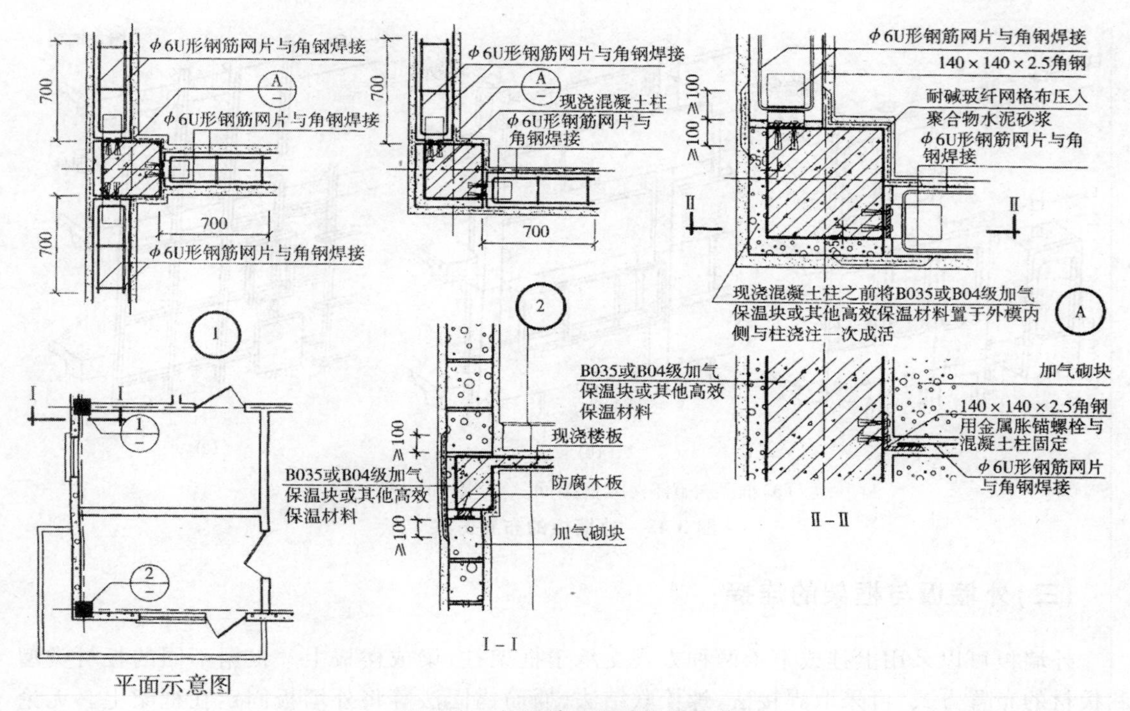

图 3-42　框架填充外墙拉结构造

四、骨架墙的构造

骨架墙系指填充或悬挂于框架或排架柱间，并由框架或排架承受其荷载的墙体。它在多层、高层民用建筑和工业建筑中应用较多。

(一)框架外墙板的类型

按所使用的材料；外墙板可分为三类，即单一材料墙板、复合材料墙板和玻璃幕墙。单一材料墙板用轻质保温材料制作，如加气混凝土、陶粒混凝土等。复合板通常由3层组成，即内外壁和夹层。外壁选用耐久性和防水性均较好的材料，如石棉水泥板、钢丝网水泥、轻骨料混凝土等。内壁应选用防火性能好，又便于装修的材料，如石膏板、塑料板等。夹层宜选用容积密度小、保温隔热性能好、价廉的材料，如矿棉、玻璃棉、膨胀珍珠岩、膨胀蛭石、加气混凝土、泡沫混凝土、泡沫塑料等。

(二)外墙板的布置方式

外墙板可以布置在框架外侧，或框架之间，或安装在附加墙架上。轻型墙板通常需安装在附加墙架上，以使外墙具有足够的刚度，保证在风力和地震力的作用下不会变形(图 3-43)。

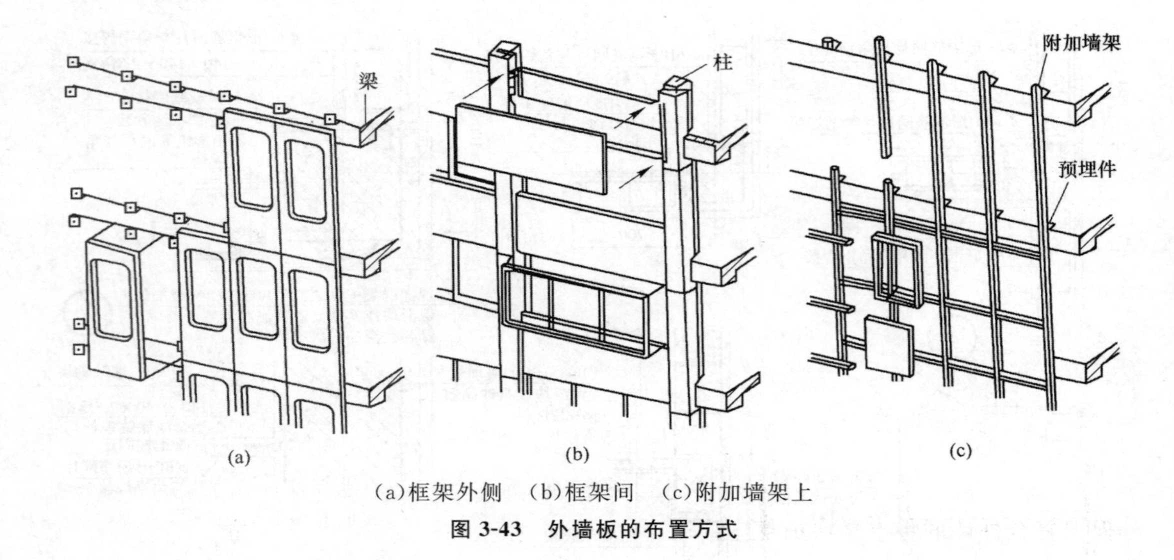

(a)框架外侧　(b)框架间　(c)附加墙架上

图 3-43　外墙板的布置方式

(三)外墙板与框架的连接

外墙板可以采用上挂或下承两种方式支承于框架柱、梁或楼板上。根据不同的板材类型和板材的布置方式,可采取焊接法、螺栓联结法、插筋锚固法等将外墙板固定在框架上。无论采用何种方法,均应注意以下构造要点:外墙板与框架连接应安全可靠;不要出现"冷桥"现象,防止产生结露;构造简单,施工方便。

五、复合墙体的构造

复合墙体指由两种以上材料组合而成的墙体。复合墙体包括主体结构和辅助结构两部分,其中主体结构用于承重、自承重或空间限定,辅助结构用于满足特殊的功能要求,如保温、隔热、隔声、防火以及防潮、防腐蚀等要求。复合墙体具有综合性强、使用效率高等特点,对改善墙体性能、改善室内空间环境以及建筑节能等具有重要的意义。复合墙体是对传统的单一材料墙体的突破,随着科学技术的不断提高和新材料的不断开发,复合墙体的形式与材料会不断更新。

为了提高外墙的保温隔热效果,建筑外墙常采用砖、混凝土等和轻质高效保温材料结合而成的复合节能墙体。复合墙体按保温材料设置位置不同,分为外墙内保温、夹芯保温墙体和外保温三种。

(一)内保温复合外墙

外墙内保温(图 3-44)是将保温材料置于外墙体内侧,有主体结构和保温结构两部分。主体结构一般为砖砌体、混凝土墙或其他承重墙体;保温结构由保温板和空气层组成。由多孔轻质材料构成的轻质墙体或多孔轻质保温材料内保温墙体,传热系数小,保温性好,但由于轻质,热稳定性差,隔热性较差。在圈梁、楼板、构造柱处热桥不可避免,影响保温效果,内保温复合外墙的构造。

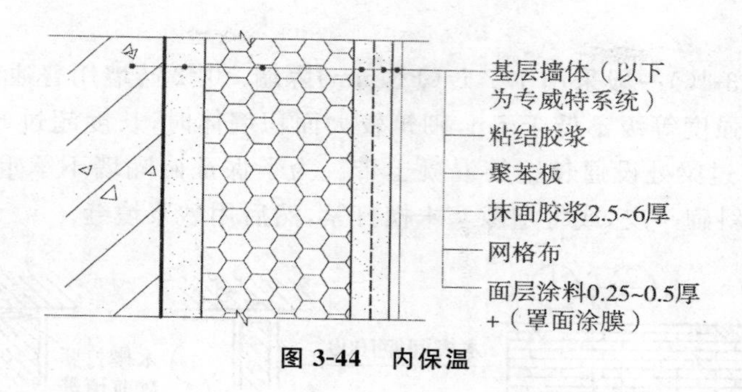

图 3-44　内保温

(二)外保温复合外墙

外保温复合外墙(图 3-45)的做法是在主体结构的外侧贴保温层,然后再做面层,其构造。外保温复合外墙的特点是保护主体结构,减少热应力的影响,主体结构表面的温度差可以大幅度降低。这种墙体还有利于室内水蒸气通过墙体向外散发,以避免水蒸气在墙体内凝结而使之受潮。此外还可以防止热桥的产生。

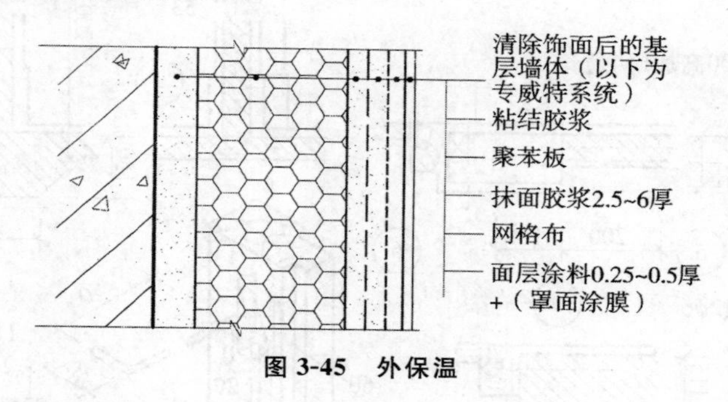

图 3-45　外保温

(三)保温材料夹芯复合外墙

我国生产的保温材料夹芯复合外墙有钢筋混凝土岩棉复合外墙板、薄壁混凝土岩棉复合外墙板、三维板、舒乐舍板等类型。

六、隔墙的构造

隔墙是分隔建筑物内部空间的非承重构件,本身重量由楼板或梁来承担。设计要求隔墙自重轻,厚度薄,有隔声和防火性能,便于拆卸,浴室、厕所的隔墙能防潮、防水。常用隔墙有块材隔墙、轻骨架隔墙和板材隔墙三大类。

(一)块材隔墙

块材隔墙是用普通黏土砖、空心砖、加气混凝土等块材砌筑而成,常采用普通砖隔墙和砌块隔墙两种。

1. 普通砖隔墙

普通砖隔墙(图 3-46)一般采用 1/2 砖(120mm)隔墙。1/2 砖墙用普通黏土砖采用全顺式砌筑而成,砌筑砂浆强度等级不低于 5m,砌筑较大面积墙体时,长度超过 6m 应设砖壁柱,高度超过 5m 时应在门过梁处设通长钢筋混凝土带。为了保证砖隔墙不承重,在砖墙砌到楼板底或梁底时,将立砖斜砌一皮,或将空隙塞木楔打紧,然后用砂浆填缝。

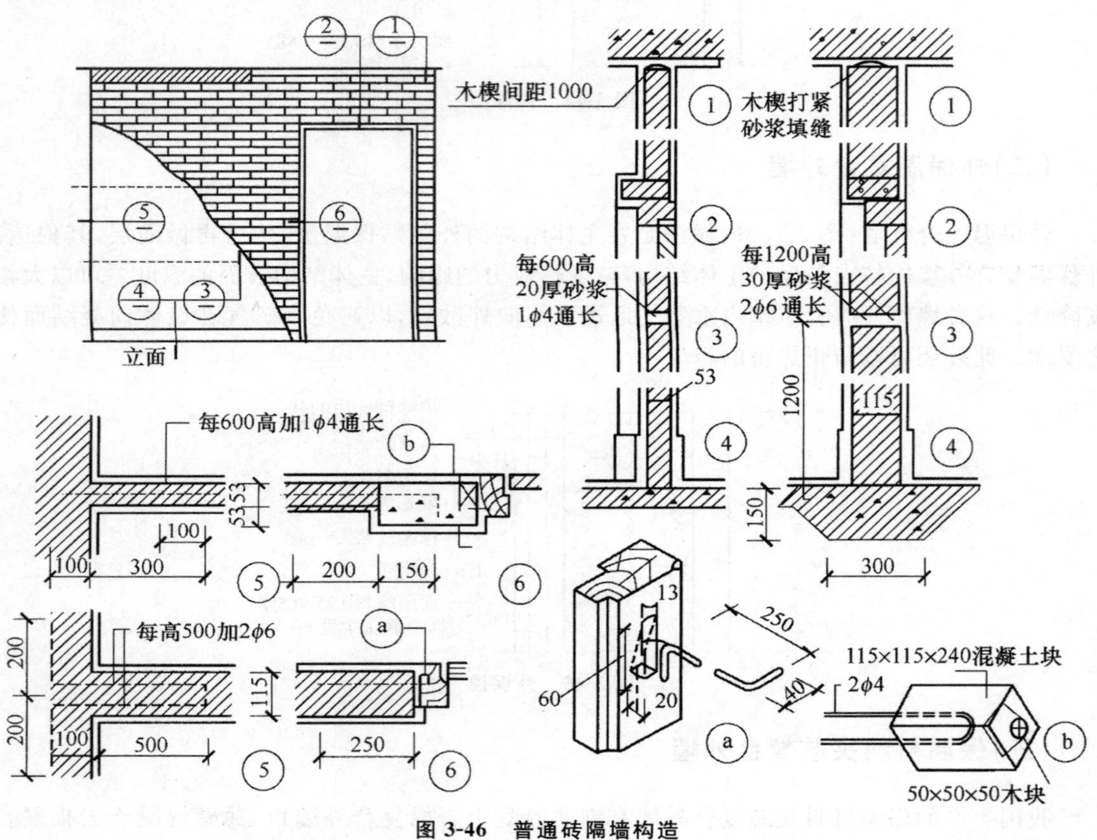

图 3-46 普通砖隔墙构造

2. 砌块隔墙

为减轻隔墙自重,可采用轻质砌块,墙厚一般为 90～120mm。加固措施同 1/2 砖隔墙的做法。砌块不够整块时宜用普通黏土砖填补。因砌块孔隙率大、吸水量大,故在砌筑时先在墙下部实砌 3～5 皮实心黏土砖再砌砌块(图 3-47)。

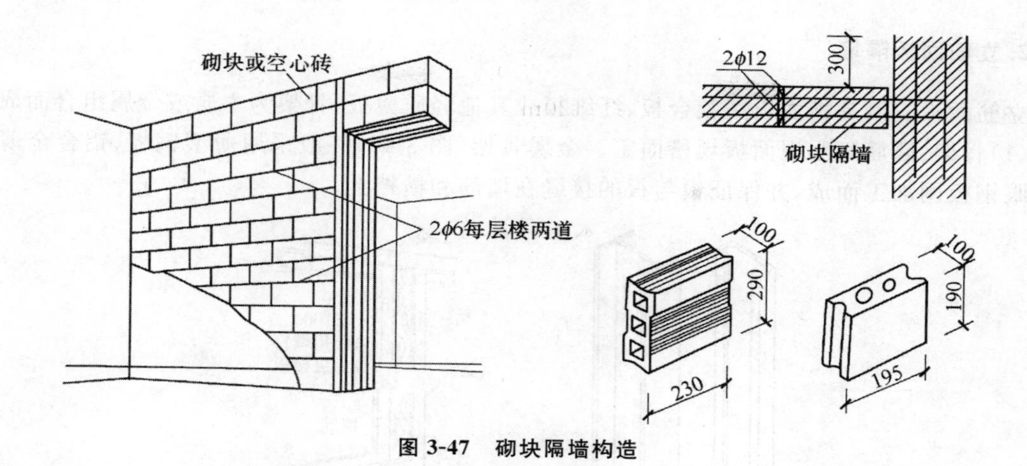

图 3-47　砌块隔墙构造

(二)轻骨架隔墙

轻骨架隔墙由骨架和面板层两部分组成，骨架有木骨架和金属骨架之分，面板有板条抹灰、钢丝网板条抹灰、胶合板、纤维板、石膏板等。由于先立墙筋(骨架)，再做面层，故又称为立筋式隔墙。

1. 板条抹灰隔墙

板条抹灰隔墙是由上槛、下槛、墙筋斜撑或横档组成木骨架，其上钉以板条再抹灰而成(图3-48)。

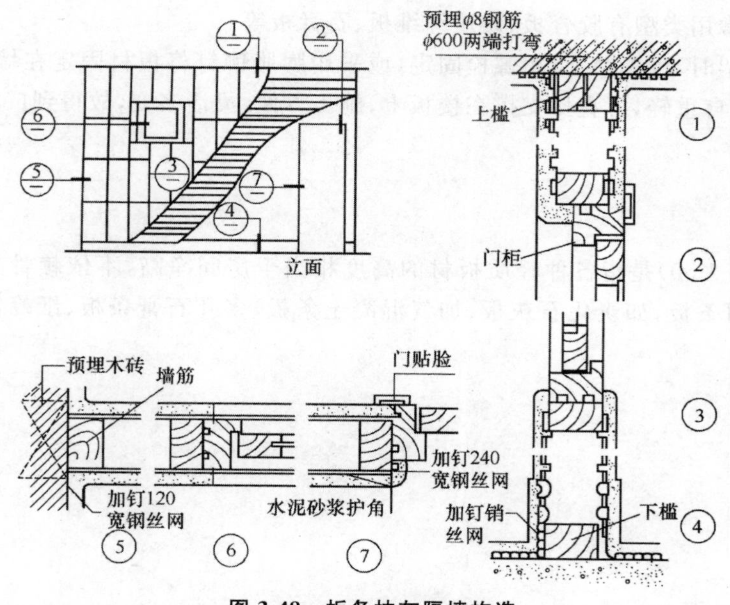

图 3-48　板条抹灰隔墙构造

2. 立筋面板隔墙

立筋面板隔墙是指面板用胶合板、纤维板或其他轻质薄板，骨架为木质或金属组合而成。

(1)骨架：墙筋间距视面板规格而定。金属骨架(图 3-49)一般采用薄型钢板、铝合金薄板或拉眼钢板网加工而成，并保证板与板的接缝在墙筋和横档上。

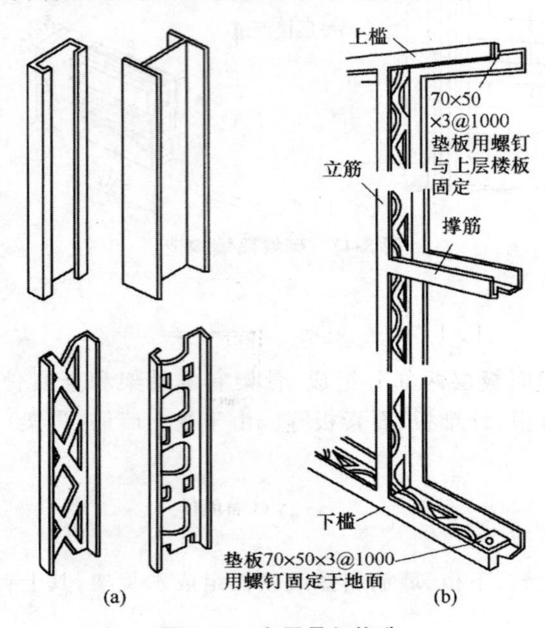

图 3-49　金属骨架构造

(2)饰面层：常用类型有胶合板、硬质纤维板、石膏板等。

采用金属骨架时，可先钻孔，用螺栓固定，或采用膨胀铆钉将板材固定在墙筋上。立筋面板隔墙为干作业，自重轻，可直接支撑在楼板上，施工方便，灵活多变，故得到广泛应用，但隔声效果较差。

3. 板材隔墙

板材隔墙(图 3-50)是指各种轻质板材的高度相当于房间净高，不依赖骨架，可直接装配而成，目前多采用条板，如炭化石灰板、加气混凝土条板、多孔石膏条板、纸蜂窝板、水泥刨花板、复合板等。

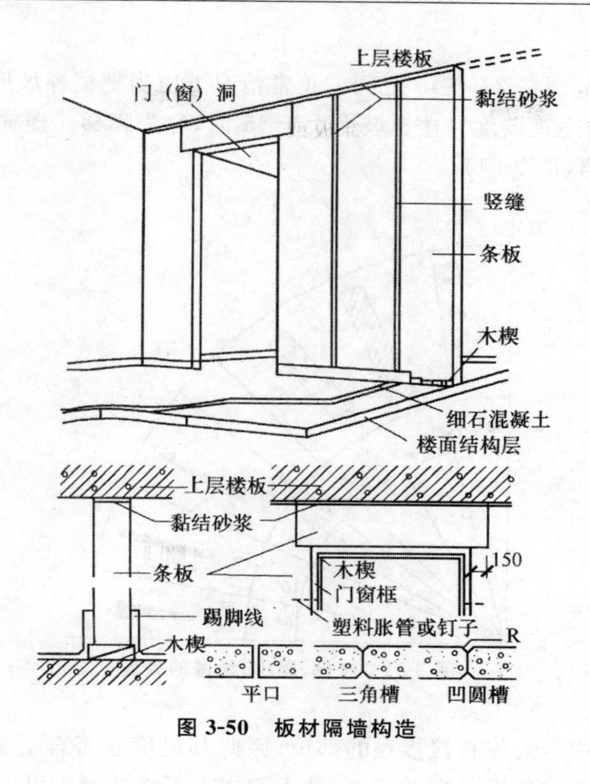

图 3-50　板材隔墙构造

第三节　楼梯

一、楼梯概述

楼梯是房屋建筑中上、下层之间的垂直交通设施。平时楼梯只供竖向交通，遇到紧急情况时，供房屋内人员的安全疏散。楼梯在数量、位置、形式、宽度、坡度和防火性能等方面应满足使用方便和安全疏散的要求。尽管许多建筑日常的竖向交通主要依靠电梯、自动扶梯等设备，但楼梯作为安全通道是建筑不可缺少的构件。

（一）楼梯的尺度

1. 楼梯的坡度与踏步尺寸

（1）楼梯的坡度

楼梯坡度是指楼梯段沿水平面倾斜的角度。楼梯的坡度小，踏步就平缓，行走就较舒适。反之，行走就较吃力。但楼梯的坡度越小，它的水平投影面积就越大，即楼梯占地面积越大。因此，应当兼顾使用性和经济性二者的要求，根据具体情况合理地进行选择。对人流集中、交通量大的建筑，楼梯的坡度应小些。对使用人数较少、交通量较小的建筑，楼梯的坡度可以略大些。

楼梯的允许坡度范围在23°～45°之间。正常情况下应当把楼梯坡度控制在38°以内，一般认为30°左右是楼梯的适宜坡度。楼梯坡度大于45°时，称为爬梯。楼梯坡度在10°～23°时，称为台阶，10°以下为坡道(图3-51)。

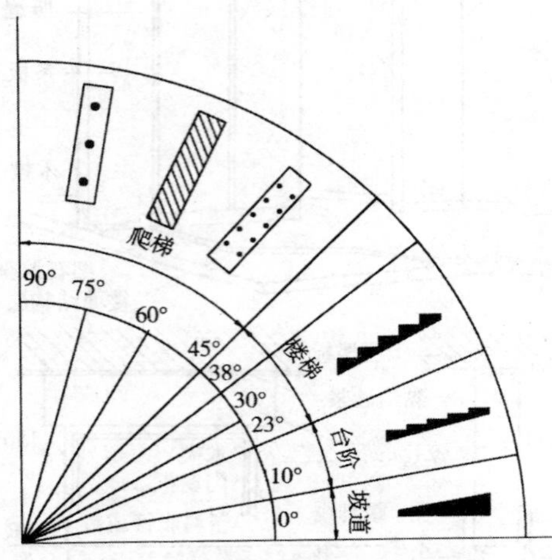

图3-51 楼梯、爬梯、坡道的坡度

(2)踏步尺寸

由于踏步是楼梯中与人体直接接触的部位，因此其尺度是否合适就显得十分重要。一般认为踏面的宽度应大于成年男子脚的长度，使人们在上下楼梯时脚可以全部在踏面上，以保证行走时的舒适。踢面的高度取决于踏面的宽度，因为二者之和宜与人的自然跨步长度相近，过大或过小，行走均会感到不方便。踏步尺寸高度与宽度的比决定楼梯坡度(图3-52)。

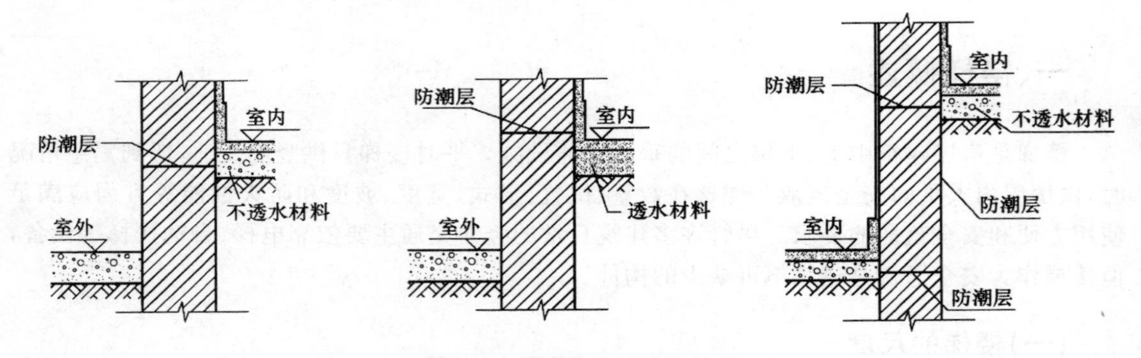

图3-52 楼梯坡度与踏步尺寸

计算踏步宽度和高度可以利用下面的经验公式：

$$2h+b=600mm$$

式中h——踏步高度；

b——踏步宽度。

600mm为妇女及儿童的跨步长度。

踏步尺寸一般根据建筑的使用性质及楼梯的通行量综合确定。由于楼梯的踏步宽度受到楼梯间进深的限制，可以在踏步的细部进行适当变化来增加踏面的尺寸，如采取加做踏步檐或使踢面倾斜。踏步檐的挑出尺寸。一般不大于 20mm，挑出尺寸过大，踏步檐容易损坏，而且会给行走带来不便（图 3-53）。

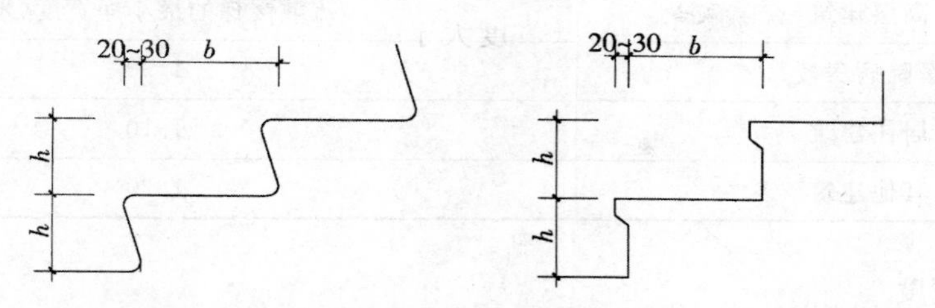

图 3-53　增加踏步宽度的方法

2. 楼梯段及平台宽度

（1）梯段的宽度

梯段的宽度是根据通行人数的多少（设计人流股数）和建筑的防火及疏散要求确定的。现行《建筑设计防火规范》规定了学校、商店、办公楼、候车室等民用建筑楼梯的总宽度。上述建筑楼梯的总宽度应通过计算确定，以每 100 人拥有的楼梯宽度作为计算标准，俗称百人指标。我国现行《民用建筑设计通则》规定楼梯梯段宽度除应符合防火规范的规定外，供日常主要交通用的梯段宽度应根据建筑物使用特征，按每股人流 0.55＋（0～ 0.15）米的人流股数确定，并不应少于两股人流，0～0.15m 为人流在行进中的摆幅，公共建筑人流众多的场所应取上限值。

非主要通行用的楼梯，应满足单人携带物品通过的需要，梯段的净宽一般不应小于 900mm。疏散宽度指标不应小于表 3-2 的规定。

表 3-2　一般建筑楼梯的宽度指标

耐火等级 宽度指标层数	一、二级	三级	四级
一、二层	0.65	0.75	1.00
三层	0.75	1.00	
≥四层	1.00	1.25	

高层建筑作为主要通行用的楼梯，其楼梯段的宽度指标高于一般建筑。现行《高层民用建筑设计防火规范》规定，高层建筑每层疏散楼梯总宽度应按其通过人数每 100 人不小于 1 米计算。各层人数不相等时，楼梯的总宽度可分段计算，下层疏散楼梯总宽度按其上层人数最多的一层计算。疏散楼梯的最小净宽不应小于表 3-3 的规定。

表 3-3 高层建筑疏散楼梯的最小净宽度

高层建筑	疏散楼梯的最小净宽度(米)
医院病房楼	1.30
居住建筑	1.10
其他建筑	1.20

(2)平台宽度

为了搬运家具设备的方便和通行的顺畅，现行《民用建筑设计通则》规定楼梯平台净宽不应小于梯段净宽，并不得小于 1.2m，当有搬运大型物件需要时应适当加宽。如图 3-54 所示。

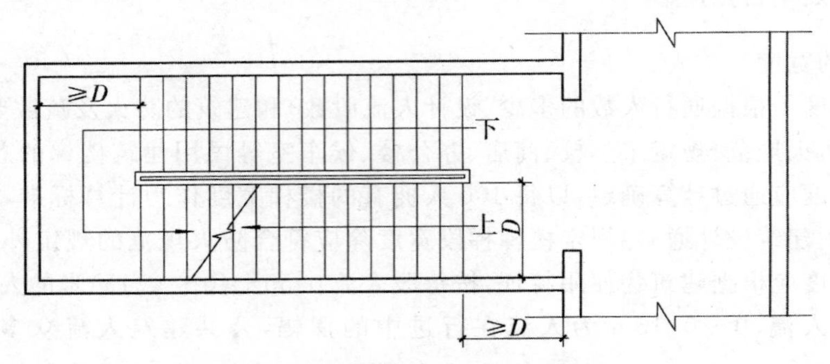

图 3-54 楼梯段和平台的尺寸关系

开敞式楼梯间的楼层平台(图 3-55)同走廊连在一起，此时平台净宽可以小于上述规定，为了使楼梯间处的交通不至于过分拥挤，把梯段起步点自走廊边线后退一段距离作为缓冲空间。

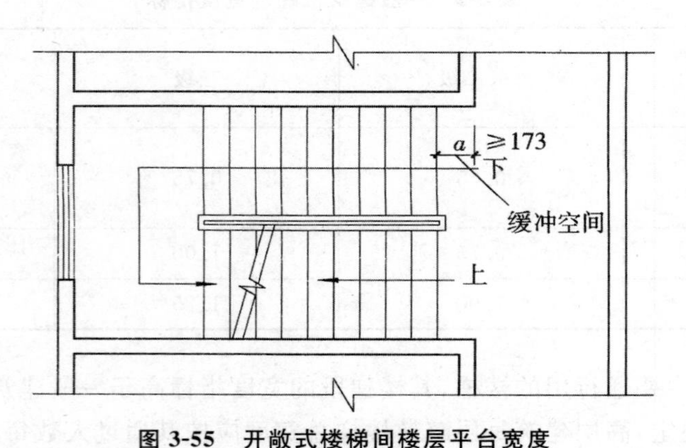

图 3-55 开敞式楼梯间楼层平台宽度

(二)楼梯净空高度

楼梯的净空高度对楼梯的正常使用影响很大，它包括楼梯段的净高和平台过道的净高两部分(图 3-56)。梯段净高与人体尺度、楼梯的坡度有关。楼梯段的净高是指梯段空间的最小高度，即下层梯段踏步前缘至上方梯段下表面间的垂直距离，平台过道处的净高指平台过道地面至上部结构最低点的垂直距离。现行《民用建筑设计通则》规定，梯段的净高不应小于2.20m，楼梯平台上部及下部过道处的净高不应小于2m。起止踏步前缘与顶部突出物内缘线的水平距离不应小于0.3m。

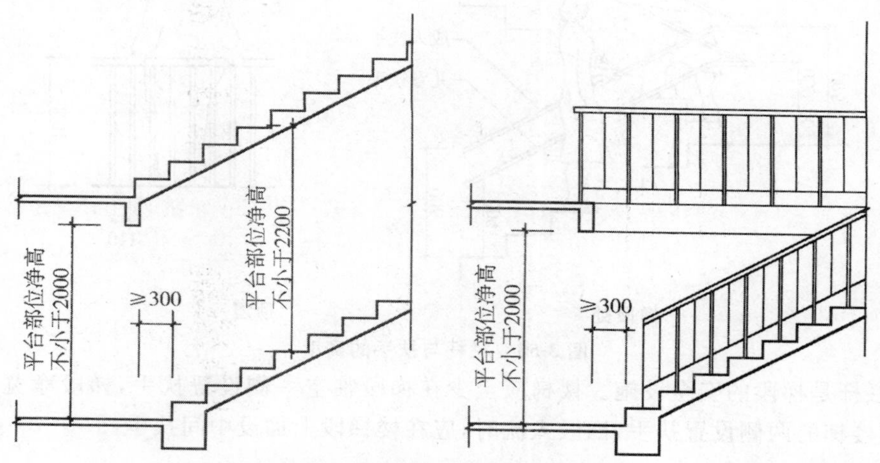

图 3-56　梯段与平台部位净高要求

当在平行双跑楼梯底层中间平台下设置通道时，为了使平台下的净高满足不小于2.0m的要求(图3-57)，主要采用如下几个办法：

(1)在建筑室内外高差较大的前提条件下，降低平台下过道处地面标高；

(2)增加第一梯段的踏步数(不改变楼梯坡度)，使第一个休息平台标高提高；

(3)将上述两种方法相结合。

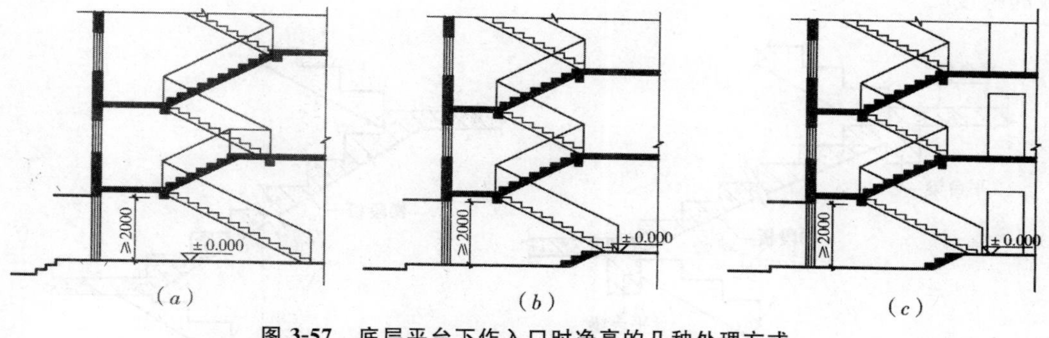

图 3-57　底层平台下作入口时净高的几种处理方式

(三)栏杆与扶手的高度

楼梯的栏杆和扶手是与人体尺度关系密切的建筑构件，栏杆的高度要满足使用及安全的要求。栏杆高度是指踏步前缘至上方扶手中心线的垂直距离。现行《民用建筑设计通则》规定，一般室内楼梯栏杆高度不应小于0.9m。如果楼梯井一侧水平栏杆的长度超过0.5m时，其扶手高度不应小于1.05m。室外楼梯栏杆高度：当临空高度在24m以下时，其高度不应低于1.05m；当临空高度在24m以上时，其高度不应低于1.1m。幼儿园建筑，楼梯除设成人扶手外还应设幼儿扶手，其高度不应大于0.60m(图3-58)。

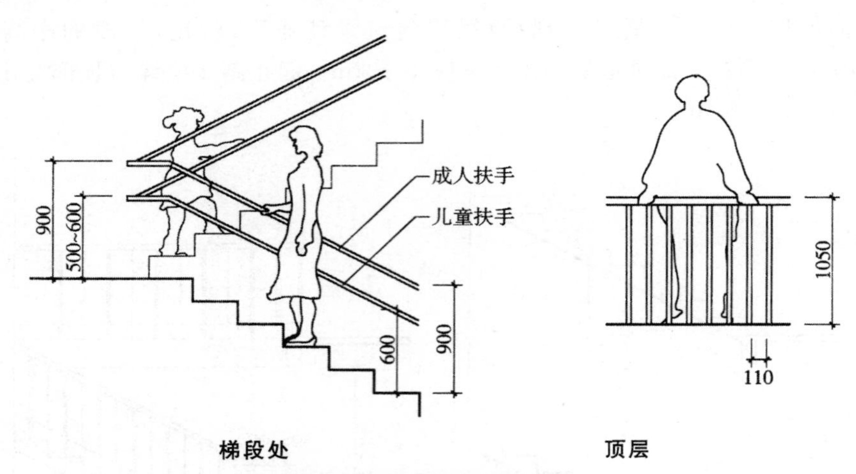

图 3-58 栏杆与扶手的高度

楼梯栏杆是梯段的安全设施。楼梯应至少在梯段临空一侧设置扶手,梯段净宽达三股人流时,应在楼梯的两侧设置扶手,四股人流时,应在楼梯段上加设中间扶手。

二、钢筋混凝土楼梯的构造

钢筋混凝土楼梯按施工方式可分为现浇式和预制装配式两类。

现浇楼梯按梯段(图 3-59)的传力特点,有板式梯段和梁板式梯段之分。

板式梯段是指楼梯段作为一块整板,斜搁在楼梯的平台梁上。平台梁之间的距离便是这块板的跨度。

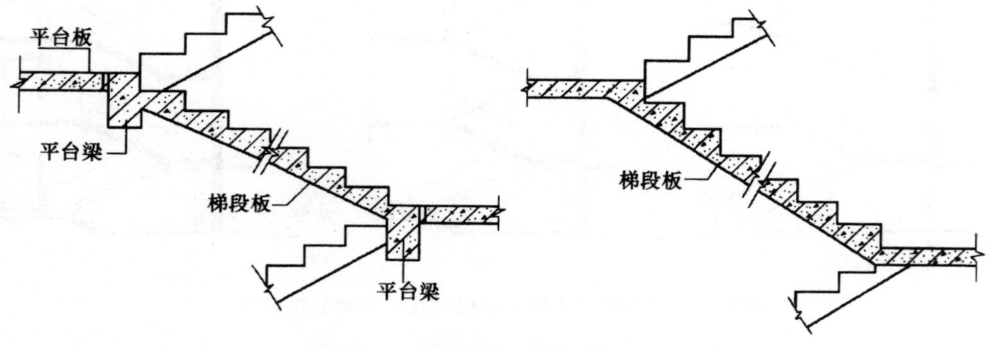

图 3-59 现浇钢筋混凝土板式梯段

当梯段较宽或楼梯负载较大时,采用板式梯段往往不经济,须增加梯段斜梁(简称梯梁)以承受板的荷载,并将荷载传给平台梁,这种梯段称梁板式梯段。

梁板式梯段(图 3-60)在结构布置上有双梁布置和单梁布置之分。梯梁在板下部的称正梁式梯段,将梯梁反向上面称反梁式梯段。

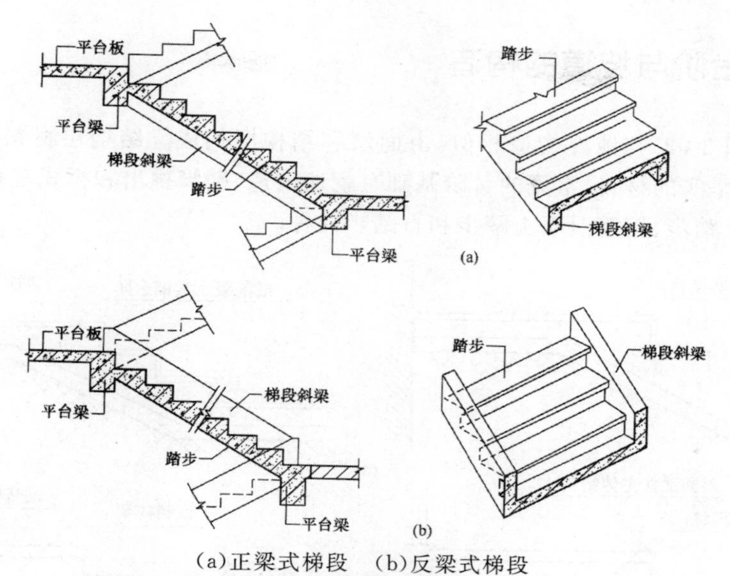

(a)正梁式梯段　(b)反梁式梯段

图 3-60　现浇钢筋混凝土梁板式梯段

在梁板式结构中,单梁式楼梯是近年来公共建筑中采用较多的一种结构形式。这种楼梯的每个梯段由一根梯梁支承踏步。梯梁布置有两种方式:一种是单梁悬臂式楼梯,另一种是单梁挑板式楼梯(图 3-61)。单梁楼梯受力复杂,梯梁不仅受弯,而且受扭。但这种楼梯外形轻巧、美观,常为建筑空间造型所采用。

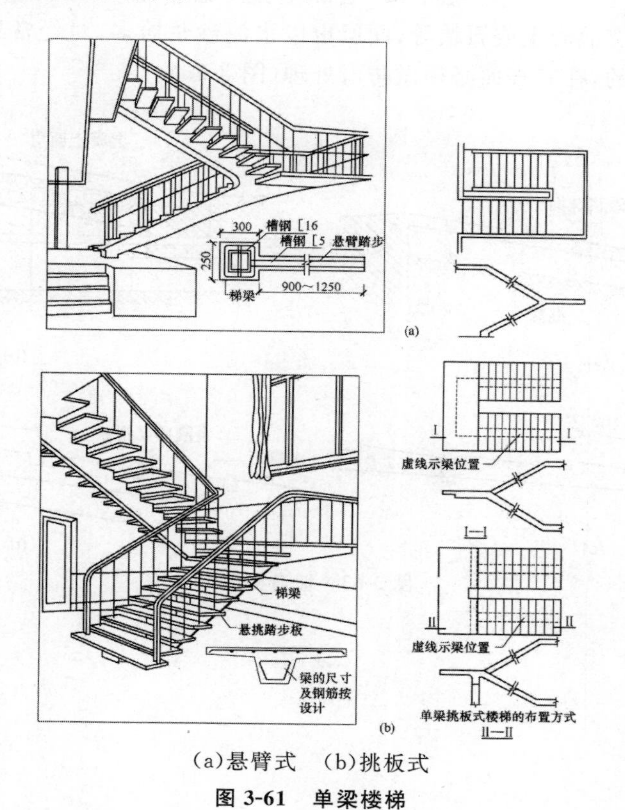

(a)悬臂式　(b)挑板式

图 3-61　单梁楼梯

三、室外台阶与坡道的构造

台阶构造(图 3-62)与地坪构造相似,由面层和结构层构成。结构层材料应采用抗冻、抗水性能好且质地坚实的材料,常见的台阶基础有就地砌造、勒脚挑出和桥式三种。台阶踏步有砖砌踏步、混凝土踏步、钢筋混凝土踏步和石踏步四种。

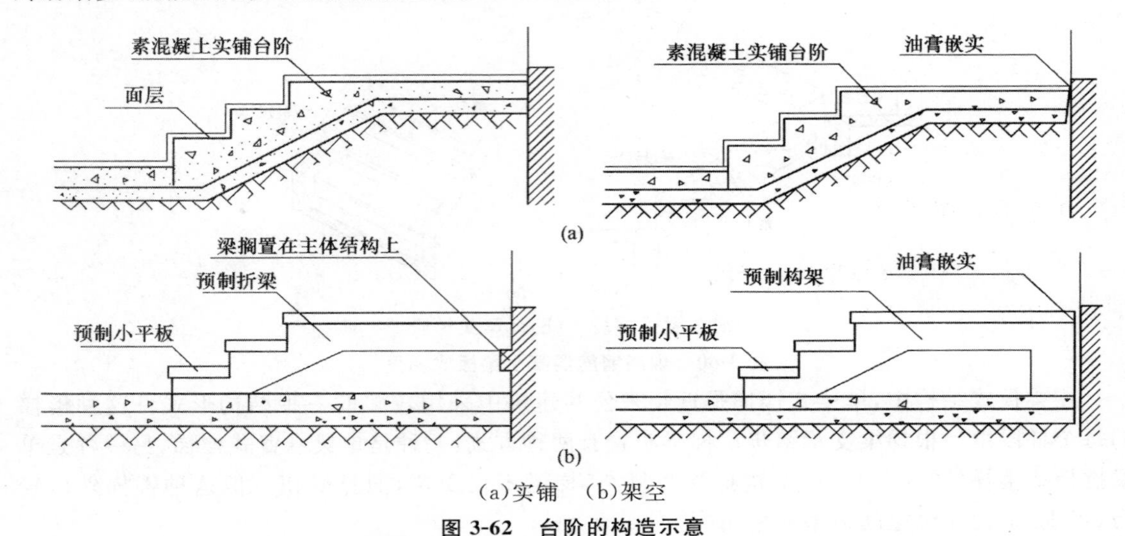

(a)实铺　(b)架空

图 3-62　台阶的构造示意

坡道材料常见的有混凝土或石块等,面层也以水泥砂浆居多,对经常处于潮湿、坡度较陡或采用水磨石作面层的,在其表面必须做防滑处理(图 3-63)。

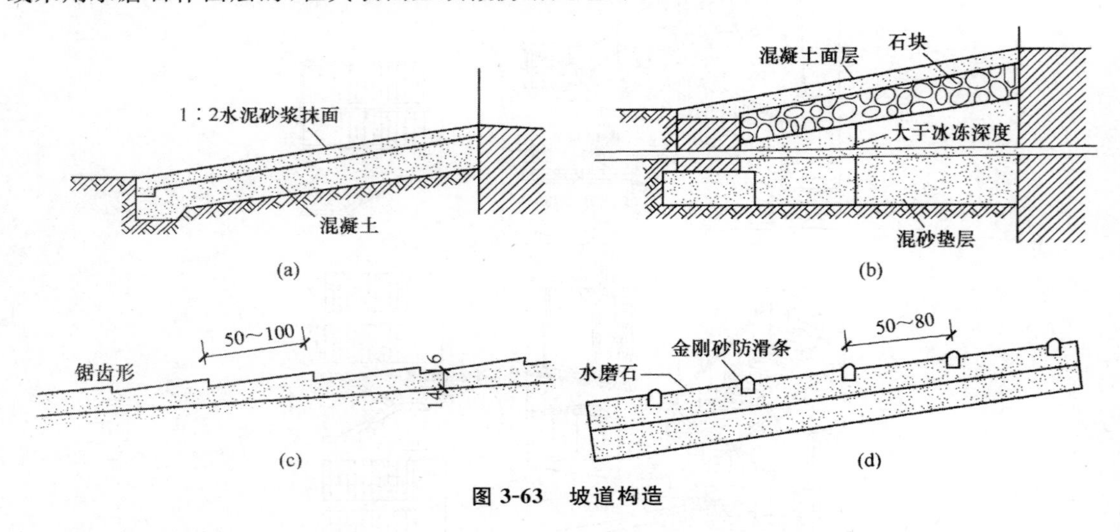

图 3-63　坡道构造

四、电梯与自动扶梯的构造

(一)电梯

在高层建筑中，依靠电梯和楼梯来保持正常的垂直运输与交通，同时高层建筑还需设置消防电梯，电梯还是最重要的垂直运输设备。一些公共建筑，如商店、宾馆、医院等，虽然层数不多，但为了经常运送沉重物品或特殊需要，也多设置电梯。现行《民用建筑设计通则》规定，以电梯为主要垂直交通的公共高层建筑和 12 层以上的高层住宅，每栋楼设置电梯的台数不应少于 2 台。设置电梯的建筑仍需按防火疏散要求设置疏散楼梯。

1. 电梯的组成

电梯作为垂直运输设备，主要由起重设备(电动机、传动滑车轮、控制器、选层器等)和轿厢两大部分组成(图 3-64)。

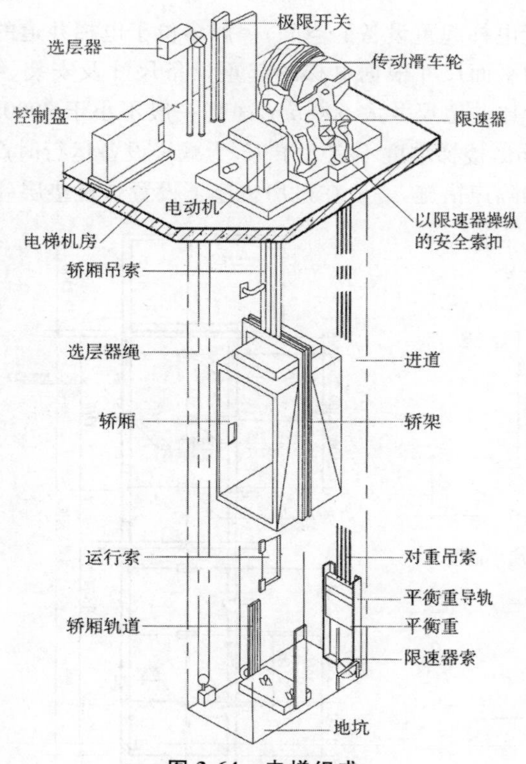

图 3-64　电梯组成

由于电梯的组成与运行特点，要求建筑中设置电梯井道和电梯机房。不同厂家生产的电梯有不同系列，按不同的额定重量、井道尺寸、额定速度等又分为若干型号，采用时按国家标准图集只需确定类型、型号，即可得到有关技术数据，及有关留洞、埋件、载重钢梁、底坑等构造做法。

2. 电梯井道

电梯井道是电梯运行的通道，电梯井道内除安装轿厢外，还有导轨、平衡锤及缓冲器等。

(1)井道尺寸

电梯井道的平面形状和尺寸取决于轿厢的大小及设备安装、检修所需尺寸，也与电梯的类型、载重量及电梯的运行速度有关。井道的高度包括电梯的提升高度(底层地面至顶层楼面的距离)、井道顶层高度(考虑轿厢的安装、检修和缓;中要求，一般不小于 4500mm)和井道底坑深度;地坑内设置缓冲器，减缓电梯轿厢停靠时产生的冲力，地坑深度一般不小于 1400mm。

(2)井道的防火与通风井道

井道的防火与通风井道是穿通建筑各层的垂直通道，为防止火灾事故时火焰和烟气蔓延，井道的四壁必须具有足够的防火能力，一般多采用钢筋混凝土井壁，也可用砖砌井壁。为使井道内空气流通和火警时迅速排除烟气，应在井道的顶部和中部适当位置以及底坑处设置不小于 300mm×600mm 的通风口。

3. 电梯机房

电梯机房是用来布置电梯起重设备的空间，一般多位于电梯井道的顶部，也可设在建筑物的底层或地下室内。机房的平面尺寸根据电梯的起重设备尺寸及安装、维修等需要确定。电梯机房开间与进深的一侧至少比井道尺寸大 600mm，净高一般不小于 3000mm 。通向机房的通道和楼梯宽度不得小于 1200mm，楼梯坡度不宜大于 45°为减轻设备运行时产生的振动和噪声，机房的楼板应采取适当的隔振和隔声措施，一般在机房机座下设置弹性垫层(图 3-65)。

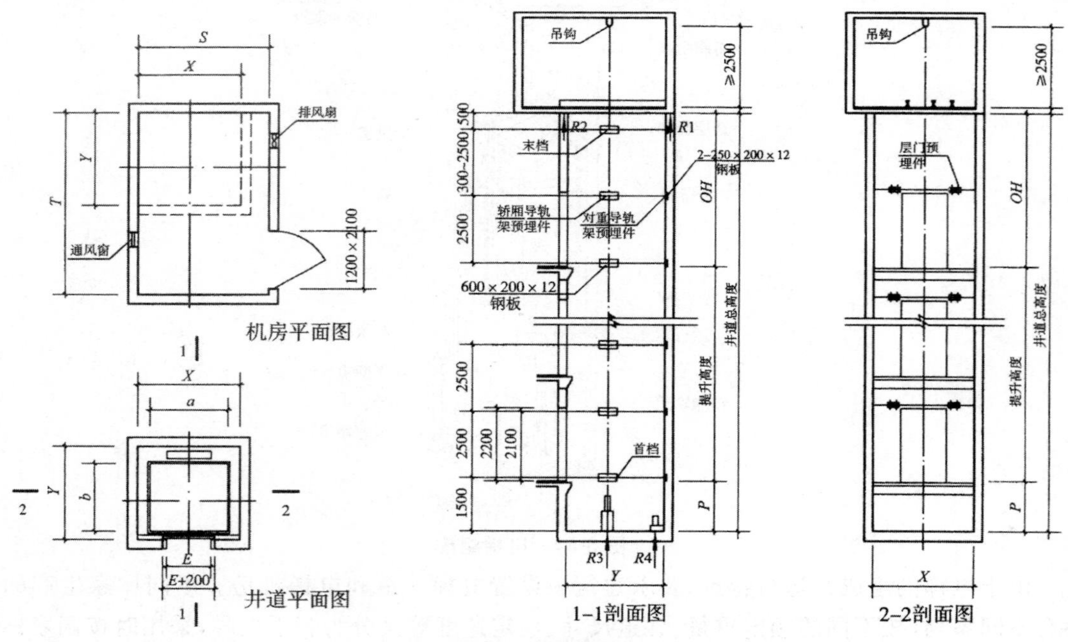

图 3-65 电梯井道与机房

当建筑高度受限或设置机房有困难时，还可以设无机房电梯。

(二)自动扶梯

自动扶梯是建筑物层间连续运输效率最高的载客设备,多用于有大量连续人流的建筑物,如机场、车站、大型商场、展览馆等。一般自动扶梯均可正、逆向运行,停机不运转时,可作为临时楼梯使用。自动扶梯的竖向布置形式有平行排列、交叉排列、连续排列等方式。平面中可单台布置或双台并列布置(图 3-66)。

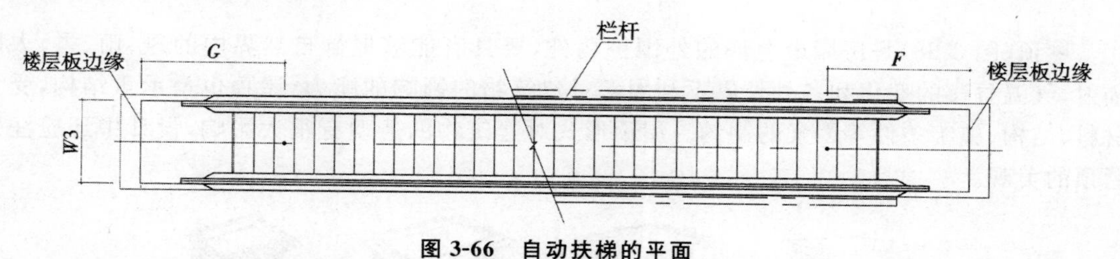

图 3-66　自动扶梯的平面

自动扶梯的机械装置悬在楼板下,楼层下作装饰外壳处理,底层则需做地坑。自动扶梯的坡度一般不宜超过 30°,当提升高度不超过 6 米,额定速度不超过 0.5 m/s 时,倾角允许增至 35°;倾斜式自动人行道的倾斜角不应超过 12°。宽度根据建筑物使用性质及人流量决定,一般为 600～1000mm(图 3-67)。

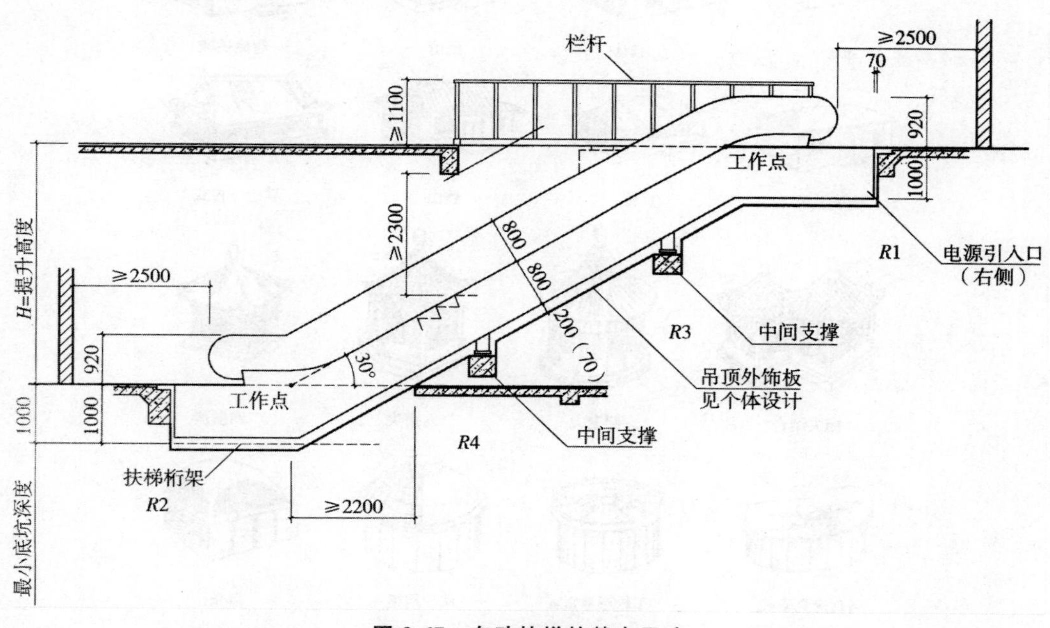

图 3-67　自动扶梯的基本尺寸

第四节 屋顶

一、屋顶概述

屋顶(图 3-68)是房屋最上部的外围护构件,要具有能够抵御自然界中的风、雨、雪、太阳辐射、气温昼夜的变化和各种外界不利因素对建筑物的影响的能力;屋顶也是承重结构,受到材料、结构、施工条件等因素的制约。屋顶形式对建筑物的造型有很大影响,设计中还应注意屋顶的美观。

图 3-68 各式屋顶

屋顶由屋面、承重结构层组成。屋面即屋顶的面层。屋面材料应具有防水和自然侵蚀的性能，并有一定强度(图 3-69)。

承重结构层即屋顶结构层，承受风、雨、雪及屋顶本身的荷载。屋盖形式选择是根据房屋空间尺度、结构材料的性能、建筑整体造型的需要及防水材料特点而定。屋盖的形式有屋面板、屋架、网架、壳体、悬索结构等。不同的屋盖结构形式可采用木材、钢材、钢筋混凝土等材料制成。

根据使用要求的不同，屋顶还可设保温、隔热、隔声、隔蒸汽、防水等构造层次。

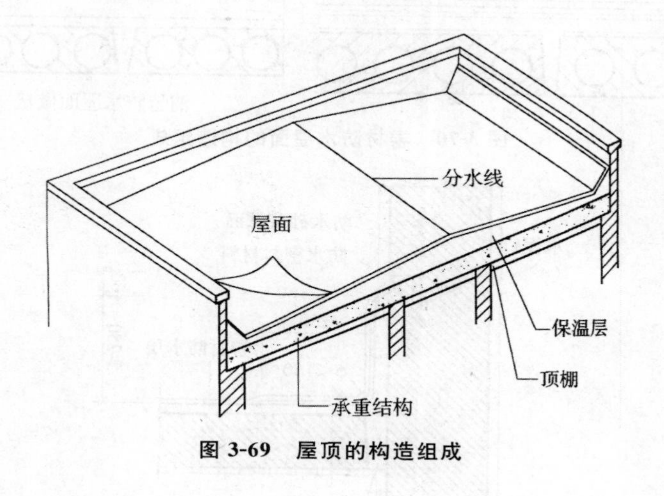

图 3-69　屋顶的构造组成

二、平屋顶的构造

(一)平屋顶的屋面

1. 卷材防水屋面

卷材防水屋面，是指以防水卷材和黏结剂分层粘贴而构成防水层的屋面。卷材防水屋面所用卷材有沥青类卷材、高分子类卷材、高聚物改性沥青类卷材等。适用于防水等级为 I～IV 级的屋面防水。卷材防水屋面的构造组成和油毡防水屋面做法如图 3-70 所示，卷材防水屋面泛水构造如图 3-71 所示，檐口构造如图 3-72 所示。

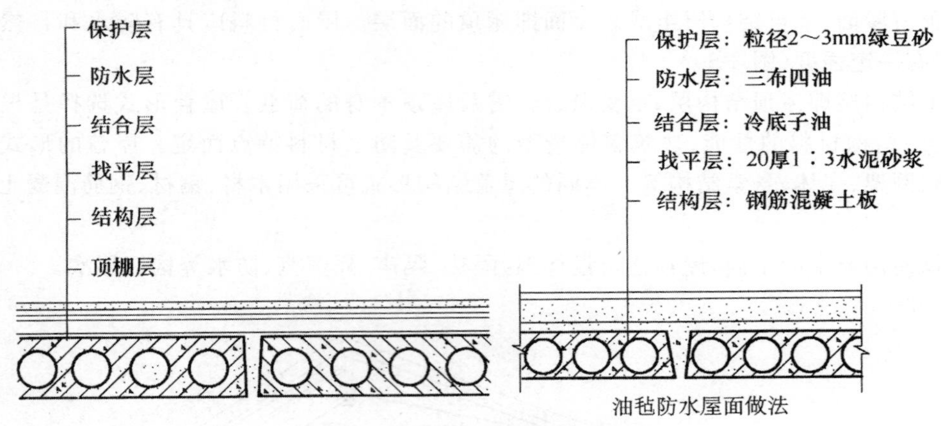

图 3-70 卷材防水屋面的构造组成

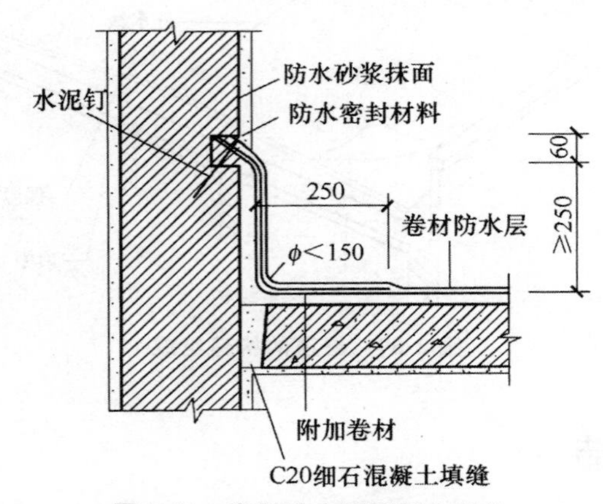

图 3-71 卷材防水屋面泛水结构

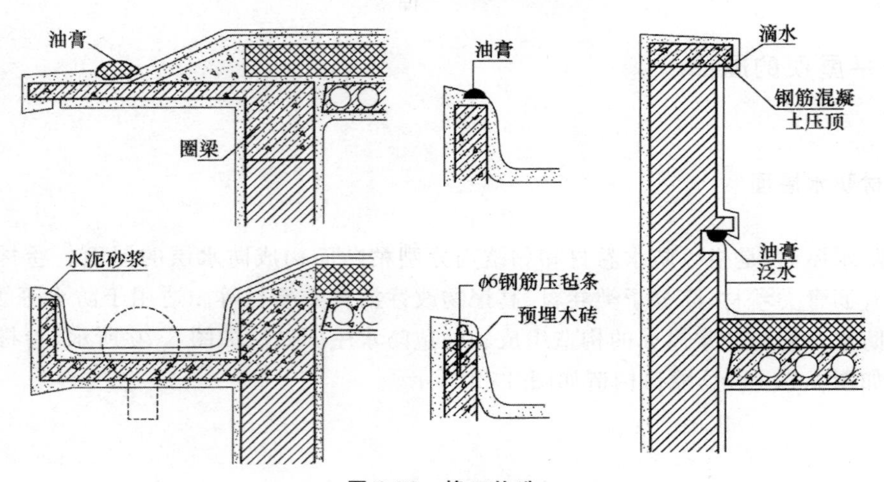

图 3-72 檐口构造

2. 刚性防水屋面

刚性防水屋面是指以刚性材料作为防水层的屋面，如防水砂浆、细石混凝土、配筋细石混凝土防水屋面等。这种屋面具有构造简单、施工方便、造价低廉的优点，但对温度变化和结构变形较敏感，容易产生裂缝而渗水。故多用于我国南方地区的建筑。

3. 涂膜防水屋面

涂膜防水屋面又称涂料防水屋面，是指用可塑性和黏结力较强的高分子防水涂料，直接涂刷在屋面基层上形成一层不透水的薄膜层以达到防水目的的一种屋面做法。防水涂料有塑料、橡胶和改性沥青三大类，常用的有塑料油膏、氯丁胶乳沥青涂料和焦油聚氨酯防水涂膜等。这些材料多数具有防水性好、黏结力强、延伸性大、耐腐蚀、不易老化、施工方便、容易维修等优点。近年来应用较为广泛。这种屋面通常适用于不设保温层的预制屋面板结构，如单层工业厂房的屋面。在有较大震动的建筑物或寒冷地区则不宜采用。

(二)平屋顶的保温与隔热

1. 平屋顶的保温

保温材料多为轻质多孔材料，一般可分为以下三种类型：

(1)散料类，常用炉渣、矿渣、膨胀蛭石、膨胀珍珠岩等；

(2)整体类，是指以散料作骨料，掺入一定量的胶结材料，现场浇筑而成，如水泥炉渣、水泥膨胀蛭石、水泥膨胀珍珠岩、沥青膨胀蛭石和沥青膨胀珍珠岩等；

(3)板块类，是指利用骨料和胶结材料由工厂制作而成的板块状材料，如加气混凝土、泡沫混凝土、膨胀蛭石、膨胀珍珠岩、泡沫塑料等块材或板材等。

保温层通常设在结构层之上、防水层之下。保温卷材防水屋面与非保温卷材防水屋面的区别是增设了保温层，构造需要相应增加了找平层、结合层和隔汽层。设置隔汽层的目的是防止室内水蒸气渗入保温层，使保温层受潮而降低保温效果。隔汽层的一般做法是在20mm厚1：3水泥砂浆找平层上刷冷底子油两道作为结合层，结合层上做一布二油或两道热沥青隔汽层。

2. 平屋顶的隔热

通风隔热屋面是指在屋顶中设置通风间层，使上层表面起到遮挡阳光的作用，利用风压和热压作用把间层中的热空气不断带走，以减少传到室内的热量，从而达到隔热降温的目的。通风隔热屋面一般有架空通风隔热屋面和顶棚通风隔热屋面两种做法。

蓄水隔热屋面是指在屋顶蓄积一层水，利用水蒸发时需要大量的汽化热，从而大量消耗晒到屋面的太阳辐射热，以减少屋顶吸收的热能，从而达到降温隔热的目的。蓄水屋面构造与刚性防水屋面基本相同，主要区别是增加了一壁三孔，即蓄水分仓壁、溢水孔、泄水孔和过水孔。

种植隔热屋面(图3-73)是在屋顶上种植植物，利用植被的蒸腾和光合作用，吸收太阳辐射热，从而达到降温隔热的目的。

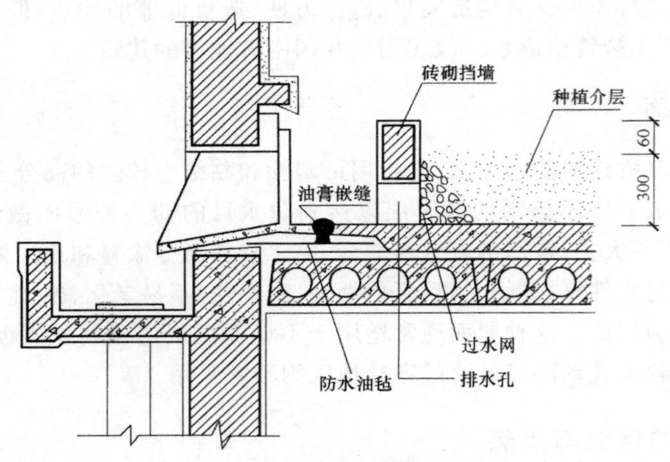

图 3-73　种植隔热屋面构造

三、坡屋顶的构造

(一)坡屋顶的组成

坡屋顶由顶棚、承重结构、屋面及保温、隔热层等部分组成。

1. 顶棚

坡屋顶的顶棚一般采用悬吊式顶棚。

2. 承重结构

坡屋顶的承重结构承受屋面上传来的荷载,并把这些荷载传到墙或柱子上。常用的承重结构类型包括:横墙承重、屋架承重、梁架承重(图 3-74)。

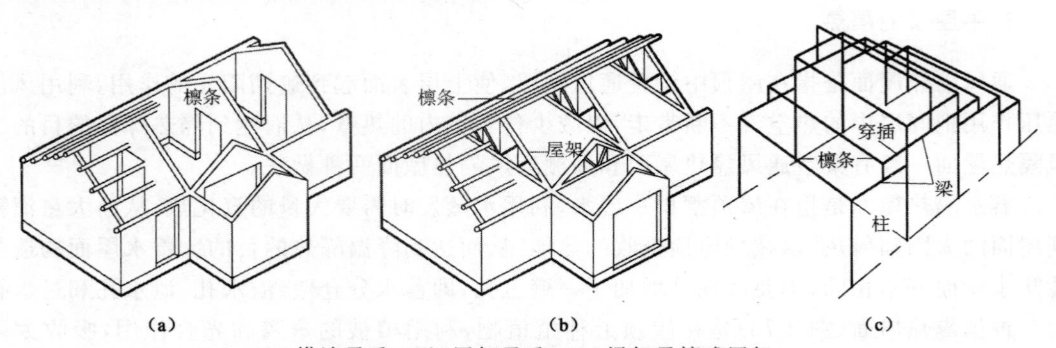

(a)横墙承重　(b)屋架承重　(c)梁架承檩式屋架

图 3-74　坡屋顶的承重结构类型

(1)横墙承重

横墙承重也称硬山搁檩,是将建筑物的横墙上部砌成三角形,直接搁置檩条以承受屋顶的荷载，适用于房屋横墙间距（开间）较少，多数相同开间并列的建筑。

（2）屋架承重

屋架承重即屋架支承在纵墙或柱上，其上搁置檩条或钢筋混凝土屋面板承受屋面传来的荷载，屋架承重与横墙承重相比，可以使房屋内部有较大的空间，增加了内部空间划分的灵活性。

（3）梁架承重

梁架承重是我国古代建筑的主要的结构形式，一般由立柱和横梁组成屋顶和墙身部分的承重骨架，檩条把一排排梁架联系起来形成整体骨架。这种结构形式的内外墙填充在梁架之间，不承受荷载，仅起分隔和围护作用。

3. 屋面

屋面有防雨、遮阳、防风等作用。它包括屋面的覆盖材料、基层和屋面板等。传统的基层以木基层居多，而现在有各种各样的基层，如钢筋混凝土挂瓦构件等，这样不但节约了木材，又加快了屋面的施工速度。

（二）坡屋顶的屋面

坡屋顶屋面一般是利用各种瓦材，如平瓦、波形瓦、小青瓦等作为屋面防水材料。近些年来还有不少采用金属瓦屋面、彩色压型钢板屋面等。

1. 冷摊瓦屋面

冷摊瓦屋面（图 3-75）是在檩条上钉固椽条，然后在椽条上钉挂瓦条并直接挂瓦。这种做法构造简单，但雨雪易从瓦缝中飘入室内，通常用于南方地区质量要求不高的建筑。

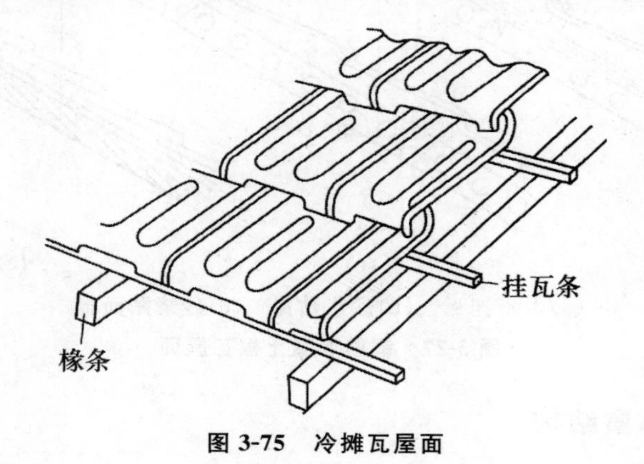

图 3-75　冷摊瓦屋面

2. 木望板瓦屋面

木望板瓦屋面（图 3-76）是在檩条上铺钉 15～20mm 厚的木望板（也称屋面板），望板可采取密铺法（不留缝）或稀铺法（望板间留 20mm 左右宽的缝），在望板上平行于屋脊方向干铺一层油毡，在油毡上顺着屋面水流方向钉 10mm×30mm、中距 500mm 的顺水条，然后在顺水条上面平行于屋脊方向钉挂瓦条并挂瓦，挂瓦条的断面和间距与冷摊瓦屋面相同。这种做法比冷摊瓦屋面的防水、保温隔热效果要好，但耗用木材多、造价高，多用于质量要求较高的建筑物中。

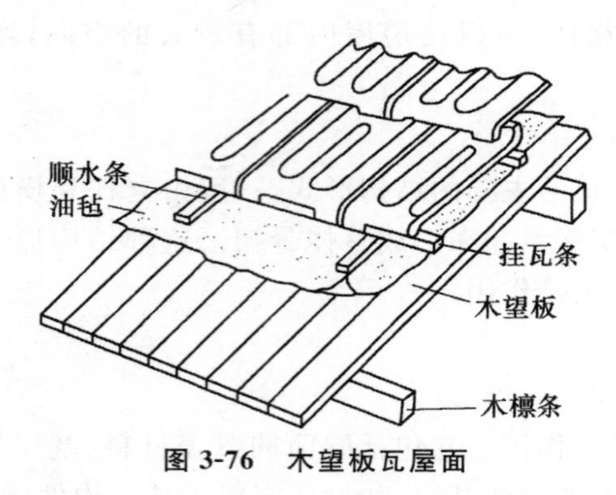

图 3-76　木望板瓦屋面

3. 钢筋混凝土板瓦屋面

瓦屋面由于保温、防火或造型等的需要，可将钢筋混凝土板作为瓦屋面的基层盖瓦。盖瓦的方式有两种：一种是在找平层上铺油毡一层，用压毡条钉嵌在板缝内的木楔上，再钉挂瓦条挂瓦；另一种是在屋面板上直接粉刷防水水泥砂浆并贴陶瓷面砖或平瓦。在仿古建筑中也常常采用钢筋混凝土板瓦屋面(图 3-77)。

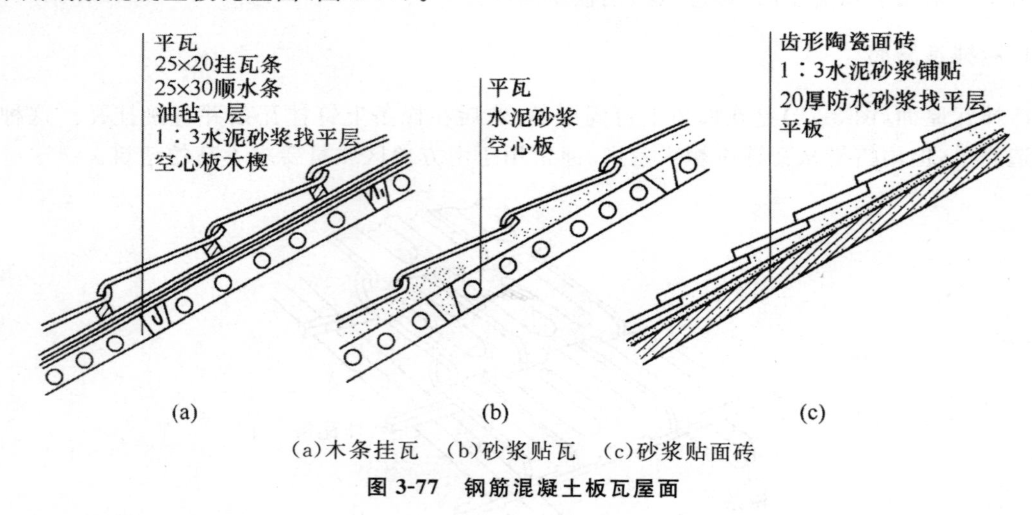

(a)木条挂瓦　(b)砂浆贴瓦　(c)砂浆贴面砖

图 3-77　钢筋混凝土板瓦屋面

(三)坡屋顶的承重结构

1. 承重结构类型

坡屋顶中常用的承重结构有横墙承重、屋架承重和梁架承重(图 3-78)。

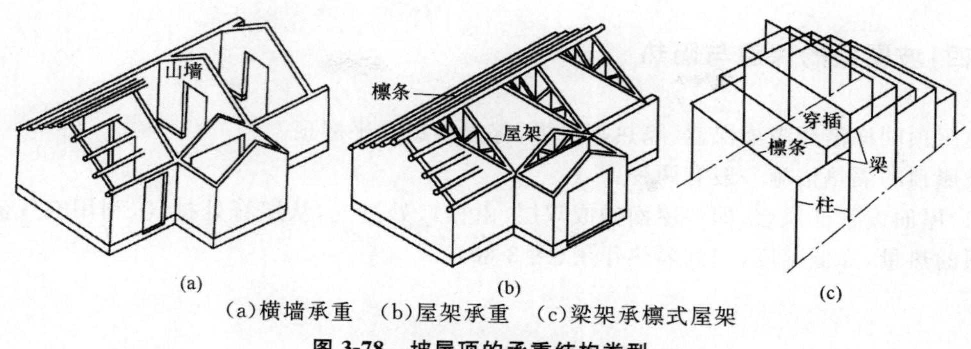

(a)横墙承重　(b)屋架承重　(c)梁架承檩式屋架

图 3-78　坡屋顶的承重结构类型

2. 承重结构构件

(1)屋架

屋架形式常为三角形,由上弦、下弦及腹杆组成,所用材料有木材、钢材及钢筋混凝土等。木屋架一般用于跨度不超过 12m 的建筑;将木屋架中受拉力的下弦及直腹杆件用钢筋或型钢代替,这种屋架称为钢木屋架。钢木组合屋架一般用于跨度不超过 18m 的建筑;当跨度更大时需采用预应力钢筋混凝土屋架或钢屋架。

(2)檩条

檩条所用材料可为木材、钢材及钢筋混凝土,檩条材料的选用一般与屋架所用材料相同,使两者的耐久性接近。

3. 承重结构布置

坡屋顶承重结构布置主要是指屋架和檩条的布置,其布置方式视屋顶形式而定(图 3-79)。

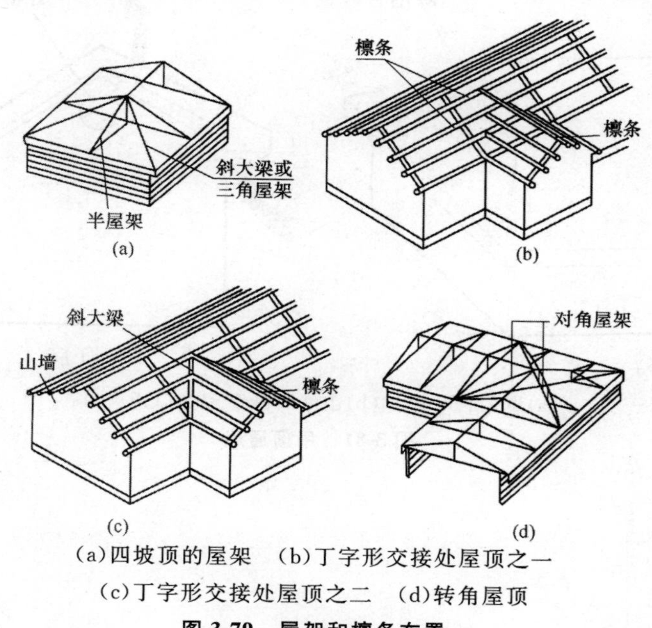

(a)四坡顶的屋架　(b)丁字形交接处屋顶之一

(c)丁字形交接处屋顶之二　(d)转角屋顶

图 3-79　屋架和檩条布置

(四)坡屋顶的保温与隔热

坡屋顶同样需要考虑保温、隔热等要求,保温构造同平屋顶。

坡屋顶的隔热措施一般有两种:

(1)屋面设置通风层,即将屋面做成双层,由檐口处进气,从屋脊处排气,利用空气流动带走屋顶的热量,降低温度,起到隔热作用(图 3-80)。

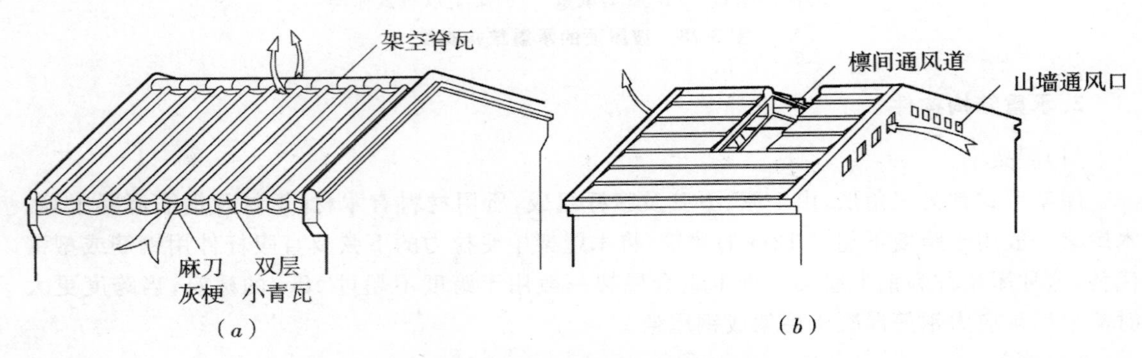

(a)双层瓦通风屋面　　(b)檩间通风屋面

图 3-80　屋面设通风层

(2)利用吊顶棚与屋面间的空间,组织空气流动,形成自然通风,隔热效果明显,且对于木结构屋顶也起驱潮防腐的作用,一般通风口可设置在檐口、屋脊、山墙和坡屋顶上(图 3-81)。

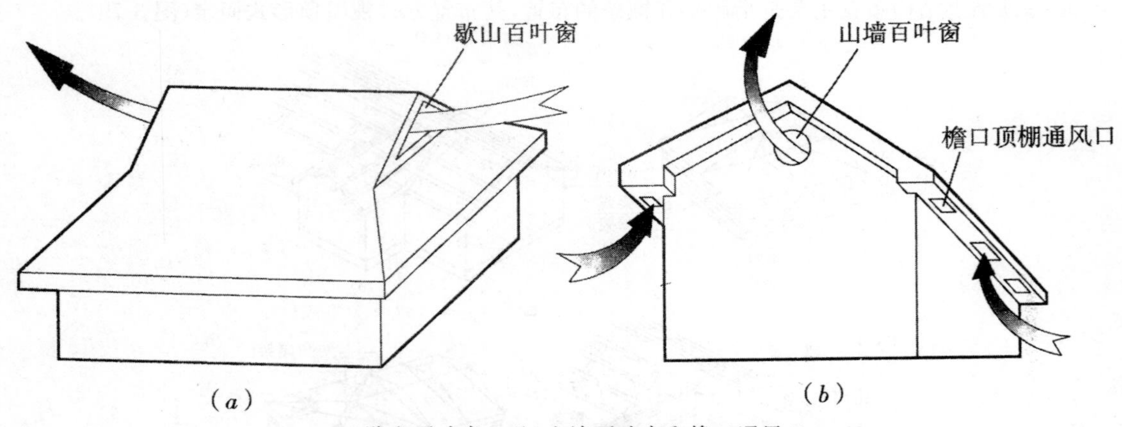

(a)歇山百叶窗　(b)山墙百叶窗和檐口通风口

图 3-81　吊顶通风

第五节 门窗

一、门窗概述

门在房屋建筑中的作用主要是交通联系，并兼采光和通风；窗的作用主要是采光、通风及眺望。在不同情况下，门和窗还有分隔、保温、隔声、防火、防辐射、防风沙等要求。门窗在建筑立面构图中的影响也较大，它的尺度、比例、形状、组合、透光材料的类型等，都影响着建筑的艺术效果。

(一)门的开启方式

1. 平开门

平开门是最常见的一种开启方式，它是在门扇一侧用铰链与门框相连：平开门又有内开与外开之分。一般门都为内开，以免妨碍走道交通，开向疏散走道及楼梯间的门扇，开足时不应影响走道及楼梯平台的疏散宽度。安全疏散出入口的门应该开向疏散方向。

2. 弹簧门

弹簧门将平开门门扇与门框的连接铰链加设弹簧便为弹簧门，它在开启后可自动关闭。弹簧门可以分为单面弹簧、双面弹簧、地弹簧等几种。幼儿园、托儿所等建筑中，不宜采用弹簧门。

3. 推拉门

推拉门是左右推拉的门，门扇安装在设于门上部或下部的滑轨上，分为上悬式和下滑式两种。

4. 折叠门

折叠门由两扇以上门扇用铰链相连，开启时门扇相互折叠在一起。这种门少占用空间，但是构造较复杂。

5. 具有特殊功能的门

具有特殊功能的门，如转门、卷帘门、自动门等。

疏散门不应采用推拉门、转门。自动门、旋转门的旁边应设置平开门作为疏散门。

表 3-4　常见门的图例及表达

序号	名称	图例	说明
1	单扇平开门	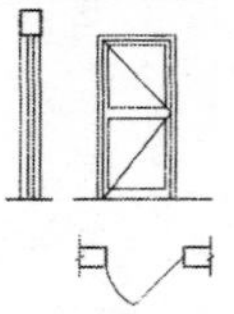	1. 门的名称代号用米 2. 图例中剖面图左为外，右为内；平面图中下为外，上为内 3. 立面图开启方向线交角的侧为装合页的一侧 4. 平面图上门线应 90°或 45°开启，开启弧线宜绘出 5. 立面图上开启线在设计图中可不表示，在详图和室内设计图中应表示 6. 立面形式应按实际情况绘制
2	双扇平开门	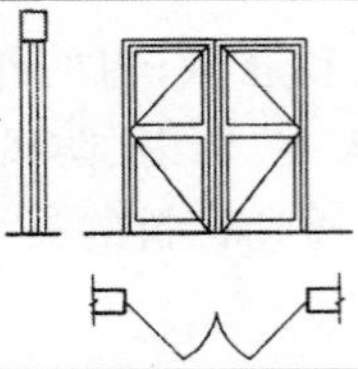	
3	对开折叠门	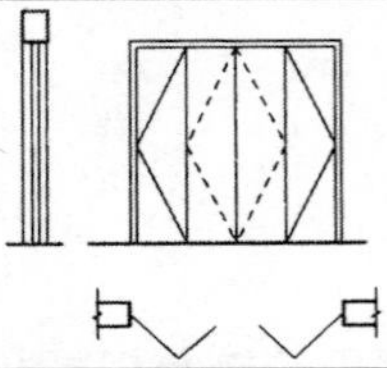	
4	推拉门	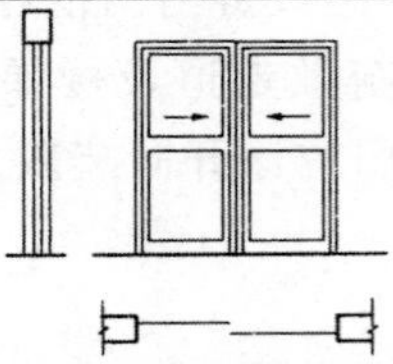	1. 门的名称代号用米 2. 图例中剖面图左为外，右为内；平面图中下为外，上为内 3. 立面图开启线在方向线交角的一侧为装合页的一侧
5	单扇弹簧门	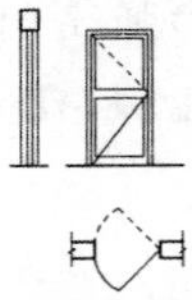	1. 门的名称代号用米 2. 图例中剖面图左为外，右为内：平面图中下为外，上为内 3. 立面图开启方向线交角的一侧为装合页的一侧 4. 平面图上门线应 90°或 45°开启，开启弧线宜绘出 5. 立面图上开启线在设计图中可不表示，在详图和室内设计图中应表示 6. 立面形式应按实际情况绘制
6	双扇弹簧门	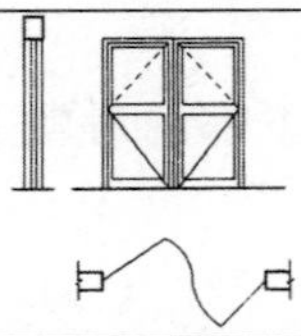	
7	转门	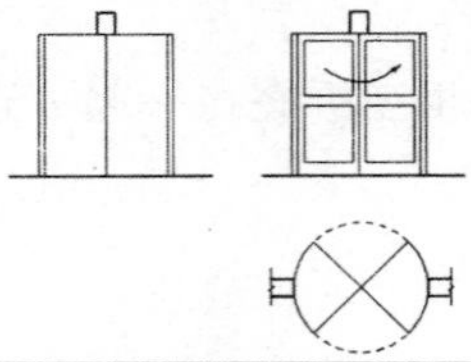	
8	自动门	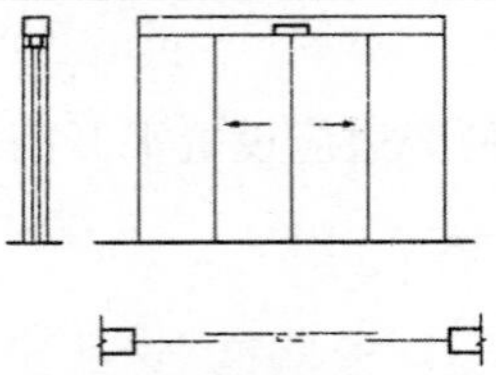	

(二)窗的开启方式

窗以开启方式不同分为固定窗、平开窗、转窗、悬窗、推拉窗、百叶窗、折叠窗等几种基本类型(图 3-82)。

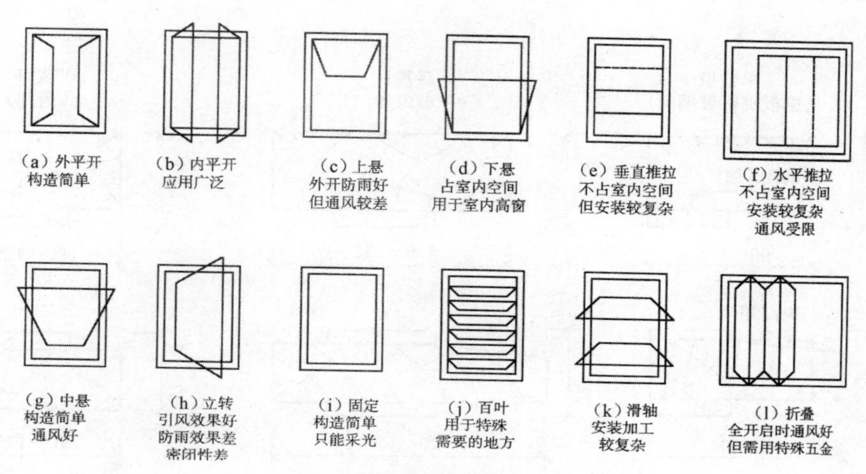

图 3-82 窗的开启方式

二、木门窗构造

(一)木门的构造

1. 平开门的构造

(1)平开门门的组成

门一般由门框、门扇、亮子、五金零件及其附件组成(图 3-83)。

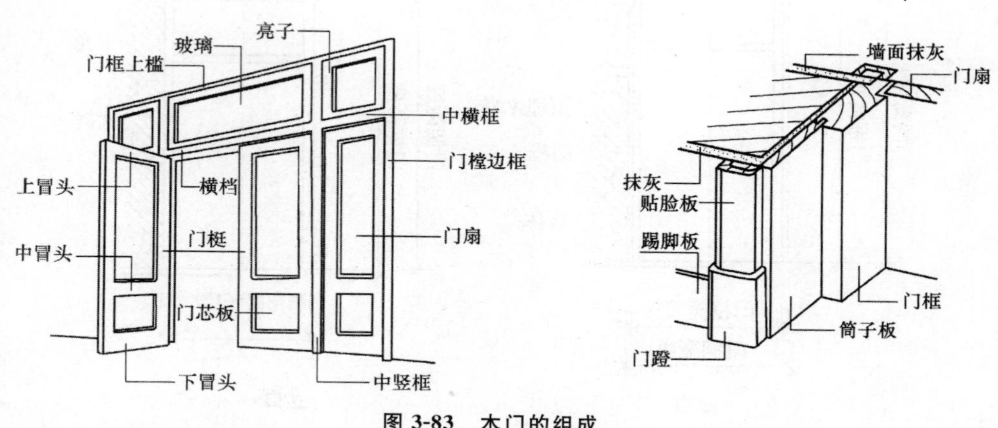

图 3-83 木门的组成

(2)门框

门框一般由两根竖直的边框和上框组成。当门带有亮子时,还有中横框,多扇门则还有中竖框。

①框断面

门框的断面形式与门的类型、层数有关,同时应利于门的安装,并应具有一定的密闭性(图3-84)。

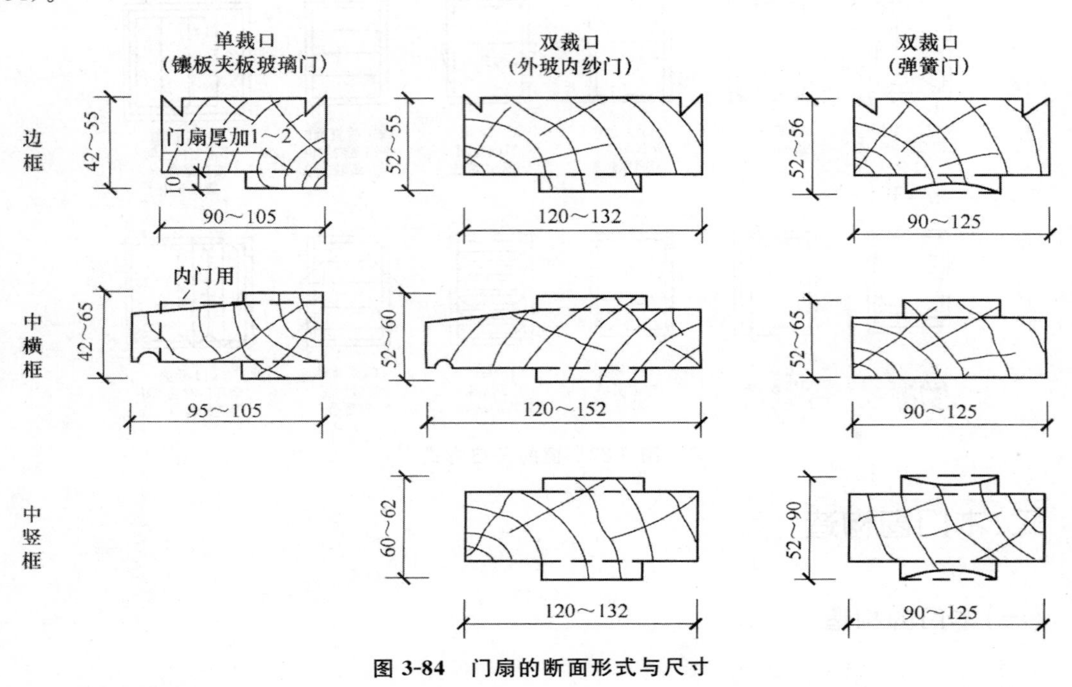

图 3-84 门扇的断面形式与尺寸

②门框安装

根据施工方式分后塞口和立口两种(图3-85)。

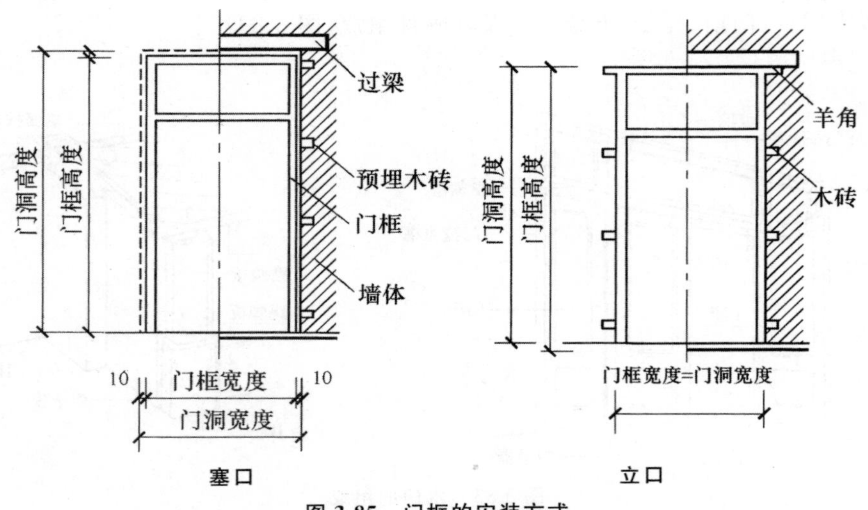

图 3-85 门框的安装方式

③门框在墙中的位置

可在墙的中间或与墙的一边平。一般多与开启方向一侧平齐，尽可能使门扇开启时贴近墙面(图3-86)。

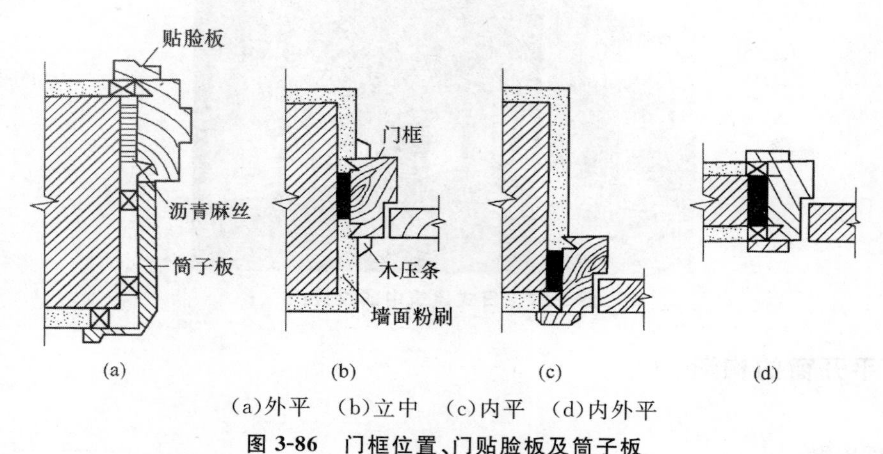

(a)外平　(b)立中　(c)内平　(d)内外平

图3-86　门框位置、门贴脸板及筒子板

(2)门扇

常用的木门门扇有镶板门(包括玻璃门、纱门)、夹板门和拼板门等。

①镶板门是广泛使用的一种门，门扇由边梃、上冒头、中冒头(可作数根)和下冒头组成骨架，内装门芯板而构成。构造简单，加工制作方便，适于一般民用建筑作内门和外门。

②夹板门是用断面较小的方木做成骨架，两面粘贴面板而成。门扇面板可用胶合板、塑料面板和硬质纤维板，面板不再是骨架的负担，而是和骨架形成一个整体，共同抵抗变形。夹板门的形式可以是全夹板门、带玻璃或带百叶夹板门。由于夹板门构造简单，可利用小料、短料，自重轻，外形简洁，便于工业化生产，故在一般民用建筑中广泛应用。

③拼板门的门扇由骨架和条板组成。有骨架的拼板门称为拼板门，而无骨架的拼板门称为实拼门；有骨架的拼板门又分为单面直拼门、单面横拼门和双面保温拼板门三种。

2. 推拉门的构造

推拉门由门扇、门轨、地槽、滑轮及门框组成。门扇可采用钢木门、钢板门、空腹薄壁钢门等，每个门扇宽度不大于1.8m。推拉门的支承方式分为上挂式和下滑式两种，当门扇高度小于4m时，用上挂式，即门扇通过滑轮挂在门洞上方的导轨上。当门扇高度大于4m时，多用下滑式，在门洞上下均设导轨，门扇沿上下导轨推拉，下面的导轨承受门扇的重量。推拉门位于墙外时，门上方需设雨篷，如图3-87所示。

图 3-87　日式建筑中的推拉门

(二)平开窗的构造

1. 窗框安装

窗框与门框一样，在构造上应有裁口及背槽处理，裁口也有单裁口与双裁口之分。窗框的安装与门框一样，分后塞口与先立口两种。塞口时洞口的高、宽尺寸应比窗框尺寸大10～20mm。

2. 窗框在墙中的位置

窗框在墙中的位置，一般是与墙内表面平，安装时窗框突出砖面 20mm，以便墙面粉刷后与抹灰面平齐。框与抹灰面交接处，应用贴脸板搭盖，以阻止由于抹灰干缩形成缝隙后风透入室内，同时可增加美观。贴脸板的形状及尺寸与门的贴脸板相同。

当窗框立于墙中时，应内设窗台板，外设窗台。窗框外平时，靠室内一面设窗台板。

三、金属门窗构造

(一)钢门窗

钢门窗是用型钢或薄壁空腹型钢在工厂制作而成。它符合工业化、定型化与标准化的要求。在强度、刚度、防火、密闭等性能方面，均优于木门窗，但在潮湿环境下易锈蚀，耐久性差。

为了使用、运输方便，通常将钢门窗在工厂制作成标准化的门窗单元。这些标准化的单元，即是组成一扇门或窗的最小基本单元。设计者可根据需要，直接选用基本钢门窗，或用这些基本钢门窗组合出所需大小和形式的门窗。

钢门窗框的安装方法常采用塞框法。门窗框与洞口四周的连接方法主要有两种：

(1)在砖墙洞口两侧预留孔洞，将钢门窗的燕尾形铁脚埋入洞中，用砂浆窝牢。

(2)在钢筋混凝土过梁或混凝土墙体内则先预埋铁件，将钢窗的 Z 形铁脚焊在预埋钢板上，如图 3-88 所示。

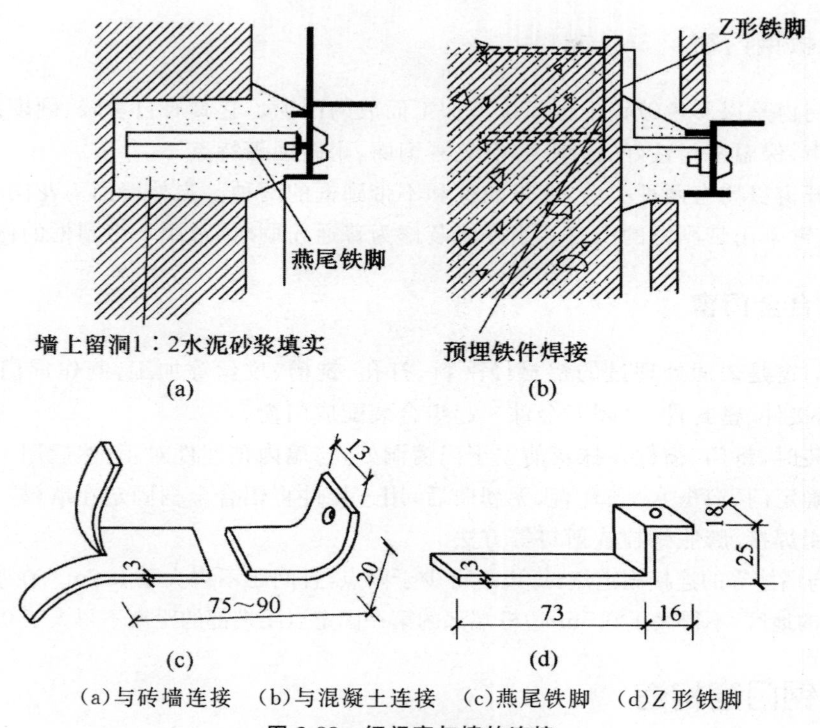

(a)与砖墙连接　(b)与混凝土连接　(c)燕尾铁脚　(d)Z 形铁脚

图 3-88　钢门窗与墙的连接

(二)卷帘门

卷帘门主要由帘板、导轨及传动装置组成。工业建筑中的帘板常来用页板式,页板可用镀锌钢板或合金铝板轧制而成,页板之间用铆钉连接。页板的下部采用钢板和角钢,用以增强卷帘门的刚度,并便于安设门钮。页板的上部与卷筒连接,开启时,页板沿着门洞两侧的导轨上升,卷在卷筒上。门洞的上部安设传动装置,传动装置分手动和电动两种,如图 3-89。

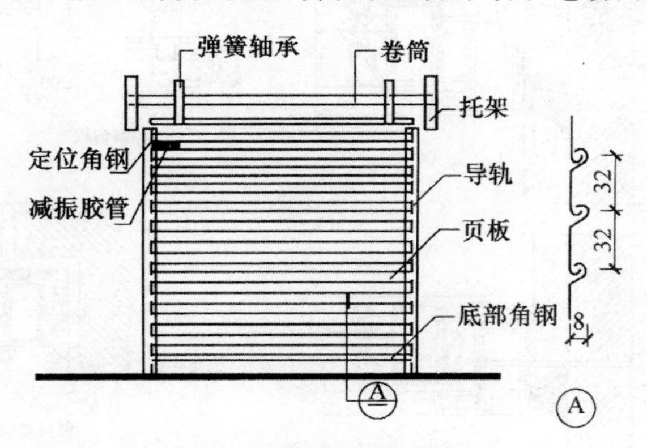

图 3-89　手动式卷帘门(单位:mm)

（三）彩板钢门窗

彩板钢门窗是以彩色镀锌钢板经机械加工而成的门窗。它具有自重轻、硬度高、采光面积大、防尘、隔声、保温密封性好、造型美观、色彩绚丽、耐腐蚀等特点。

彩板平开窗目前有两种类型，即带副框和不带副框的两种。当外墙面为花岗石、大理石等贴面材料时，常采用带副框的门窗。当外墙装修为普通粉刷时，常用不带副框的做法。

（四）铝合金门窗

铝合金门窗是表面处理过的铝材经下料、打孔、铣槽、攻丝等加工，制作成门窗框料的构件，然后与连接件、密封件、开闭五金件一起组合装配成门窗。

门窗安装时，将门、窗框在抹灰前立于门窗洞处，与墙内预埋件对正，然后用木楔将三边固定。经检验确定门、窗框水平、垂直、无翘曲后，用连接件将铝合金框固定在墙（柱、梁）上，连接件固定可采用焊接、膨胀螺栓或射钉等方法。

门窗框与墙体等的连接固定点，每边不得少于两点，且间距不得大于 0.7m。在基本风压大于等于 0.7kPa 的地区，不得大于 0.5m；边框端部的第一固定点距端部的距离不得大于 0.2m。

四、塑钢门窗构造

塑钢门窗是以改性硬质聚氯乙烯（简称 UPVC）为主要原料，加上一定比例的稳定剂、着色剂、填充剂、紫外线吸收剂等辅助剂，经挤出机挤出成型为各种断面的中空异型材。经切割后，在其内腔衬以型钢加强筋，用热熔焊接机焊接成型为门窗框扇，配装上橡胶密封条、压条、五金件等附件而制成的门窗即所谓的塑钢门窗。塑钢窗框与墙体的连接方法见图 3-90。

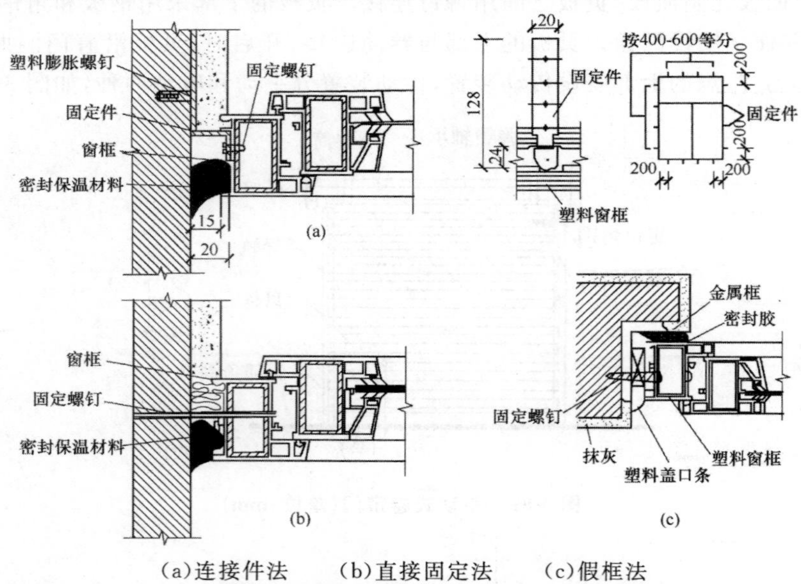

（a）连接件法　　（b）直接固定法　　（c）假框法

图 3-90　塑钢窗框与墙体的连接节点（单位：mm）

塑钢门窗具有如下优点：强度好、耐冲击；保温隔热、节约能源；隔音好；气密性、水密性好；耐腐蚀性强；防火；耐老化、使用寿命长；外观精美、清洗容易。

五、特殊用途门的构造

（一）隔声门

隔声门指可以隔除噪声的门，多用于室内噪声允许较低的播音室、录音室等房间。隔声门的隔声效果，与门扇隔声量、门扇和门框间的密闭程度有关。普通木门的隔声能力为 19～25 dB。双层木门，间距 50mm 时，隔声能力为 30～34dB。

门扇构造与门缝处理要相适应，隔声门的隔声效果应与安装隔声门的墙体结构的隔声性能相适应。门扇隔声量与所用材料、材料组合构造方式有关。密度大、密实的材料，隔声效果较好。一般隔声门多采用多层复合结构，利用空腔和吸声材料提高隔声性能。复合结构不宜层次过多、厚度过大和重量过重。采用空腔处理时，空腔以 80～160mm 为宜。为避免产生缝隙，门扇的面层以采用整体板材为宜。

门缝处理对隔声效果有很大影响。门扇从构造上考虑裁口不宜多于两道，以避免变形失效或开关困难。铲口形式最好是斜铲口，容易密闭，可以避免门扇胀缩而引起的缝隙不严密。门框与门扇间缝的处理可用橡胶条钉在门框或门扇上；将橡胶管用钉固定在门扇上；泡沫塑料条嵌入框用胶粘牢；海绵橡胶条用钢板压条固定在门扇上等方法。

门缝消声处理是门扇四周以及门框上贴穿孔板，如穿孔金属薄板、穿孔纤维板、穿孔电化铝板等，后衬多孔吸声材料。当声音透过门缝时，由于遇到布包吸声材料而减弱，如图 3-91 所示。

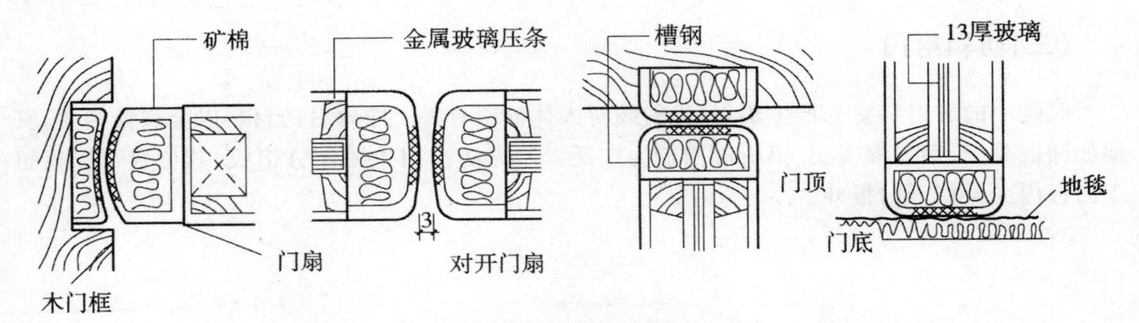

图 3-91　门缝的消声处理

门扇底部底缝的处理如图 3-92 所示。用毛毡或海锦橡胶钉在门底，如图 3-92(a)；橡胶条或厚帆布用薄钢板压牢，如图 3-92(b)；盖缝是普通橡胶，如图 3-92(c)，压缝用海绵橡胶；用海绵橡胶外包人造革，门槛下垫浸沥青毡子，如图 3-92(d)。

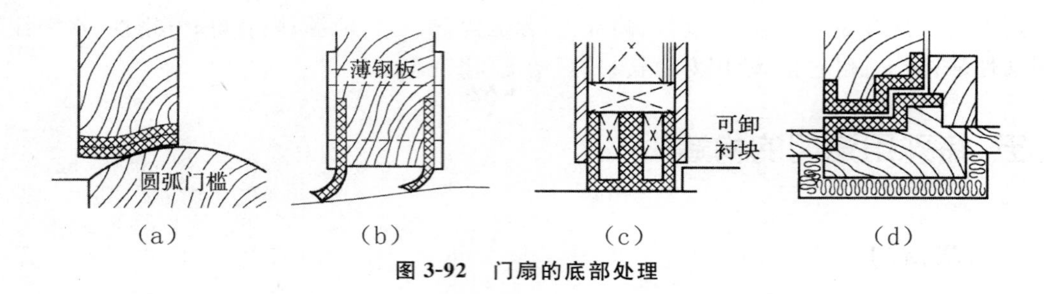

图 3-92 门扇的底部处理

(二)防火门

建筑物为了满足消防防火要求,通常要分隔为若干个防火分区间,各防火分区之间应设置防火墙,防火墙上最好不要设置门窗,如必须开设时,应采用防火门窗。

一般民用建筑中防火门按耐火极限分为三级,甲级防火门耐火极限为 1.2 h,主要用于防火分区之间防火墙上的洞口;乙级防火门的耐火极限为 0.9 h,主要甩于疏散楼梯与消防电梯前室的进出口处:丙级防火门的耐火极限为 0.6 h,用于管道井壁上的检修门。

防火门按材料不同分钢门、木板铁皮门等。防火钢门是由两片 1～1.5mm 厚的钢板做外侧面、中间填充岩棉、陶瓷棉等轻质耐火纤维材料组成的特种门。防火钢门使用的护面钢板应为优质冷轧钢板。甲级防火钢门使用的填充材料应为硅酸铝耐火纤维毡或陶瓷棉;乙级、丙级防火门则多为岩棉、矿棉等耐火纤维。

木板铁皮门是在木板门扇外钉 5mm 厚的石棉板及一层铁皮,门框上也包上石棉板和铁皮。单面包铁皮时,铁皮面应面向室内或有火源的房间。铁皮一般为 26 号镀锌薄钢板。由于火灾发生时,木门扇受高温碳化,分解出大量气体,为了防止胀破门扇,在门扇上还应设置泄气孔。

(三)防辐射门

医院中的放射科室会产生辐射,X 射线对人体健康有害。防辐射的材料以金属铅为主,其他如钡混凝土、钢筋混凝土、铅板应用较为广泛。X 光防护门主要镶钉铝板,其位置可以夹钉于门板内或包钉于门板外。

第四章 住宅建筑的常用材料

建筑材料是指在建筑工程中所使用的各种材料的总称,它是一切建筑工程的物质基础。建筑材料品种繁多,性能各异,可按多种方法进行分类。在建筑工程中,应按照建筑队材料性能的要求及其使用时的环境条件,合理地选用材料。本章对住宅建筑的常用材料进行三个方面的划分与论述。

第一节 建筑基本材料

一、砖与瓦

(一)砖

在我国古代,尽管木结构以绝对优势成为主流体系,运用砖作为结构材料的方法也有一定渊源。明代以后就曾出现完全以砖券、砖拱结构建造的无梁殿。传统民居中,青灰色黏土砖不仅用于墙体,还用于地面铺设。通常将表面打磨平整(铺地砖还浸以生桐油),错位或人字形排列,直接外露平直的勾缝,称为“磨砖对缝”。图 4-1 为砖砌房屋。

图 4-1 砖砌房屋

随着 20 世纪后半叶全国建设规模的逐渐扩大,砖混结构也一度成为主导:通常以砖横向叠砌为承重墙,在墙转角或十字、丁字交接之处配钢筋、设置构造柱,于墙顶部设置圈梁以束箍砌体，加强其整体性。

出于保护土壤资源的需要，黏土砖基本已被以粉煤灰、炉渣等为原料的大孔砖、多孔砖以及硅酸盐混凝土、轻集料混凝土砌块所替代；小型单排孔或多排孔空心砌块主要规格为190mm×190mm×390mm。图 4-2 为砖混房屋。

图 4-2　砖混结构

(二)瓦

作为传统坡屋面铺设材料，瓦以其构造简单、利于排水等特点被广泛使用。常见的有机平瓦、小青瓦、石棉瓦、琉璃瓦、金属瓦垄等。通常在屋架檩条上铺望板，覆油毡防水，以顺水条压盖固定，然后在与之垂直的方向钉上挂瓦条，其间距与瓦的尺寸相配合，多为 280～330mm。图 4-3 为瓦屋。

图 4-3　瓦屋

二、木材等有机材料

(一)中国古代木结构

木结构是中国古代地上建筑的主要结构方式,也是辉煌空间艺术的载体。历代运用广泛的有抬梁、穿斗和井干三种木构架形式;南方地区民居木构架通常不施粉饰,清漆素面,追求天然木纹的含蓄之美。

抬梁式(图4-4)是以木柱、梁、枋、檩等为框架,再在其顶部覆椽盖瓦、四壁建墙体与门窗,类似现代"框架结构"体系。

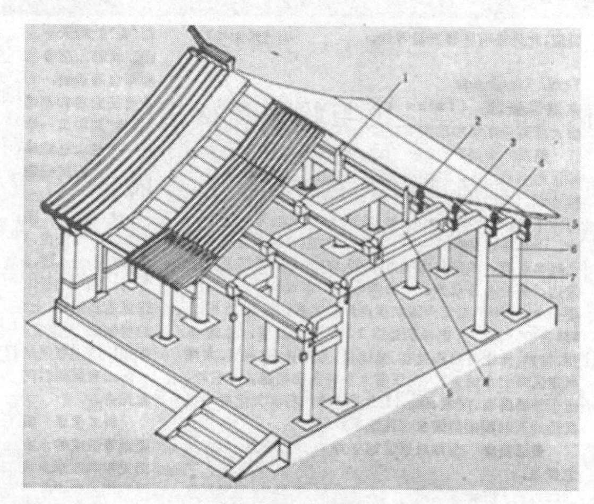

图 4-4　抬梁式

穿斗式(图4-5)与抬梁式所不同的是沿山墙方向的柱子较细长,直接支撑檩条,穿通梁而落地;山墙柱子间距较密,屋架榀榀分开;这种构架形式多用于南方地区的建筑。

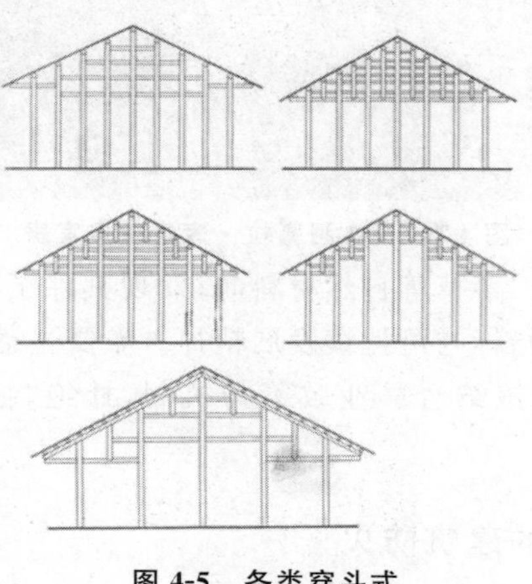

图 4-5　各类穿斗式

井干式(图 4-6)结构在商代以前就已经运用于陵墓当中,其特点是以原木层层摞叠建造墙体,并作为承重结构。直至今天,北方森林地区还依然使用这种构架形式建造民居。

图 4-6　井干式

(二)木材等有机材料的物理性能与绿色建材指标

干燥后含水率很低的木材绝热性能好,同样厚度下,其隔热值比混凝土高 16 倍,比钢材高 400 倍,比铝材高 1600 倍;在冬天室外温度完全相同的条件下,木结构建筑室内温度比混凝土建筑温度要高 6℃。同时木材还具有能吸收部分水平波震荡冲击的弹性,因此能减少地震等自然灾害的威胁。

早稻田大学工作室的学生(Kota Kawasaki)设计的日本阿基拉·库素米贵宾房(图 4-7)正因是弹性绑扎的木结构体系,这座建筑在地震中竟然神奇地幸免于难。

图 4-7　日本阿基拉·库素米贵宾房

当代学者在重新审视木材、茅草等自然材料时,发现其除了具有质地温润、感知亲切等特征之外,还具备很多绿色建材指标与可持续发展精神。需要注意的是,对于不可无限再生的自然材料必须有节制地利用,应该结合林业政策与机制,杜绝“掠夺性”开采所带来的灾难性后果。

(三)木材等有机材料的建筑防火

长期以来木结构的耐候、防水及防火也成为困扰其复兴与发展的难题之一。我国建筑设计防火规范(GB50016—2006)明确规定了木结构建筑中构件的燃烧性能与耐火极限,同时指出木结构建筑屋顶表层应采用不可燃材料;当其由不同高度的部分组成时,较低部分屋顶承重构件必须是难燃烧体,耐火极限不低于1小时;木结构建筑不应超过3层,不同层数建筑允许最大长度和防火分区面积不应超过表4-1中的规定(当安装有自动喷水灭火系统时,最大长度与面积按下表规定增加1倍)。

表4-1　木结构层数、最大长度和防火分区面积

层数	最大允许长度(米)	每层防火分区最大允许面积
1	100	1200
2	80	900
3	60	600

一些建筑师将自然材料经由适当加工处理后,与混凝土、金属等结合,配合防火设施与构造,成功创造出自然生态建筑(图4-8)。

图4-8　芬兰赫尔辛基瞭望塔

三、砌体石材与混凝土

(一)西方古典石材及混凝土结构体系

西方文明的发祥地古希腊以至整个欧洲,创造了以石梁柱结构为主的建筑型制。西方古典建筑充分利用石、混凝土的强度与耐久特性,以梁柱、拱券、穹窿结构体系创造出许多形式生动、空间高敞的宏伟建筑,至今也令人叹为观止。

(二)混凝土材料

真正可以承重的钢筋混凝土是法国人于1848年发明的。这种材料以其可塑性和粗朴的质地成为很多建筑师"固执"坚守的设计语言。

美国建筑师拉尔夫·艾伦(Ralph Allen)是一位忠实追求混凝土神韵的探索者。他偏爱"易于辨认的造型,如动物的曲线轮廓,飞鸟优雅的姿势,或悬浮的鲸鱼",而混凝土特性恰恰暗合了建筑师的这种雕塑欲望。在他几乎所有重要设计实践中,都采用混凝土作为结构和表面材料,却以不同工艺程序造成细微的肌理差别。有以勾缝分割的小型混凝土砌块;也有利用混凝土拓印功能、以带条形槽的模板压制成线状纹理表面的大型预制板(图4-9);有的完全保留拆模后的原始状态(图4-10);有的为避免过于黯淡粗糙,还在表面喷射或粉刷一层色泽偏浅、较为细腻的混合砂浆。

图4-9　美国奥兰治县法律图书馆

图4-10　美国科斯塔梅耶图书馆

(三)砾石、卵石

天然砾石、卵石可铺设柔性软地面,利于渗水防尘。较大卵石因其自重和强度而具有承重性能,也可用于民居外墙或挡土墙的建造。它保温隔热性能较好,具有热惰性和一定的保水性,冬暖夏凉,利于满足温湿度宜人的"自然空调"要求,是天然可持续循环利用的建材之一,在快速、低成本建设中仍然发挥重要作用。如图 4-11 所示。

图 4-11　越南石屋

四、石饰面片材与陶瓷墙面砖

天然石材除了块状砌体毛石或料石之外，还可加工为片状饰面材料。当围护墙体砌筑好之后，可采用贴面方法，将规格较小的石片材或陶瓷外墙砖以白水泥胶水浆粘贴在表面，外露勾缝，以保护内部结构，增强建筑耐久性、耐候性及保温隔热性能。如图 4-12、图 4-13 所示。

图 4-12　室外装饰

图 4-13　室内装饰

五、钢材与金属

钢结构轻质、高强，柔性变形性能好，施工快速便捷，对场地污染较小，因此成为极具前景的新兴建材。除了结构支撑，钢材还积极参与到建筑形象塑造当中。

钢结构虽然是非燃烧材料，但不耐火，极易导热。普通建筑用的裸露钢材，高温下强度骤减，全负荷时失去静态平稳的临界温度约为500℃，耐火极限只有15分钟左右。因此采用钢结构，防火是前提。常见的防火处理方式有防火板包裹、防火喷涂、复合防火等；其中防火板包裹工序工艺较复杂，在用户二次装修时也容易被破坏，因此，大多建筑钢结构主体仍采用表面防火喷涂为主，然后再考虑外部饰面层。

受当代艺术取向的影响，一些建筑抛开不锈钢，反而利用金属部分锈蚀后的特殊质感来表现不修边幅的粗犷。Richard Levene 与 Femando Marquez Cecilla 身为欧洲最具影响力的建筑出版物 El Croquis 的编辑与出版人，着手设计了其位于西班牙马德里的总部办公楼(图 4-14)。这座建筑以外观为锈蚀后的高强合金钢折板构成的动态体量牢牢抓住地面，支撑着上部两个巨大的、由木材与玻璃覆盖的斜置方盒子式的“书橱”。

图 4-14　El Croquis 总部

六、轻质预制装配式板材

二战后，玻璃幕墙及预制混凝土外墙板等材料技术的发展为建筑工业化体系提供了条件；随着当代钢结构以及配套轻质装配式板材墙体构造技术的创新，新一轮建筑产业化进程的加速势在必行。

目前，为配合钢结构应运而生的各种新型防水保温板、玻璃纤维增强水泥板(GRC)、蒸压加气轻质混凝土板(ALC)、轻质砂加气混凝土棚伊通板)等预构件，这些板材大多使用模具(喷射)制作，一体成型。一般宽600毫米，长在6米以内(可1～2层统长拼铺)，厚度50～250毫米不等。因是预制产品，所以尺寸准确、表面平整光滑、安装方便，在抗震性、气密性、防水性、防火性等方面也具有优势，同时还可回收再利用。

应用这类轻质装配式板材作外围护墙体时，建筑造型所依赖的模数体系有别于传统砖混或框架结构。

七、玻璃与幕墙

玻璃是一种古老的建筑材料。这种材料轻盈、脆弱、冷漠、浮华、摇曳，与钢等其他材料一样代表了技术的理性力量。

（一）镜面反射玻璃及 Low—E 玻璃

作为现代建筑反映视觉多样性的手段之一，镜面反射玻璃（图 4-15）既透光，又相当程度地使眼睛摆脱了固有透视，此一时彼一时地容纳相异的物象片段与场景，它们之间可能没有逻辑关联，却在同一时间点被包容到镜面当中。

图 4-15　镜面反射玻璃的运用

Low—E 玻璃（图 4-16）是 20 世纪 60 年代欧洲制造商开始研发的低辐射镀膜镜面玻璃，它具有较高的透光性、热阻隔性和热舒适度，因而被大量应用在轻质自承重幕墙中。

图 4-16　Low—E 玻璃的运用

(二)中空玻璃与真空玻璃

玻璃是建筑物外墙中最薄、最容易传热的部位,如果玻璃之间夹隔空气层,则整体热阻会加大。中空玻璃(图 4-17)通常在两片或两片以上的玻璃之间隔以铝合金框条,框和玻璃之间以丁基胶粘结密封;铝框内储放干燥剂,通过其表面缝隙吸湿,使玻璃间层空气长期保持干燥,所以保温隔热性能较好。当气体间层厚度小于 9 毫米时,其热阻与厚度基本成线性正比;而当厚度大于 15 毫米后,其热阻的增加已经变得很平缓,因此一般中空玻璃的厚度不会超过 12 毫米。如需进一步提高玻璃的保温隔热性能,则可增加空气层数、采用三玻结构,夹层空气还可用氩气、氪气等惰性气体替代。如果将中空玻璃间层抽成真空,则能起到更好的防结露、隔声效果。真空玻璃常用不会影响透光的微小支撑物匀布当中,以使两侧平板玻璃能够承受大气压和风荷载。

图 4-17　中空玻璃的运用

(三)透明玻璃及幕墙

镜面玻璃及幕墙具有较好的私密性,但由于定向反射特性也带来城市光、热污染以及交通危险系数的加大;透明玻璃及幕墙(图 4-18)在这方面的隐患相则相对较小,因而又被大量运用于建筑外墙、窗户甚至屋顶、地面等各个界面上。

图 4-18　透明玻璃幕墙

玻璃幕墙通常采用三种构造体系与支撑方式，并直接影响到透明程度。一种是采用铁、铝合金、不锈钢等金属框架作为结构支撑，玻璃在框架外侧以胶粘剂相互粘接、并与框架固定。第二种是在玻璃墙面后以与之垂直的筋玻璃代替金属做骨架，并以胶粘剂结合为整体的筋玻璃构造方式。这种方式避免了金属支撑框架，使墙面完全由玻璃组成，空间更为透明开放。还有一种常用的点式支撑方式，是在玻璃四角钻小孔，插入带有自由旋转系统的人字交叉不锈钢驳接爪，并以驳接螺栓将玻璃锚固；驳接爪再与金属框架、空腹型钢或桁架、网架等焊接，有的还以钢索拉固，联系成为稳定整体。这种做法中结构与玻璃相对独立，能支撑任意倾斜或弧形弯曲的玻璃墙体，大大提高了幕墙造型的自由度。

(四)玻璃砖

玻璃砖由耐高温玻璃压制成型，通常由两个半坯结合在一起形成空腔，其内侧可压制成不同肌理花纹，也可镀彩色膜层。它具有质轻、采光性能强、隔音与不透视等物理特性；因其规律化肌理和含蓄的光影效果。另一方面，玻璃砖模数化的尺度实现了生产制作与现场装配的便捷性，也为快速洁净的干式施工法提供了可能。图 4-19 中的上海玻璃博物馆就使用了玻璃砖。

图 4-19　上海玻璃博物馆

(五)“双层皮”系统与遮阳技术

顾名思义，双层皮就是采用双层体系作围护结构，两层“皮”之间留有一定空间，依靠不同分隔与构造方式形成温度缓冲部位。

双层皮构造既可以是全透明的，也可以与半透明玻璃、甚至非透明围护构件相组合，形成多元化不同效用的形式。奥地利布雷根茨美术馆(Art Museum，Bregenz)的表皮由等大长方形半透明玻璃板以金属支架及夹钳安装在钢结构上，并与内侧混凝土墙体固定。每条玻璃板都略成齿状倾斜，形成与混凝土间的空气层，产生对外渗透的均匀缝隙，既能调节进入展厅内部的光线，又能隔热通风。如图 4-20 所示。

图 4-20　奥地利布雷根茨美术馆

双层皮构造相当于完全将建筑包裹了一层，因而能有效提高隔音性能，但进光总量则不如单层玻璃；同时因双层构造的厚度而加大了房间进深，使得建筑采光系数减少。基于此，可在空腔内设水平反光板等装置来调节改善进光。如图 4-21 所示。

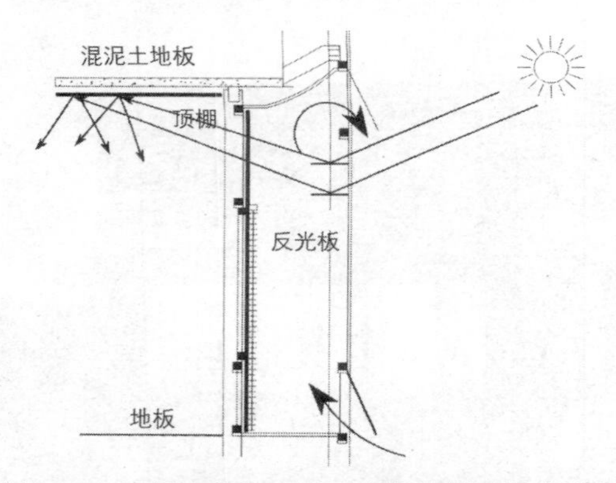

图 4-21　双层皮幕墙水平反光板装置以调节进光

为避免夏季阳光直射带来室内过热、能耗增加以及眩光的问题，可采用设置遮阳以及合理的可调节开口等有效措施。与双层玻璃幕墙相配合的常有内置式和外置式两种遮阳。清华大学超低能耗示范楼就采用各种类型的遮阳相互配合，以满足不同区域的采光、视野与保温隔热需求。如图 4-22 所示。

图 4-22　清华大学超低能耗示范楼围护结构示意图

八、复合墙体构造

除了使用单一材料建造墙体之外，还有一些采用多种材料优势互补，共同完成除承重、围护之外的建筑物理要求，并根据功能侧重选配合适的墙体构造。

如在寒冷地区，经常在砖、混凝土砌块当中夹膨胀珍珠岩等材料，有的还留有空气层和油毡铝箔热反射层，这种复合墙体构造既发挥了重质材料较好的承重及耐久、耐水、耐火性，又利用轻质微孔材料的绝热特征，使承重墙的保温隔热性能大大加强(图 4-23)。

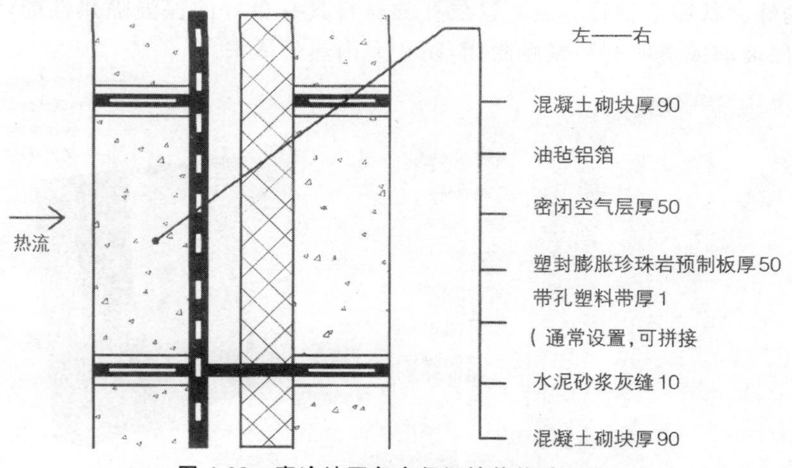

图 4-23　寒冷地区复合保温墙体构造剖面

在节能领域，法国太阳能实验室主任特朗伯(Tromb)教授首先发明了以其名字命名的一种集热墙。这种墙体构造从外到内分别为：双层玻璃窗、可动绝热帘（百叶）以及外侧为深色涂层的混凝土墙三层。其冬季、夏季、白天与晚上的工作情况各不相同：冬季白天将绝热帘（百叶）卷上去，从玻璃透射的太阳能可以通过混凝土墙深色表层更好地吸收并储藏其中；由于混凝土具有热惰性，热能正好在6～12小时之后的夜间缓慢释放到房间内部，此时将绝热帘（百叶）放下，以免热量散失；夏季白天正好相反，将绝热帘（百叶）垂下以阻止阳光曝晒；夜晚则将玻璃和墙上的通风口打开，利用空气对流带走室内热量。如图4-24所示。

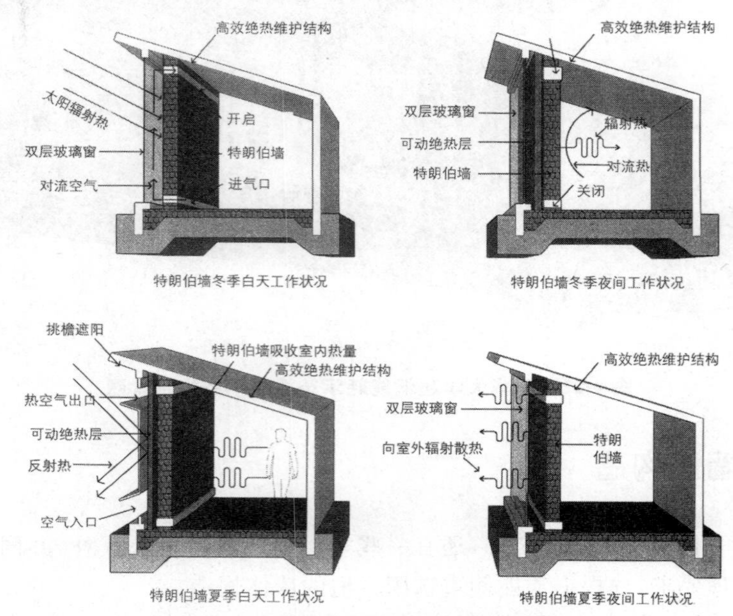

图4-24 特朗伯墙冬季、夏季不同工作状况

与其原理类似，效率更高的是透明保热墙（图4-25）。这种墙体在黑色吸热表层与绝热帘（百叶）之间增加了一层100mm左右的透明保热层，它由类似有机玻璃一样的丙烯酸玻璃或碳酸酯制成的蜂窝状微毛细管构成。这层孔隙材料具有更好的保温隔热性能，同时也不影响透光，其背面以玻璃或透明塑料紧贴封闭，防止室内热量散失。

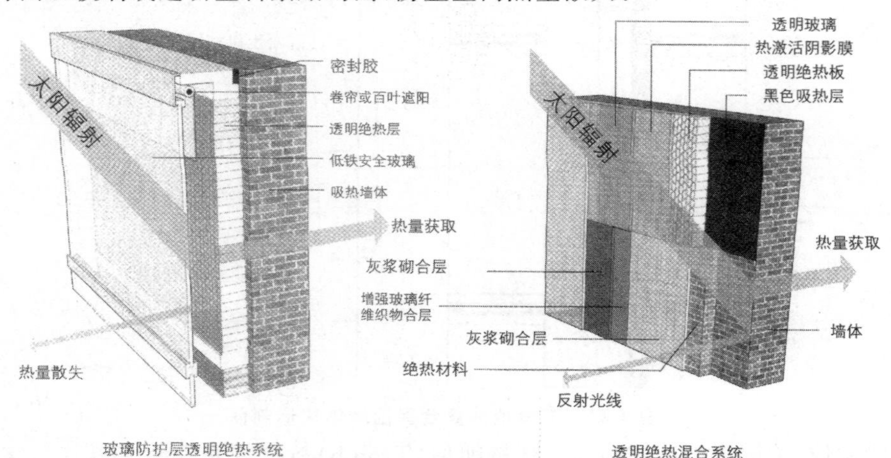

图4-25 透明保热墙构造

九、高新建筑材料与智能技术

随着尖端工业技术的发展，当代建筑增加了对轻质工业材料如特氟龙、不锈钢、穿孔铝板、金属丝网等材料的运用；普通透明玻璃也发展到液晶显示玻璃、红外线反射薄膜等，既考虑透明性，也兼顾保温隔热要求，同时还配合激光和计算机调控照明技术，使其可从透明变为半透明和不透明，色彩也能发生变化。

赫尔佐格和德梅隆设计的德国慕尼黑2006世界杯安联体育场（图4-26），表面采用2874个菱形ETFE（Ethylene Tetra Fluoro Ethylene，乙烯四氟乙烯聚合物）薄膜结构单元构成，这种材料具有自清洁、防火、防水、隔热、耐划伤等性能，其内部永远保持350帕斯卡的大气压，在夜间可通过先进照明技术形成红蓝白三色，分别对应于拜仁、慕尼黑以及德国国家队的队服颜色，并随主客比赛场次而变换色彩。

图4-26　德国慕尼黑2006世界杯安联体育场

在北京“水立方”（图4-27）设计方案中，屋盖、外墙和隔墙的内外表面同样采用厚度仅0.2cm、透光性能好的ETFE薄膜充气气枕及配套气泵，并将其镶嵌于钢构框格中。

图 4-27　水立方

让·马尔卡·伊博斯米尔塔·维塔特设计的法国里尔美术馆扩建工程于 1997 年完成,简单几何形体的新馆玻璃表皮上印制了规则的镜面方点,镜像老馆建筑的形象,形成虚拟的符号信息,并随时间和外界气候条件而变化,实现了新老馆的互动联系,动摇了传统几何对位手法带来的严肃理性审美取向。如图 4-28 所示。

图 4-28　法国里尔美术馆扩建工程映照着老美术馆

让·努维尔(Jean Nouvel)在 1987 年设计法国巴黎阿拉伯世界研究院(Institute of the Arab World,Paris)(图 4-29)时,将 27000 个由铝制仿相机光圈形式构成的易变控光"快门"(图 4-30)置入南面表皮的双层玻璃内。这些构件一方面具有穆斯林图案特征,诠释阿拉伯传统文化;另一方面,光电单元与计算机相连,以气控方式调节阳光通过表皮的量。可见,智能技术已经以其敏锐的表述方式参与到建筑塑造中。

图 4-29　法国巴黎阿拉伯世界研究院

图 4-30　法国巴黎阿拉伯世界研究院表皮内
仿相机光圈形式构成的易变控光“快门”

第二节　建筑结构材料

建筑结构根据其主要承重结构所用材料的不同，一般分为混凝土结构、砌体结构、钢结构、木结构及混合结构等。

一、混凝土结构材料

(一)概念

以混凝土材料为主要承重构件的结构称为混凝土结构，包括素混凝土结构、钢筋混凝土结构、预应力混凝土结构等。

混凝土是建筑工程中应用非常广泛的一种建筑材料，它的特点是抗压强度较高，而抗拉强度很低。例如C30混凝土的轴心抗压强度达20.1MPa，轴心抗拉强度却只有2.01MPa。因此，不配置钢筋的素混凝土一般只能用于纯受压构件，在工程中极少使用。如图4-31(a)所示为素混凝土梁，上部受压区因混凝土抗压强度高，不易破坏，但下部受拉区因混凝土抗拉强度远低于抗压强度，故在较小的外力作用下，受拉区混凝土就会达到极限承载力而产生裂缝破坏，使得整个素混凝梁的承载能力很低。而图4-31(b)中，在梁下部受拉区配置钢筋，受拉区的拉应力则由抗拉强度极高的钢筋来承担，上部压应力仍由抗压强度较高的混凝土来承担，梁的承载能力大大地提高了。因此，利用混凝土与钢筋两种材料共同组成的钢筋混凝土结构在建筑结构中应用十分广泛。通常所说的混凝土结构指的是钢筋混凝土结构。

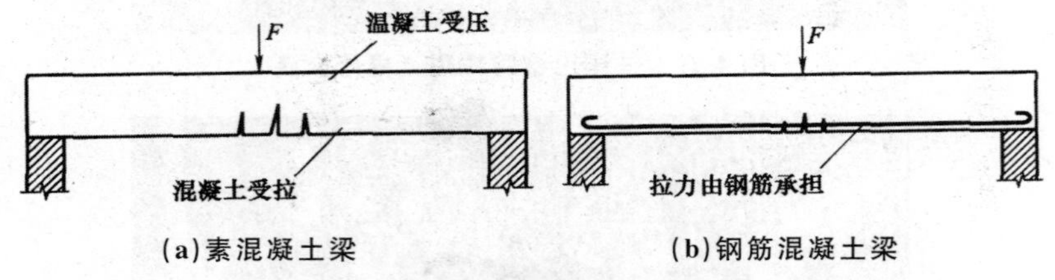

(a)素混凝土梁　　(b)钢筋混凝土梁

图4-31　钢筋在混凝土中的作用

预应力混凝土结构是在钢筋混凝土结构的基础上产生和发展而来的一种新工艺结构，它是由配置的预应力钢筋通过张拉或其他方式建立预加应力的混凝土制成的结构。这种结构具有抗裂性能好、变形小、能充分发挥高强混凝土和高强度钢筋性能的特点，在一些较大跨度的结构中得到比较广泛的应用。

(二)特点

混凝土结构具有以下特点：

①承载力高。相对于砌体结构等，承载力较高。

②耐久性好。混凝土材料的耐久性好，钢筋被包裹在混凝土中，正常情况下，它可保持长期不被锈蚀。

③可模性好。可根据工程需要，浇筑成各种形状的结构或结构构件。

④耐火性好。混凝土材料耐火性能是比较好的，而钢筋在混凝土保护层的保护下，在发生火灾后的一定时间内，不至于很快达到软化温度而导致结构破坏。

⑤可就地取材。混凝土结构用量最多的是砂石材料，可就地取材。

⑥抗震性能好。现浇钢筋混凝土结构因为整体性好，具有一定的延性，故其抗震性能也较好。

混凝土结构除具有上述优点外，也存在着一些缺点，如自重较大、抗裂能力差、现浇时耗费模板多、工期长等。

(三)应用

混凝土结构(图4-32)是一种应用广泛的建筑结构形式之一。在工业厂房中，大量采用混凝土结构，而且，在很大程度上可以利用混凝土结构构件代替钢柱、钢屋架和钢吊车梁；在多层与高层建筑中，多采用钢筋混凝土框架结构、框架一剪力墙结构、剪力墙结构和筒体结构，在高200m以内的绝大部分房屋可采用混凝土结构。

预应力混凝土结构也广泛应用于工程结构中。在工业与民用建筑中，楼板、屋面板、梁、柱、基础、墙板等构配件均可采用预应力混凝土。在大跨度结构中，采用预应力混凝土桁架和钢筋混凝土壳体结构，可以部分或大部分代替钢桁架和钢薄壳。

此外，在水利工程、港口工程、桥隧工程、地下工程及特种结构（如烟囱、水塔、电视塔）中也有大量的应用。

图 4-32　混凝土结构的应用

二、钢结构材料

（一）概念

钢结构是由钢材为主要材料建成的结构，它主要运用于大跨度的建筑屋盖、吊车吨位很大或跨度很大的工业厂房骨架和吊车梁，以及超高层建筑的房屋骨架等。

（二）特点

钢结构的特点包括优点和缺点，优点如下：

①材料强度高，塑性与韧性好。钢材和其他建筑材料相比，强度要高得多，而且塑性、韧性也好。强度高，可以减小构件截面，减轻结构自重（当屋架的跨度和承受荷载相同时，钢屋架的重量仅为钢筋混凝土屋架的1/4～1/3），有利于运输吊装；塑性好，结构在一般条件下不会因超载而突然断裂；韧性好，结构对动荷载的适应性强。

②材质均匀，各向同性。钢材的内部组织比较接近于匀质和各向同性，当应力小于比例极限时，几乎是完全弹性的，这和力学计算的假定比较相符，对计算的准确性和质量保证提供了可靠的条件。

③便于工厂生产和机械化施工，便于拆卸。钢结构的可焊性好，制造简便，并能用机械操作，精确度较高。构件常在金属结构厂制作，在工地拼装，可以缩短工期。

④具有优越的抗震性能。

⑤无污染、可再生、节能、安全，符合建筑可持续发展的原则。

钢结构的缺点如下：

①钢结构易腐蚀，需经常维护，故费用较高；

②钢结构的耐火性差。钢材长期经受100℃辐射热时，强度不会发生大的变化。但当温度达到250℃时，钢结构的材质将会发生较大变化；当温度达到500℃时，结构会瞬间崩溃，完全丧失承载能力。

（三）应用

随着我国经济实力的增强和钢产量的增加，钢结构的应用也日益增多。加之钢结构具有强度高、自重轻、抗震性能好、施工速度快等优点，在现代建筑中钢结构得到了较为广泛的应用，特别是应用于大跨度结构的屋盖、工业厂房、高层建筑、高耸结构等。大跨度的体育场馆的屋盖，几乎都是钢结构的，如北京的奥运场馆“鸟巢”（图4-33），就是钢结构的典型应用。现代高层建筑中钢结构的使用也非常普遍，特别是300米以上的超高层建筑一般都做成钢结构。中国中央电视台总部大楼（图4-34）、上海的金茂大厦、上海东方明珠电视塔等都是钢结构。

图4-33　鸟巢

图 4-34　央视总部大楼

三、砌体结构

(一)概念

砌体结构(图 4-35)是指以由块体和砂浆砌筑而成的墙、柱作为建筑物主要受力构件的结构,是砖砌体、砌块砌体和石砌体结构的统称。块体包括普通黏土砖、承重黏土空心砖、硅酸盐砖、混凝土中小型砌块、粉煤灰中小型砌块或料石和毛石等。

图 4-35　砌体结构材料

(二)特点

砌体结构的最大优点是造价低廉,而且耐火性能好,易于就地取材,施工方便,保温隔热性能比较好。但是,砌体结构除具有上述一些优点外,还存在着自重大、强度低、抗震性能差等缺点,这使得它不能建造层数较高和跨度较大的房屋。

(三)应用

砌体结构(图 4-36)在多层建筑中应用很广泛,特别是在多层民用建筑中,砌体结构占大多数。一般五六层以下的民用房屋大多采用砌体结构,中、小型工业厂房也采用砌体结构。此外,砌体结构还被用来建造烟囱、料仓、地沟以及对防水要求不高的水池等。随着硅酸盐砌块、工业废料砌块、轻质混凝土砌块以及配筋砌体、组合砌体的应用,砌体结构必将得到进一步发展。

在实际工程建设中,砌体结构一般与混凝土结构结合使用,用砌体作墙体,用钢筋混凝土为材料作楼盖、屋盖。这类房屋在我国农村地区被广泛采用,也就是通常所说的砖混结构。

图 4-36 砌体结构建筑

四、木结构

木结构(图 4-37)指的是主要采用木材作为材料建成的结构,木结构在古代应用的比较广泛,但是存在易燃、易腐蚀等缺点,目前国内仅仅在一些仿古建筑中有少量的应用,国外一些国家通常用作乡村别墅,如新西兰国家的许多住宅建筑为木结构。

在考虑是否宜于采用木结构时,应注意木材容易腐朽、焚烧和变形的特点。过湿的场所易使木材腐朽以至完全丧失承载能力,过热则易发生火灾,而且木材在温度较高的环境中将降低其强度和弹性模量。因此,对于温湿度较大、结构跨度较大和具有较大振动荷载的场所都不适合采用木结构。

图 4-37　木结构房屋

五、混合结构

混合结构指的是由两种及两种以上材料作为主要承重的房屋结构，如砌体—混凝土结构、钢—混凝土结构等。

混合结构包含的内容较多。多层混合结构一般采用砌体—混凝土结构，即以砌体结构为竖向承重构件(如墙、柱等)，而水平承重构件(如梁、板等)采用混凝土结构，有时也采用钢木结构。其中最常见的是由砖墙(柱)和混凝土楼(屋)盖组成的砖混结构。

高层混合结构一般采用钢—混凝土结构，即由钢框架或型钢混凝土框架与钢筋混凝土筒体所组成的共同承受竖向和水平作用的结构。它是近年来在我国迅速发展的一种结构形式，不仅具有钢结构建筑自重轻、截面尺寸小、施工进度快、抗震性能好的特点，还兼有钢筋混凝土结构刚度大、防火性能好、成本低的优点，因而被认为是一种符合我国国情的较好的高层建筑结构形式。我国大陆已经建成的最高的混合结构高层建筑为 101 层、高 492m 的上海环球金融中心(图 4-38)。

图 4-38　上海环球金融中心

第三节　建筑功能材料

建筑材料根据建筑功能,可分为结构材料、装饰材料、防水材料、绝热材料、吸音隔声材料、耐热防火材料以及耐磨、耐腐蚀、防爆和防辐射材料等等。本节只对常见的建筑装饰材料、防水材料、绝热材料和吸音材料做一简单介绍。

一、筑装饰材料

建筑装饰材料的种类繁多,功能各异,本节仅对常见的装饰涂料、陶瓷类装饰面砖、建筑玻璃做一简单介绍。

(一)建筑装饰涂料

涂料按组成物质可分为有机、无机、复合三大类。

有机涂料有溶剂型和乳液型两种。溶剂型高分子涂料价高、易燃、易挥发,应用较少;乳液型高分子涂料不燃、价低、无毒,是当今装饰涂料中的主要品种,常用的有醋酸乙烯一丙烯酸共聚涂料、丙烯酸乳液涂料、苯乙烯一丙烯酸共聚涂料、醋酸乙烯乳液涂料等。

目前应用较多的无机涂料有碱金属硅酸盐系和胶态二氧化硅系两种。它的特点是:资源丰富、工艺简单、粘结力强、耐久性好,且不燃、无毒。常用的无机涂料有硅溶胶涂料、钾水玻璃涂料、钠水玻璃涂料等。

复合涂料是以有机与无机材料复合制成的涂料,这类涂料改善了有机与无机材料的某些不利与弊病,具有良好的技术经济效果。如聚乙烯醇水玻璃涂料、聚乙烯醇硅溶胶涂料等。

正确选用装饰涂料,应从以下三方面考虑:

(1)基层材料应充分考虑基层材料对涂料性能的影响。如涂刷于混凝土、水泥砂浆表面的涂料,应具有较好的耐碱性。

(2)使用部位不同装饰部位对涂料有不同的性能要求。对墙面、地面和顶棚应根据功能和装饰效果的具体要求合理选择。

(3)使用环境不同涂料具有不同的性能和成膜温度,应按照涂料使用时的环境条件、施工季节,分别选择合适的涂料品种,以达到充分发挥涂料功能的目的。

(二)陶瓷类装饰面砖

1. 外墙面砖

铺贴于建筑物外墙面上的覆面陶瓷薄片称为外墙面砖。它具有高强、防潮、抗冻、不易污染和装饰效果好等特点。主要用于大型公共建筑,如展览馆、纪念馆、影剧院、商店等的外墙饰面。

2. 内墙面砖

内墙面砖是用于建筑物室内装饰的薄型精陶制品，又称釉面砖或瓷砖。釉面砖形状尺寸多种多样，颜色丰富，表面平整、光洁，耐污染，耐水性、耐酸碱性能好，具有较强的热稳定性，防火性好。主要用于浴室、厨房、卫生间、实验室等的内墙面及工作台面、墙裙等部位。

3. 墙地砖

墙地砖包括外墙用贴面砖和室内外地面铺贴用砖。由于该类饰面砖既可用于外墙又可用于地面，故称为墙地砖。其特点是：强度高、耐磨、耐久、化学稳定性好、不燃、易清洗、吸水率低。主要品种有劈裂墙地砖、麻面砖和彩态砖。

劈裂墙地砖用于外墙时，质朴、大方；用于地面时，经久耐用，装饰效果良好。薄型麻面砖适用于外墙饰面，厚型麻面砖适用于广场、停车场、人行道等地面铺设。彩态砖可用于住宅厅堂的墙、地面装饰，特别适用于人流量大的商场、剧院、宾馆等公共场所的地面铺贴。

4. 陶瓷锦砖

陶瓷锦砖俗称“马赛克”，是以优质瓷土烧制成的小块瓷砖（边长≤50mm）。产品出厂前按各种图案粘贴在牛皮纸上，每张牛皮纸制品为一联。陶瓷锦砖按砖联分为单色、拼花两种。

陶瓷锦砖具有美观、不吸水、防滑、耐磨、耐酸碱、抗冻性好等性能。主要用于室内地面装饰，也可用于室内、外墙饰面，并可镶拼成具有较高艺术价值的陶瓷壁画。

（三）建筑玻璃

在建筑中应用的各种玻璃统称为建筑玻璃。最常见的玻璃种类有：普通平板玻璃、磨砂玻璃、压花玻璃、彩色玻璃、中空玻璃、钢化玻璃及玻璃马赛克等。

1. 普通平板玻璃

普通平板玻璃是玻璃家族中产量最大、应用最多的玻璃品种，也是进一步加工成其他类型玻璃的基础材料。按厚度分为 2mm、3mm、4mm、5mm、6mm、8mm、10mm、12mm 等种类。主要用于门、窗，起透光、透视、保温、隔音、挡风雨的作用。

普通平板玻璃的产量以标准箱计。规定厚度为 2mm 的平板玻璃，每 $10m^2$ 为一标准箱，其他厚度的平板玻璃，按折算系数进行换算。

2. 磨砂玻璃

磨砂玻璃称“毛玻璃”，其特点是透光不透视线，光线不刺眼。主要用于要求透光而不透视线的部位，如浴室、卫生间、办公室等的门窗及隔断，也可用作黑板及灯罩等。

3. 压花玻璃

压花玻璃与磨砂玻璃一样具有透光不透视线的特点，但装饰效果较好，一般用于宾馆、饭店、游泳池、浴室、卫生间及办公室、会议室的门窗和隔断等。

4. 彩色玻璃

又称为有色玻璃，分透明和不透明两种，颜色有红、黄、蓝、绿、黑、乳白等十余种，可拼成各种图案，有抗腐蚀、抗冲刷、易清洗等特点。主要用于建筑物的内外墙、门窗装饰及有特殊要求采光的部位。

5. 钢化玻璃

钢化玻璃是将玻璃加热到接近玻璃软化温度，经迅速冷却或用化学方法钢化处理得到的玻璃制品，具有良好的机械性能和耐热抗震性能，又称为强化玻璃。

钢化玻璃广泛应用于建筑工程、汽车工业及其他工业领域。常被用作高层建筑的门、窗、幕墙、隔墙、屏蔽、汽车挡风玻璃等。

6. 玻璃马赛克

玻璃马赛克，又称玻璃锦砖，是以边长不超过 45ram 的各种小规格彩色饰面玻璃预先粘贴在纸上而成的装饰材料，一般尺寸为 20rnm×20ram，30ram×30ram，40ram×40ram，厚度为 4～6mm。有透明、半透明、不透明几种。

玻璃马赛克具有色彩绚丽、色泽柔和、表面光滑、美观大方、永不退色、不积尘、不吸水等优点，同时还具有良好的化学稳定性、热稳定性以及与砂浆粘结牢固、施工方便等特点，适用于各类建筑的外墙饰面及壁画装饰等。

二、建筑防水材料

目前建筑工程广泛应用的防水材料有沥青类、合成树脂卷材、高分子卷材等。本节主要讨论沥青类防水材料，并适当介绍其他类型防水材料。

(一)沥青及改性沥青系防水材料

沥青是一种有机胶凝材料，它是由多种有机化合物组成的复杂混合物。在常温下呈黑色或褐色的固体、半固体或黏性液体状态。

目前建筑工程中常用的主要是石油沥青及少量的煤沥青。

1. 石油沥青

石油沥青的性质随组分含量的变化而改变。石油沥青的组分包括油分、树脂和地沥青质三部分。

油分是沥青中最轻的组分，在沥青中的含量为 40%～60%，赋予石油沥青流动性。树脂在石油沥青中的含量为 15%～30%，它赋予石油沥青塑性和黏性。地沥青质是石油沥青中最重的组分，在石油沥青中的含量为 10%～30%。地沥青质含量越多，沥青的温度敏感性越小，黏性愈大，也愈脆硬。

石油沥青的技术性质主要包括黏性、塑性、温度敏感性和大气稳定性。黏性是指沥青在外力作用下抵抗变形的能力。液态沥青的黏性用黏滞度表示，黏滞度越大，表示沥青的黏性越大。固体或半固体沥青的黏性用针入度表示，针入度越大，表示沥青的流动性越大，黏性越小。塑性是指沥青在外力作用下产生变形而不破坏，外力取消后仍能保持变形后的形状的性质。石油沥青的塑性用延度表示，延度越大，沥青的塑性越好。温度敏感性是指石油沥青的黏性和塑性随温度升降而变化的性能。沥青的温度敏感性用软化点表示。软化点是指沥青材料由固体状态转变为具有一定流动性的膏体时的温度。软化点越高，沥青的温度敏感性越小。用于防水工程的沥青，要求具有较小的温度敏感性。大气稳定性是指沥青在热、光、氧气和潮湿等因素的长期综合作用下抵抗老化的性能。沥青的大气稳定性以加热损失的百分率作为指标，质量损失小，表示性质变化不大，大气稳定性好。

石油沥青的主要技术质量标准以针入度、软化点、延度等指标表示。各品种按技术性质划分为若干牌号。

沥青的牌号越大，黏性越小，塑性越好，温度敏感性越大。通常情况下，建筑石油沥青多用于建筑屋面工程和地下防水工程。在选用时，应根据工程性质、当地气候条件及所处工作环境来选用不同牌号的沥青。在满足使用要求的前提下，尽量选用牌号较大的石油沥青，以保证有较长的使用年限。

2. 聚合物改性沥青

(1)橡胶改性沥青

石油沥青中掺入橡胶(天然、合成、再生)而制得的混合物，称为橡胶改性沥青。常见的橡胶改性沥青有氯丁橡胶改性沥青、热塑性丁苯橡胶(简称为 SBS)改性沥青和再生橡胶改性沥青。

与石油沥青相比较，氯丁橡胶改性沥青的低温柔韧性、抗老化性、气密性和耐蚀性有明显地改善。SBS 改性沥青的延伸度、针入度大大提高。而再生橡胶沥青的气密性、低温柔韧性、耐候性则有较大的提高。

(2)树脂改性沥青

树脂掺入沥青中可以改善沥青的耐寒性、耐热性、粘结性和不透气性。常见的树脂改性沥青有聚乙烯树脂改性沥青和聚丙烯树脂改性沥青。

(3)橡胶树脂并用改性沥青

实际应用中，常常将橡胶和树脂同时使用来改善沥青的性质，使沥青兼具橡胶和树脂的特性。通常一起使用的有以下几种情况：再生橡胶—聚乙烯石油沥青、CSM－APP 石油沥青和 BR－PE 石油沥青。

(二)建筑防水卷材

凡用纸或玻璃布、石棉布、棉麻织品等胎料浸渍石油沥青制成的卷状材料，称为浸渍卷材(有胎卷材)。将石棉、橡胶粉等掺入沥青材料中，经碾压制成的卷状材料称为辊压卷材(无胎卷材)。这两种卷材是目前建筑工程中最常用的防水卷材。

1. 石油沥青纸胎基油毡

石油沥青纸胎基油毡是用低软化点的石油沥青浸渍原纸，然后用高软化点的石油沥青涂盖油纸两面，再撒或涂隔离材料所制得的一种纸胎防水卷材。油毡按所用纸胎每平方米的质量克数(g/m^2)分为200号、350号和500号三种标号；按物理性能分为合格品、一等品和优等品三个等级。

200号石油沥青油毡适用于简易防水，临时性建筑防水、建筑防潮及包装等。350号和500号油毡适用于屋面、地下、水利等工程的多层防水。

2. 高聚物改性沥青防水卷材

高聚物改性沥青防水卷材是以合成高分子聚合物改性沥青为涂盖层，纤维织物为胎体，粉状、粒状、片状或薄膜材料为隔离层制成的片状可卷曲防水材料。它克服了石油沥青油毡易老化、稳定性差、耐久性差等缺点，在工程得到了广泛的应用。常见高聚物改性

近几年还出现了一些新型防水卷材，如三元乙丙橡胶防水卷材、聚氯乙烯防水卷材、氯丁橡胶防水卷材等，它们属于高分子防水卷材，具有寿命长、低污染、技术性能好等优点，适用于地下、屋面等的防水和防腐工程。

三、绝热材料

建筑工程上对绝热材料的主要要求是：导热系数不宜大于0.17W/(m·k)，表观密度不大于$600kg/m^3$，抗压强度应大于0.3MPa。建筑上常见的绝热材料有以下几种。

(一)纤维状保温隔热材料

这类材料主要是以矿棉、石棉、玻璃棉及植物纤维等为主要原料，制成板、筒、毡等形状的制品，广泛用于住宅建筑和热工设备、管道等的保温隔热。

(1)石棉及其制品石棉是一种天然矿物纤维，具有耐火、耐热、耐酸碱、绝热、防腐、隔音及绝缘等特性。常制成石棉粉、石棉板、石棉毡等制品，用于建筑工程的高效能隔热、保温及防火覆盖等。

(2)矿棉及其制品　矿棉一般包括矿渣棉和岩石棉，可制成矿棉板、矿棉毡几管壳等，可用作建筑物的壁纸、屋顶、天花板等处的保温隔热和吸声材料，以及热力管道的保温材料。

(3)玻璃棉及其制品　玻璃棉是用玻璃原料或碎玻璃经熔融后制成的纤维状材料。可制成沥青玻璃棉毡、板及酚醛玻璃棉毡、板等制品，广泛应用于温度较低的热力设备和房屋建筑中的保温隔热。

(4)植物纤维复合板是以植物纤维为主要原料加入胶结料和填料而制成。常见如木丝板、甘蔗板等，是一类轻质、吸声、保温、绝热材料。

(二)散粒状保温隔热材料

(1)膨胀蛭石及其制品蛭石是一种天然矿物，经850℃～1000℃煅烧，体积急剧膨胀而成

为松散颗粒，其导热系数为0.046～0.07W/(m·k)，可在1000℃～1100℃下使用，用于填充墙壁、楼板及平屋顶，绝热效果好。

膨胀蛭石也可与水泥、水玻璃等胶凝材料配合，制成砖、板、管壳等制品，用于围护结构及管道的保温。

(2)膨胀珍珠岩及其制品　膨胀珍珠岩是又天然珍珠岩、松脂岩等为原料，经煅烧而制成的蜂窝状白色或灰白色松散颗粒，导热系数为0.025～0.048W/(m·k)，耐热800℃，为高效能保温保冷填充材料。

膨胀珍珠岩制品是以膨胀珍珠岩为骨料，配以适量的胶凝材料，经拌合、成型、养护后而成的板、砖、管等产品。工程中常见的有：水泥膨胀珍珠岩制品、水玻璃膨胀珍珠岩制品、磷酸盐膨胀珍珠岩制品以及沥青膨胀珍珠岩制品。

(三)多孔性绝热材料

(1)微孔硅酸钙制品用于围护结构及管道保温，效果优于水泥膨胀珍珠岩和水泥膨胀蛭石制品。

(2)泡沫玻璃具有导热系数低、抗压强度和抗冻性高、耐久性好等特点，为高级保温隔热材料，可砌筑墙体，常用于冷藏库隔热。

(3)泡沫塑料用作建筑保温时，常填充在围护结构中或夹在两层其他材料中间作成夹心板。由于这类材料造价高，且有可燃性，因此应用上受到一些限制。

(4)泡沫混凝土和加气混凝土导热系数约为0.07～0.16 W/(m·k)，最高使用温度为500℃左右，常用于围护结构的保温隔热。

除上述讨论的几种绝热材料外，工程中常用的还有软木板、蜂窝板、窗用绝热薄膜等其他材料。在选用绝热材料时，应结合建筑物的用途、围护结构的构造、施工难易、材料来源和经济核算等综合地加以考虑，合理选择绝热材料的品种。

四、吸声材料

常见吸声材料大体分为无机材料、有机材料、多孔材料和纤维材料这四个大类。

无机材料：吸声泥砖、水泥蛭石板、石膏砂浆、水泥膨胀蛭石板、水泥砂浆、砖

有机材料：软木板、木丝板、三夹板、穿孔五夹板、木花板、木质纤维板

多孔材料：脲醛泡沫塑料、泡沫水泥、吸声蜂窝板、泡沫塑料

纤维材料：矿渣棉、玻璃棉、酚醛玻璃纤维板、工业毛毡

第五章 住宅建筑的用地规划

住宅用地，在居住区内不仅占地最大，其住宅的建筑面积及其所围合的宅旁绿地在建筑和绿地中也是比重最大的。住宅用地的规划设计对居住生活质量、居住区以至城市面貌、住宅产业发展都有着直接的重要影响。住宅用地规划设计应综合考虑多种因素，其中主要内容包括：住宅选型、住宅的合理间距与朝向、住宅群体组合、空间环境及住宅层数密度等。

第一节 住宅建筑的选择与布置

住宅选型应主要确定住宅标准、住宅套型和形体。在住宅建筑布置中房屋间距不仅关系到日照通风的基本要求，还关系到消防安全、管线埋设、土地利用、视线及空间环境等多种因素，根据我国所处地理位置与气候状况，以及居住区规划实践，表明绝大多数地区只要满足日照要求，其他要求基本都能达到，因此以满足日照要求为基础，综合考虑其他因素为原则来确定合理的房间距。房屋的良好朝向可以提高日照和通风的质量，也是建筑布置中需重视的问题。

一、住宅建筑选型要点

(一)依据国家现行住宅标准

住宅标准是国家的一项重大技术经济政策，反映国家技术经济及人民生活水平，不同时期有不同的住宅标准。住宅标准的确定应按照国家的住宅面积指标和设计标准规定，并结合当地具体执行情况酌定。考虑到国家经济建设发展，建设小康居住水平的目标，一般宜选择适合我国中等收入居民可接受的水平(或根据实地调查，作具体应对)和现代家庭生活行为的实际需要；能较好地体现居住性、舒适性和安全性的文明型大众住宅，具体可体现为：不同套型配置合理，套型类别和空间布局具有较大的适应性和灵活性，以保证多种选择，适应生活方式的变化和时代的发展，延长住宅使用寿命；平面布置合理，体现公私分离、动静分离、洁污分离、食寝分离、居寝分离的原则，并为住户留有装修改造余地；住宅设备完善，节约能源，管线综合布置，管道集中隐蔽，水、电、气三表出户；电话、电视、空调专用线齐全，并增设安全保卫措施；住宅室内具有优质声、光、热和空气环境。

(二)适应地区特点

地区特点包括不同地区的自然气候特点、用地条件和居民生活习俗等。目前我国各地区都有相应的地方性住宅标准设计，可作为住宅选型的参考，如炎热地区住宅设计首先需满足居室有良好的朝向和自然通风，避免西晒；而在寒冷地区，主要是冬季防寒防风雪；坡地和山地地区，住宅选型就要便于结合地形坡度进行错层、跌落、掉层、分层入口、错跌等调整处理(图 5-1)①。居民生活习俗也需细心体察，如有的喜欢安静封闭性住宅，有的则喜欢便于交往的开敞性住宅等等，要考虑多种选择的需要。

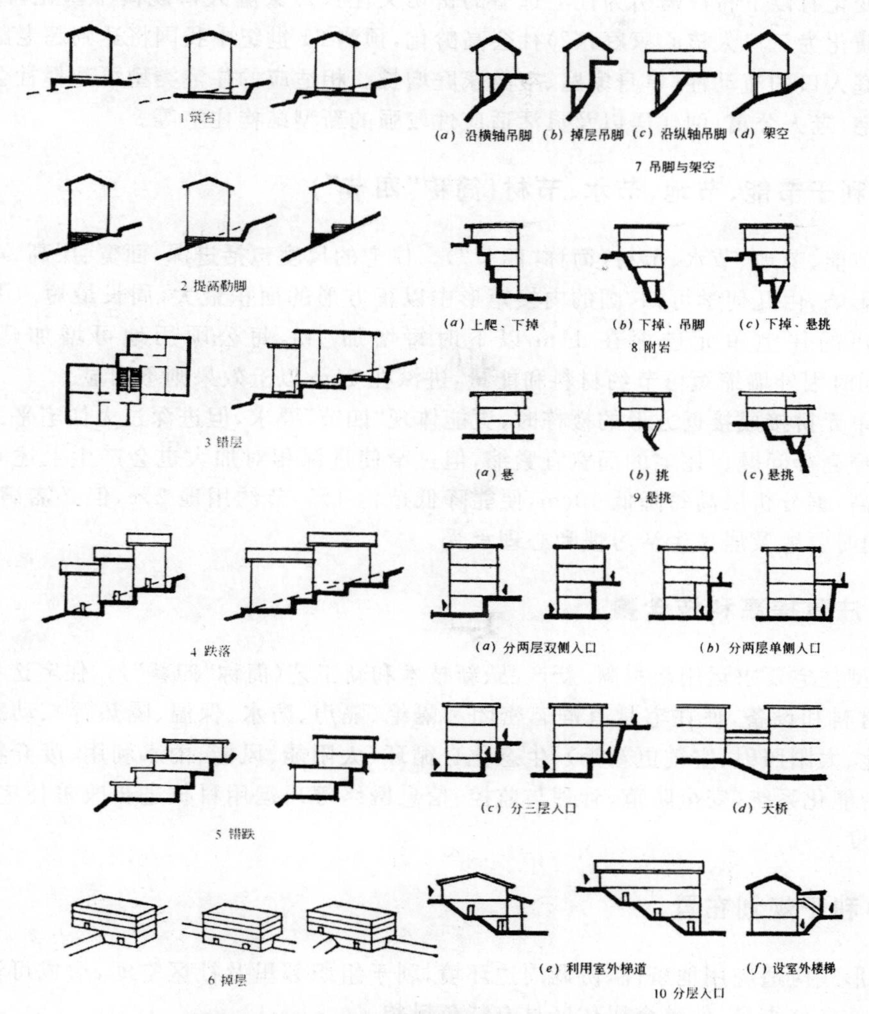

图 5-1　坡地住宅建筑竖向设计处理手法示意

① 1. 筑台——对天然地表开挖和填筑，形成平整台地；
2. 提高勒脚——将房屋四周勒脚高度调整到同一高度；
3. 错层——房屋内同一楼层作成不同标高，以适应倾斜的地面；
4. 跌落——房屋以开间或单元为单位，与邻旁开间或单元标高不同；
5. 错跌——房屋顺坡势逐层或隔层沿水平方向错移和跌落；
6. 掉层——房屋基底随地形筑成阶状，其阶差等于房屋的层高；
7. 吊脚与架空——房屋的一部或全部被支承在柱上，使其凌空；
8. 附岩一房屋贴附在岩壁修建，常与吊脚、悬挑等方法配合使用；
9. 悬挑——利用挑楼、挑台、挑楼梯等来争取建筑空间的方法；
10. 分层入口——利用地形高差按层分设入口，可使多层房屋出入方便。

(三)适应家庭人口结构变化

随着经济与社会的发展、城市化进程、生活水平的提高以及计划生育政策实施，我国家庭人口结构变化有以下特征需引为住宅选型的密切关注：(1)家庭人口规模小型化，四口人核心家庭大量演化为三口人核心家庭；(2)社会高龄化，预测21世纪中我国将达到超老龄化社会标准；(3)家庭人口的流动性、单身家庭、空巢家庭增长。相适应的住宅类型可选择社会性较强的公寓式住宅、老人公寓、两代居以及灵活适应性较强的新型结构住宅等。

(四)利于节能、节地、节水、节材(简称“四节”)

利于节能、节地、节水、节材(简称“四节”)。住宅的尺度包括进深、面宽、层高，对“四节”具有直接的影响，由几何学可知，圆的内接矩形中以正方形的面积最大，周长最短。因此一般认为一梯两户的住宅单元进深在11m以下时每增加1m，每公顷用地可增加建筑面积约1000m^2，同时因外墙缩短可节约材料和能量，进深在11m以上效果则不明显。

若将单元拼接成接近方形的楼栋时，更能体现“四节”要求，但进深过大住宅平面布置会出现采光和穿套等问题。住宅的面宽宜紧缩，但过窄使进深相对加大也会产生上述问题。关于住宅的层高，据分析层高每降低10cm，便能降低造价1%，节约用地2%，但必需满足通风、采光要求，同时要顾及居民生活习惯和心理承受。

(五)注重提高科技含量

小康型住宅要求运用新材料、新产品、新技术和新工艺(简称“四新”)。住宅选型应考虑新型结构、材料和设备，使住宅具有静态密闭和隔绝(隔声、防水、保温、隔热等)、动态控制变化(温度变化、太阳照射、空气更新等)、生态化自循环(太阳能、风能、雨水利用、废弃物转换消纳等)以及智能化系统(安全防范、管理与监控、信息网络等)，运用科技进步改善住宅性能，提高居住舒适度。

(六)利于规划布置

住宅形式应适应用地条件，协调周边环境，利于组织邻里及社区空间，形成可识别的多样空间环境及良好街景，使整个居住区具有特色风貌。

(七)合理确定住宅建筑层数

住宅层数是确定居住区用地规模的直接因素(表5-1)。要确定住宅层数，首先要考虑城市所在的建筑气候地区和城市规划要求，同时要考虑居住区规划人口数、用地条件、地形地质、周围环境及技术经济条件等，此外还应考虑居住区空间环境及建筑景观规划的需要。从经济角度看，合理提高住宅层数是节约用地的主要手段，但不是层数越高用地越省就越经济，随着层数增高，建筑造价提高，人们心理和生理承受能力减弱，在使用上也带来某些不便。

表 5-1　人均居住区用地控制指标(m^2/人)

居住规模	层数	建筑气候区划		
		Ⅰ、Ⅱ、Ⅵ、Ⅶ	Ⅲ、Ⅴ	Ⅳ
居住区	低层	33～47	30～43	28～40
	多层	20～28	19～27	18～25
	多层、高层	17～26	17～26	17～26
小区	低层	30～43	28～40	26～37
	多层	20～28	19～26	18～25
	中高层	17～24	15～22	14～20
	高层	10～15	10～15	10～15
组团	低层	25～35	23～32	21～30
	多层	16～23	15～22	14～20
	中高层	14～20	13～18	12～16
	高层	8～11	8～11	8～11

注：本表各项指标按每户 3.2 人计算。

表中建筑气候区划Ⅰ：黑龙江、吉林、内蒙古东、辽宁北；

Ⅱ：山东、北京、天津、宁夏、山西、河北、陕西北、甘肃东、河南北、江苏北、辽宁南；

Ⅲ：上海、浙江、安徽、江西、湖南、湖北、重庆、贵州东、福建北、四川东、陕西南、河南南、江苏南；

Ⅳ：广西、广东、福建南、海南、台湾；

Ⅴ：云南、贵州西、四川南；

Ⅵ：西藏、青海、四川西；

Ⅶ：新疆、内蒙古西、甘肃西。

二、住宅的净密度规定

(1)住宅建筑净密度的最大值，不应超过下列规定(见表 5-2)。

表 5-2　住宅建筑净密度控制指标

(单位：%)

住宅层数	建筑气候区		
	Ⅰ、Ⅱ、Ⅵ、Ⅶ	Ⅲ、Ⅴ	Ⅳ
低层	35	40	43
多层	28	30	32
中高层	25	28	30
高层	20	20	22

注：混合层取两者的指标值作为控制指标的上、下限值。

(2)住宅建筑面积净密度的最大值,不宜超过下列规定(见表 5-3)。

表 5-3　住宅建筑面积净密度(容积率)控制指标

(单位:万 m²/hm²)

<table>
<tr><td rowspan="2">住宅层数</td><td colspan="3">建筑气候区</td></tr>
<tr><td>Ⅰ、Ⅱ、Ⅵ、Ⅶ</td><td>Ⅲ、Ⅴ</td><td>Ⅳ</td></tr>
<tr><td>低层</td><td>1.10</td><td>1.20</td><td>1.30</td></tr>
<tr><td>多层</td><td>1.70</td><td>1.80</td><td>1.90</td></tr>
<tr><td>中高层</td><td>2.00</td><td>2.20</td><td>2.40</td></tr>
<tr><td>高层</td><td>3.50</td><td>3.50</td><td>3.50</td></tr>
</table>

注:①混合层取两者的指标值作为控制指标的上、下限值;

②本表不计入地下层面积。

三、住宅的合理间距

(一)日照间距

住宅建筑间距分正面间距和侧面间距两大类,凡泛指的住宅间距,为正面间距。日照间距则是从日照要求出发的住宅正面间距。住宅的日照要求以"日照标准"表述。

决定住宅日照标准的主要因素,一是所处地理纬度,我国地域广大,南北方纬度差有 50 余度,在高纬度的北方地区比纬度低的南方地区在同一条件下达到日照标准难度要大得多。二是考虑所处城市的规模大小,大城市人口集中,用地紧张的矛盾比一般中小城市大。

综合上述两大因素,在计量方法上,力求提高日照标准的科学性、合理性与适用性,规定两级"日照标准日",即冬至日和大寒日。"日照标准"则以日照标准日里的日照时数作为控制标准。这样,综合上述"日照标准"可概述为:不同建筑气候地区、不同规模大小的城市地区;在所规定的"日照标准日"内的"有效日照时间带"里;保证住宅建筑底层窗台达到规定的日照时数即为该地区住宅建筑日照标准(表 5-4)。

表 5-4　住宅建筑日照标准

<table>
<tr><td rowspan="2">建筑气候区划</td><td colspan="2">Ⅰ、Ⅱ、Ⅲ、Ⅶ气候区</td><td colspan="2">Ⅳ气候区</td><td rowspan="2">Ⅴ～Ⅵ气候区</td></tr>
<tr><td>大城市</td><td>中小城市</td><td>大城市</td><td>中小城市</td></tr>
<tr><td>日照标准日</td><td colspan="3">大寒日</td><td colspan="2">冬至日</td></tr>
<tr><td>日照时数(h)</td><td>≥2</td><td colspan="2">≥3</td><td colspan="2">≥1</td></tr>
<tr><td>有效日照时间带(h)</td><td colspan="3">8～16</td><td colspan="2">9～15</td></tr>
<tr><td>计算起点</td><td colspan="5">底层窗台面</td></tr>
</table>

注:底层窗台面是指距室内地坪 0.9 米高的外墙位置。

日照间距的计算可分为两种,即标准日照间距的计算和不同方位日照间距的计算。

所谓标准日照间距,即当地正南向住宅,满足日照标准的正面间距。

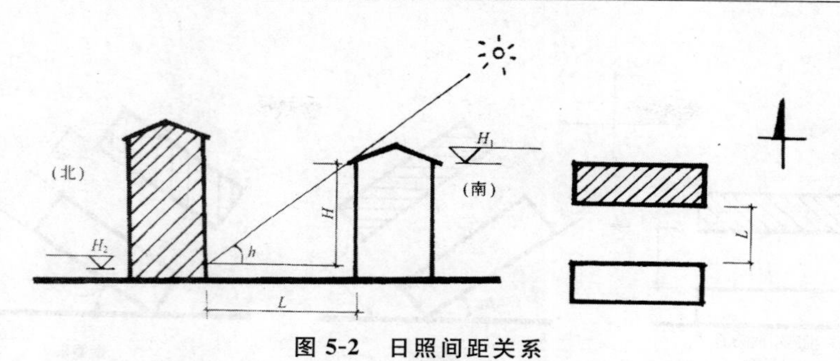

图 5-2　日照间距关系

由图 5-2 所示：$tgh=\dfrac{H}{L}$，则 $L=\dfrac{H}{tgh}$

式中：$H=H_l-H_2$

令 $a=1/tgh$

$L=a\cdot(H_1-H_2)$

式中 L——标准日照间距(m)；

H——前排建筑屋檐标高至后排建筑底层窗台标高之高差(m)；

H_l——前排建筑屋檐标高(m)；

H_2——后排建筑底层窗台标高(m)；

h——日照标准日太阳高度角；

a——日照标准间距系数(表 5-4、表 5-5)。

表 5-5　全国主要城市不同日照标准的间距系数

序号	城市名称	纬度(北纬)	冬至日	大寒日			现行采用
			日照 1 小时	日照 1 小时	日照 2 小时	日照 3 小时	
1	长春	43°54′	2.24	1.93	1.97	2.06	1.7～1.8
2	沈阳	41°46′	2.02	1.76	1.80	1.87	1.7
3	北京	39°57′	1.86	1.63	1.67	1.74	1.6～1.7
4	太原	37°55′	1.71	1.50	1.54	1.60	1.5～1.7
5	济南	36°41′	1.62	1.44	1.47	1.53	1.3～1.5
6	兰州	36°03′	1.58	1.40	1.44	1.49	1.1～1.2;1.4
7	西安	34°18′	1.48	1.31	1.35	1.40	1.0～1.2
8	上海	31°12′	1.32	1.17	1.21	1.26	0.9～1.1
9	重庆	29°34′	1.24	1.11	1.14	1.19	0.8～1.1
10	长沙	28°12′	1.18	1.06	1.09	1.14	1.0～1.1
11	昆明	25°02′	1.06	0.95	0.98	1.03	0.9～1.0
12	广州	23°08′	0.99	0.89	0.92	0.97	0.5～0.7

注：本表按沿纬向平行布置的 6 层条式住宅(楼高 18.18m、首层窗台离室外地面 1.35 米)计算。

摘自中华人民共和国国家标准《城市居住区规划设计规范》GB 50180—93(2002 年 3 月版)。

不同方位日照间距，当住宅正面偏离正南方向时，其日照间距以标准日照间距进行折减换算。

图 5-3 所示：$L'=b\cdot L$

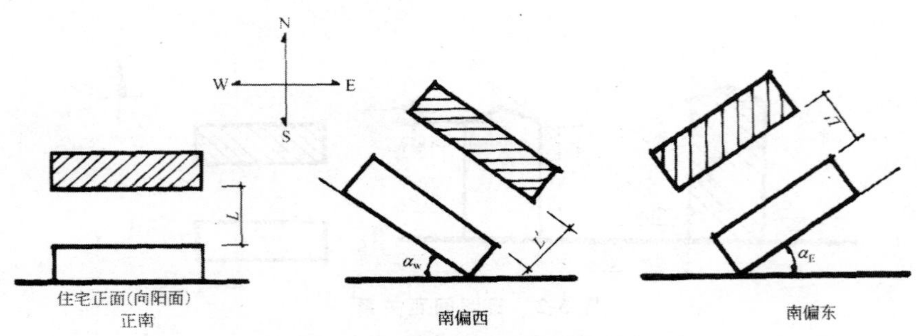

图 5-3 不同方位日照间距关系

式中L'——不同方位住宅日照间距(米);

L——正南向住宅标准日照间距(米);

b——不同方位日照间距折减系数查(表 5-6)。

表 5-6 不同方位间距折减换算表

方位	0°～15°(含)	15°～30°(含)	30°～45°(含)	45°～60°(含)	>60°
折减值	1.0L	0.9L	0.8L	0.9L	0.95L

注:①表中方位为正南向(0°)偏东、偏西的方位角。

②L 为当地正南向住宅的标准日照间距(米)。

③本表指标仅适用于无其他日照遮挡的平行布置条式住宅。

(二)住宅侧面间距

除考虑日照因素外,通风、采光、消防,以及视线干扰管线埋设等要求都是重要影响因素,这些因素的考虑比较复杂,山墙无窗户的房屋间距一般情况可按防火间距的要求确定侧面房间距。侧面有窗户时可根据情况适当加大间距以防视线干扰,如北方一些城市对视线干扰问题较注重,要求较高,一般认为不小于 20m 为宜,而一些用地紧缺的城市,特别是南方城市的广州、上海,难以考虑视线干扰问题,长此以久比较习惯了,便未作主要因素考虑,只满足消防间距要求。一般来说,防火间距是最低限要求。

四、住宅的自然通风

自然通风是指空气借助风压或热压而流动,使室内外空气得以交换。住宅区的自然通风在夏季气候炎热的地区尤为重要,如我国的长江中下游地区和华南地区。

住宅朝向主要要求能获得良好自然通风和日照。我国地处北温带,南北气候差异较大,寒冷地区居室避免朝北,不忌西晒,以争取冬季能获得一定质量的日照,并能避风防寒。炎热地区居室要避免西晒,尽量减少太阳对居室及其外墙的直射与辐射,并要有利自然通风,避暑防湿。

与建筑自然通风效果有关的因素有以下几个方面:

(1)对于建筑本身而言,有建筑的高度、进深、长度、外形和迎风方位(图 5-4)。

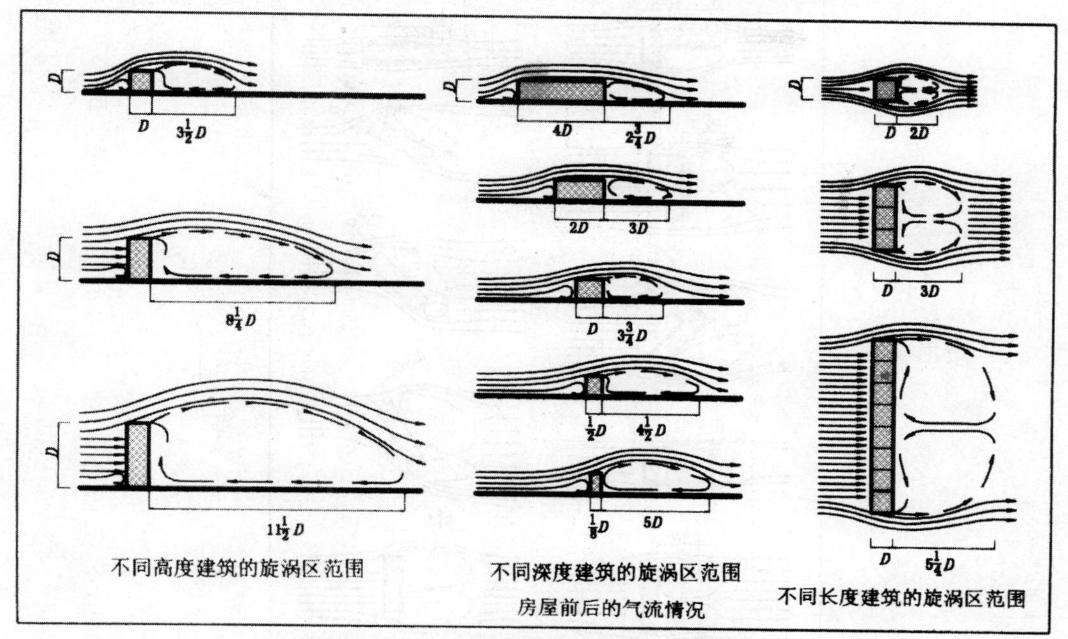

图 5-4　自然通风效果与建筑单体关系分析

(2)对于建筑群体而言,有建筑的间距、排列组合方式和建筑群体的迎风方位(图 5-5、图 5-6)。

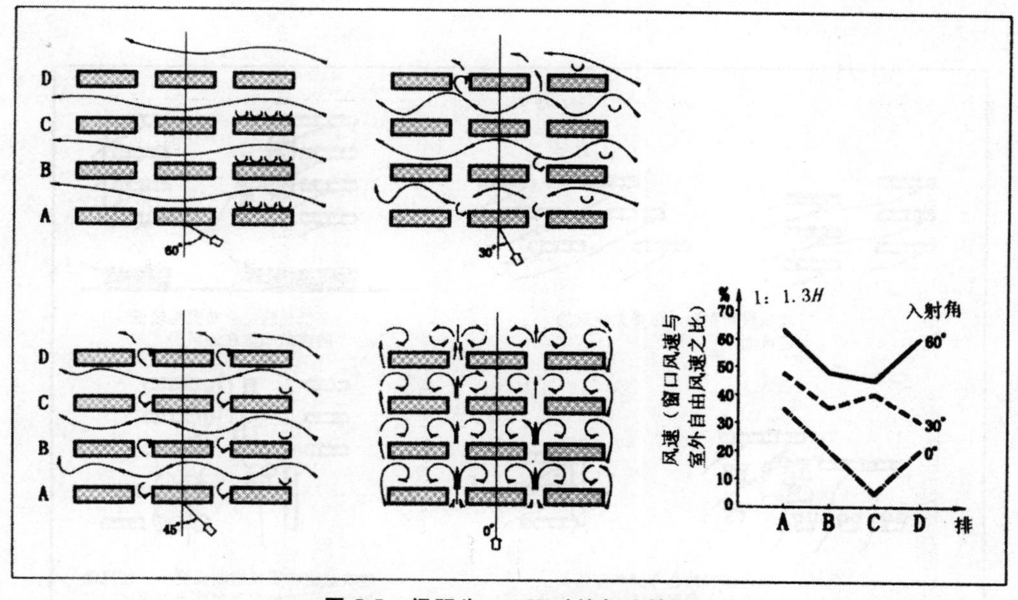

图 5-5　间距为 1.3H 时的气流情况

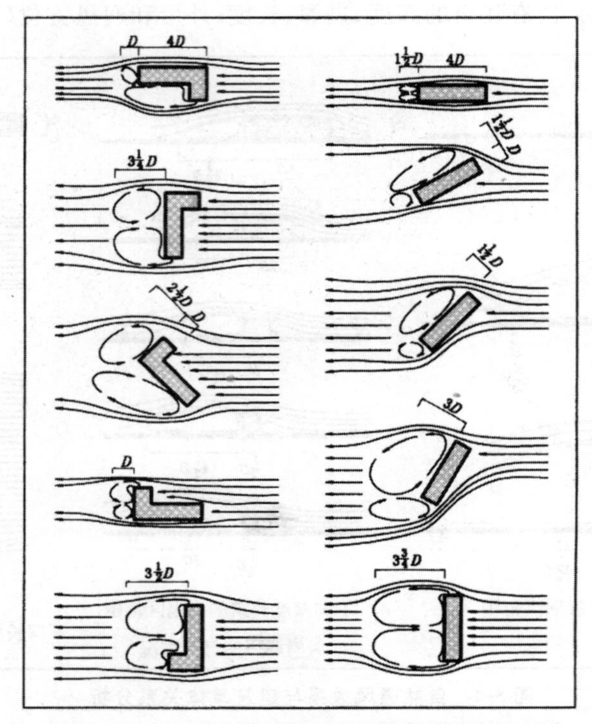

图 5-6　不同形体、不同布置的建筑周围的气流情况

(3)对于住宅区规划而言,有住宅区的合理选址以及住宅区道路、绿地、水面的合理布局(图 5-7)。

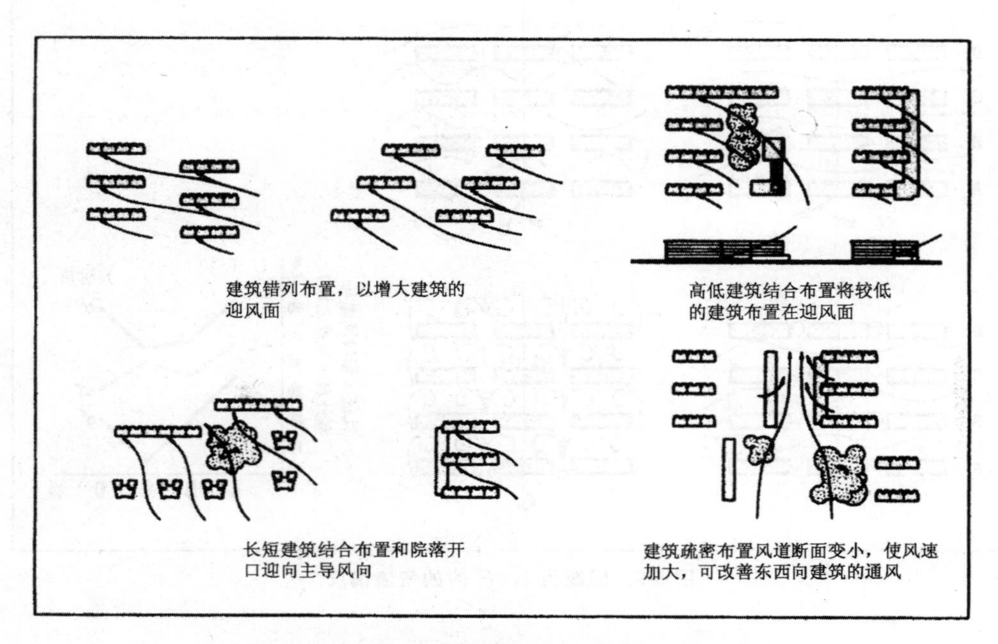

图 5-7　住宅群规划布局与风道组织的几种方式

从住宅获得良好的自然通风出发，当风向正对建筑时，要求不遮挡后面的住宅，那么房间距需在 4～5H 以上，布置如此之大的通风间距是不现实的，只有在日照间距的前提下来考虑通风问题。

从不同的风向对建筑组群的气流影响情况看，如图 5-9 所示，当风正面吹向建筑物，风向入射角为 0°时（风向与受风面法线夹角）背风面产生很大涡旋，气流不畅，若将建筑受风面与主导风向成一角度布置时，则有明显改善，当风向入射角加大至 30°～60°时，气流能较顺利地导入建筑的间距内，从各排迎风面进风（图 5-8、图 5-9）。因此，加大间距不如加大风向入射角对通风更有利。

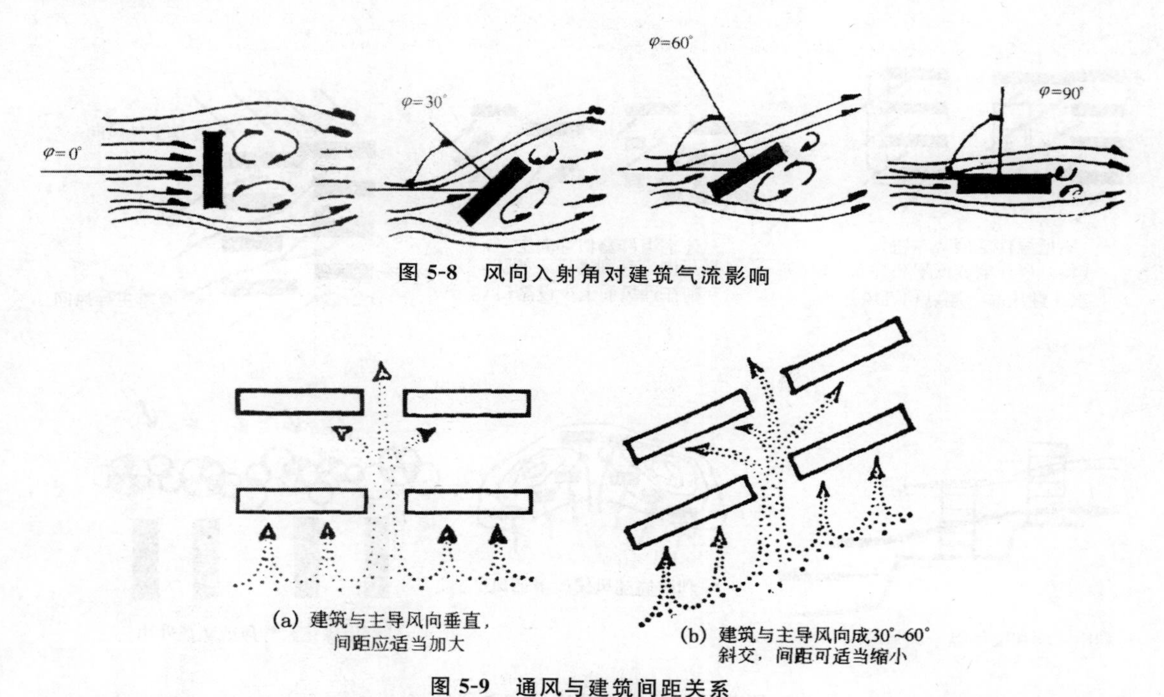

图 5-8　风向入射角对建筑气流影响

(a) 建筑与主导风向垂直，间距应适当加大

(b) 建筑与主导风向成30°~60°斜交，间距可适当缩小

图 5-9　通风与建筑间距关系

此外还可在建筑的布置方式上来寻求改善通风的方法，如将住宅左右、前后交错排列或上下高低错落以扩大迎风面，增多迎风口；将建筑疏密组合增加风流量；利用地形、水面、植被增加风速、导入新鲜空气等（图 5-10），这样，在丰富居住空间的同时并充实了环境的生态科学内涵。

住宅错列布置增大迎风面，利用山墙间距，将气流导入住宅群内部

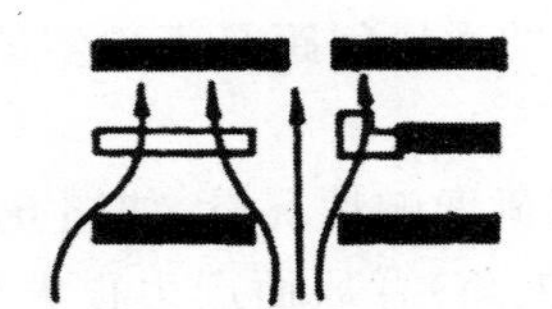

低层住宅或公建布置在多层住宅群之间，可改善通风效果

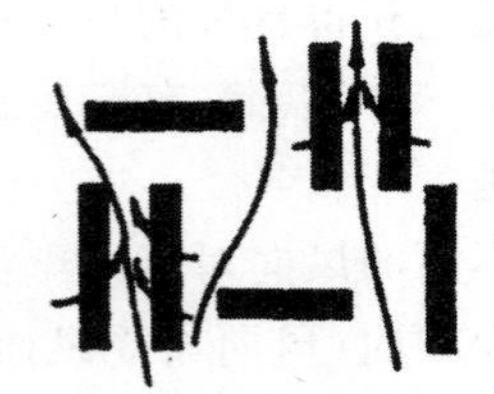

住宅疏密相间布置，密处风速加大，改善了群体内部通风

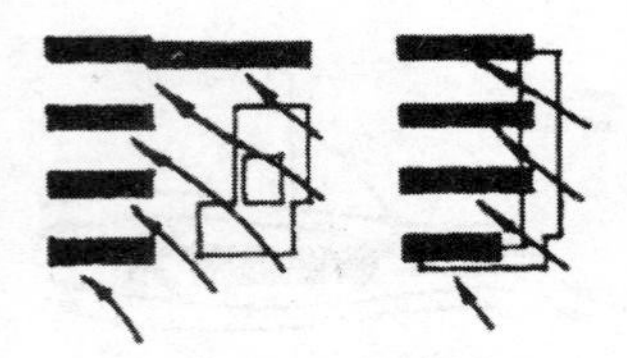

高低层住宅间隔布置，或将低层住宅或低层公建布置在迎风面一侧以利进风

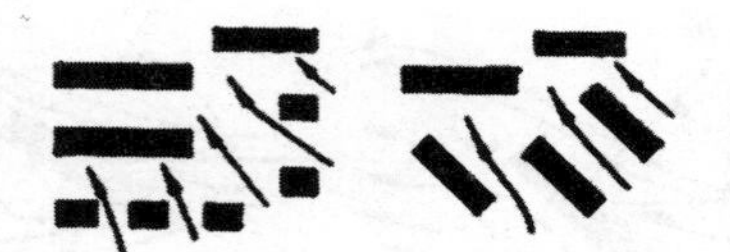

住宅组群豁口迎向主导风向，有利通风。如防寒则在通风面上少设豁口

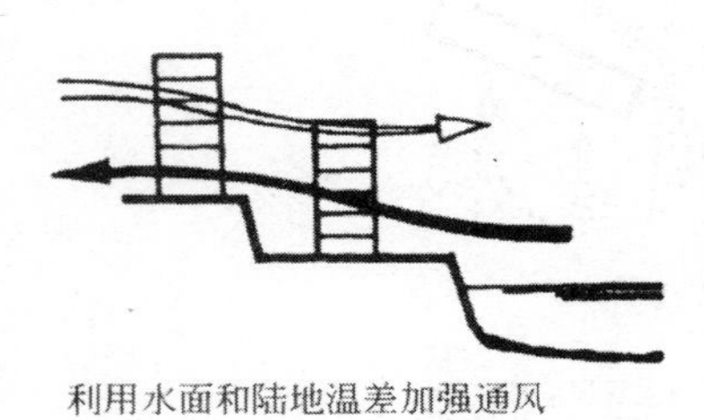

利用水面和陆地温差加强通风

利用局部风候改善通风

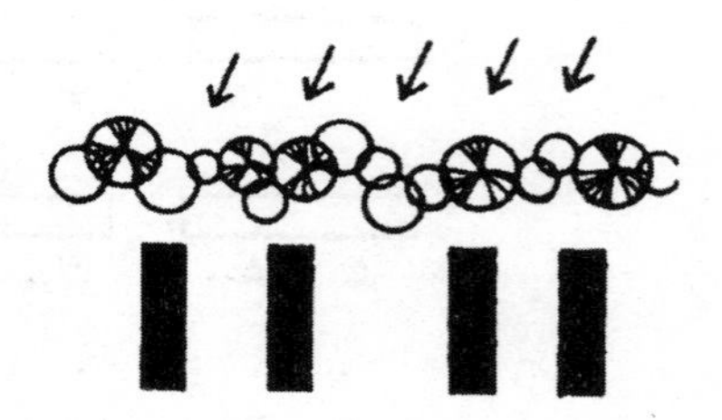

利用绿化起导风或防风作用

图 5-10　住宅群体通风和防风措施

五、住宅的朝向选择

住宅朝向的确定，可参考我国城市建筑的适宜朝向表 5-7。该表主要综合考虑了不同城市的日照时间、太阳辐射强度、常年主导风向等因素制成，对具体的规划基地还与地区小气候、地形地貌、用地条件等因素有关，组织通风时需一并考虑（图 5-11）。

表 5-7　全国部分地区建议建筑朝向表

地区	最佳朝向	适宜朝向	不宜朝向
北京地区	正南至南偏东 30°以内	南偏东 45°以内，南偏西 35°以内	北偏西 30°～60°
上海地区	正南至南偏东 15°	南偏东 30°，南偏西 15°	北、西北
石家庄地区	南偏东 15°	南至南偏东 30°	西

续表

地区	最佳朝向	适宜朝向	不宜朝向
太原地区	南偏东 15°	南偏东至东	西北
呼和浩特地区	南至南偏东，南至南偏西	东南、西南	北、西北
哈尔滨地区	南偏东 15°～20°	南至南偏东 15°、南至南偏西 15°	西北、北
长春地区	南偏东 30°，南偏西 10°	南偏东 45°，南偏西 45°	西北、北、东北
沈阳地区	南、南偏东 20°	南偏东至东，南偏西至西	北东北至北西北
济南地区	南、南偏东 10°～15°	南偏东 30°	西偏北 5°～10°
南京地区	南、南偏东 15°	南偏东 25°，南偏西 10°	西、北
广州地区	南偏东 15°，南偏西 5°	南偏东 22，30'，南偏西 5°至西	
重庆地区	南、南偏东 10°	南偏东 15°，南偏西 5°、北	东、西

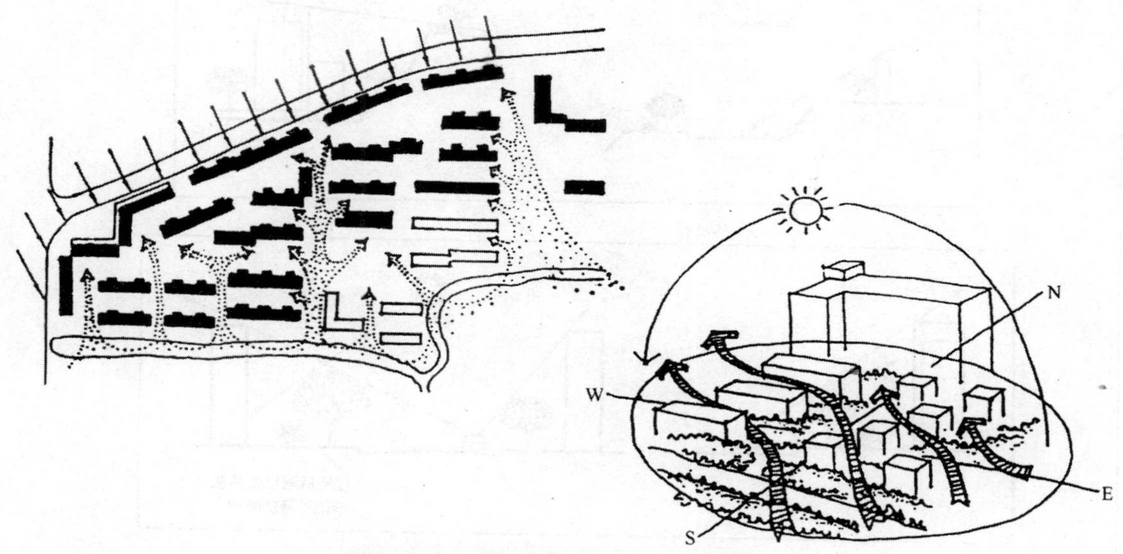

上海天钥新村，周围比较空旷，布置成西北封闭，

东南开敞，有利夏季迎东南风，冬季挡西北风

图 5-11 建筑布置与通风关系

六、住宅的噪声防治

住宅区的噪声源主要来自三个方面：交通噪声、人群活动噪声和工业生产噪声。住宅区噪声的防治可以从住宅区的选址、区内外道路与交通的合理组织、区内噪声源相对集中以及通过绿化和建筑的合理布置等方面来进行。

交通噪声主要来自区内外的地面交通的噪声，当然对来自空中的交通噪声也必须在住宅区选址时加以注意。对于来自区外的城市交通噪声主要采用“避”与“隔”的方法处理；而对于产生于区内的交通噪声则通过住宅区自身的规划布局在交通组织和道路、停车设施布局上采用分区或隔离的方法来降低噪声对居住环境的影响。

住宅区交通噪声防治示例见图 5-12。

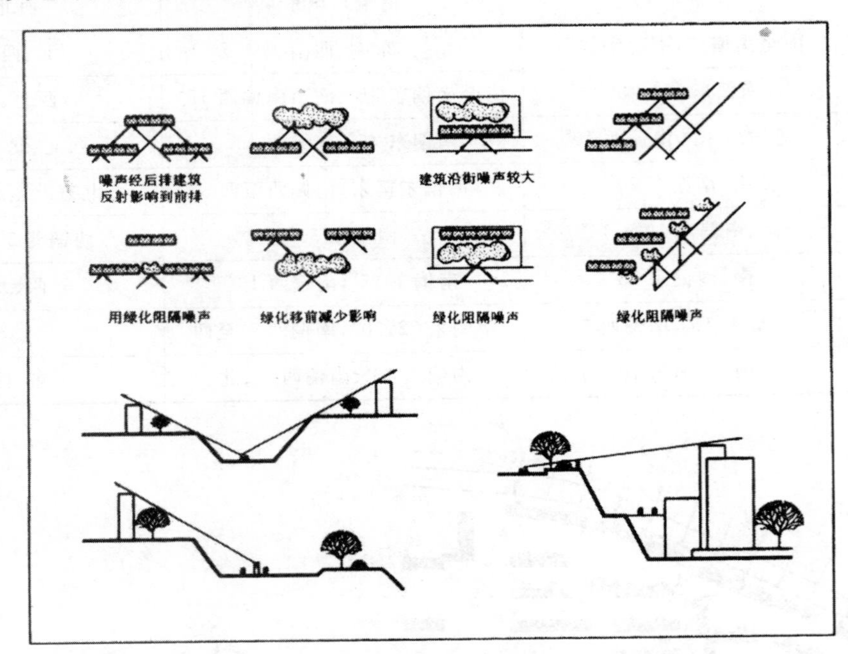

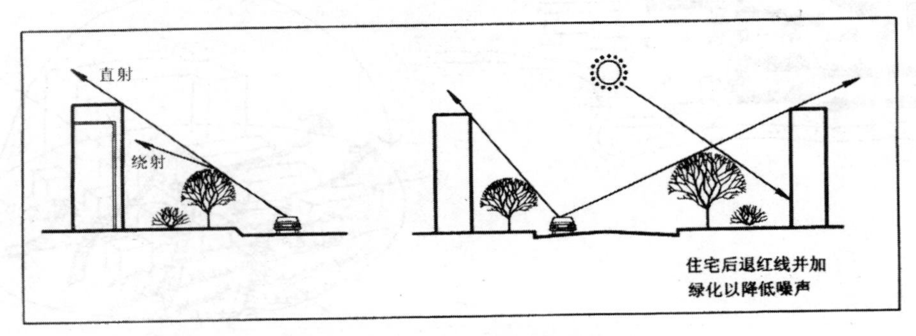

图 5-12　住宅区交通噪声防治示例

住宅区的人群活动噪声主要来自于区内的一些公共设施，如学校、菜市场和青少年活动场地等。这些噪声强度不大，间歇而定时出现，同时在许多情况下考虑到居民使用的近便而需要将这些场地靠近住宅。因此，对于这些易于产生较大的人群活动噪声的设施，一般在居民使用便利的距离内，考虑安排在影响面最小的位置并尽量采取一定的隔离措施。

工业生产噪声主要来自子住宅区外或少量现已存在的工厂，即使住宅区内需要安排一些生产设施也应该是对居住环境影响极小的那类（包括噪声影响）。对工业生产噪声主要采取防护隔离的措施。

噪声声压的分级见表 5-8。住宅区噪声允许的标准见表 5-9 至表 5-11。

表 5-8　不同声响的声压分贝级

声压级(分贝)	声源(一般距测点 1～1.5 米)
10～20	静夜
20～30	轻声耳语
40～60	普通谈话声,较安静的街道
80	城市道路,公共汽车内,收音机
90	重型汽车,泵房,很吵的街道
100～110	织布机等
130～140	喷气飞机,大炮

表 5-9　居住环境在不同时间噪声容许标准修正值

时间	修正值(分贝)
白天	0
晚上	－5
深夜	－10～－16

表 5-10　居住环境在不同地区噪声容许标准修正值

地区	修正值(分贝)	修正后的标准值(分贝)
郊区	＋5	40～50
市区	＋10	45～55
附近有工厂或主要道路	＋15	50～60
附近有市中心	＋20	55～65
附近有工业区	＋25	65～70

表 5-11　我国居住环境容许噪声标准

时间	A 声级(分贝)
白天(上午 7:00～下午 9:00)	46～50
夜晚(晚上 9:00～凌晨 7:00)	41～45

为了有效地保证居住生活环境的质量,针对住宅区所处的位置分别实行不同的噪声控制标准。国际标准组织(ISO)制定的居住环境室外允许噪声标准为 35～45 分贝(A)。合理的住宅区选址,合理地组织城市交通以减少其穿越住宅区的机会,合理地安排其他噪声源,必要时采取有效的手段能减少或阻隔噪声对居住生活带来的影响。

七、住宅用户的私密保证

由视线干扰引起的住户私密性保证问题，有住户与住户的窗户间和住户与户外道路或场地间两个方面。住户与住户的窗户间的视线干扰主要应该通过住宅设计、住宅群体组合布局以及住宅间距的合理控制来避免，而住户与户外道路或场地间的视线干扰可以通过植物、竖向变化等视线遮挡的处理方法来解决(图 5-13)。

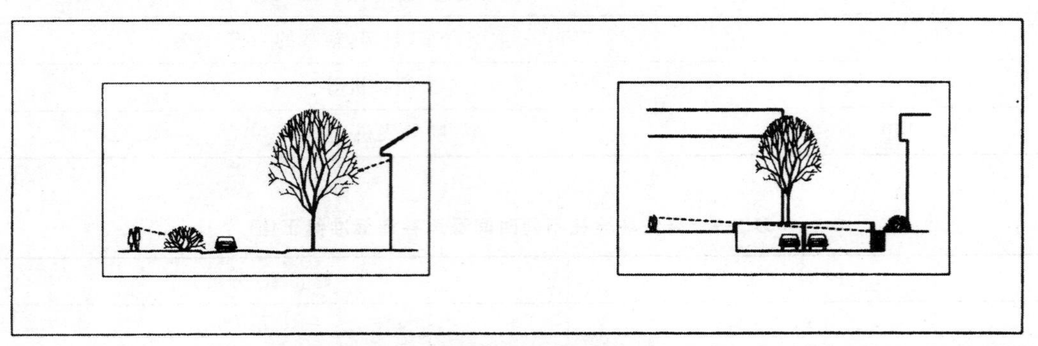

图 5-13　考虑住户私密性的布置示例

第二节　住宅群体的空间组织

一、住宅群体的空间特征

(一)空间的封闭感和开敞感

封闭的空间可提供较高的私密性和安全感，但也可能带来闭塞感和视域的限制。开敞空间则与此相反。封闭和开敞可以有程度上的不同，它取决于建筑围蔽的强弱。

(二)主要空间和次要空间

建筑物的单调布置，或杂乱地任意布置都不能建立具有一定视觉中心的空间，但是只有单一的主要空间也会给人以单调感。如果结合主要空间布置一些与其相联系的次要空间(或称子空间)，就能使空间更为丰富；当人处于某个特殊位置时，这些空间将被遮掩，使人感觉空间时隐时显，产生奇妙的变化而耐人寻味(图 5-14)。

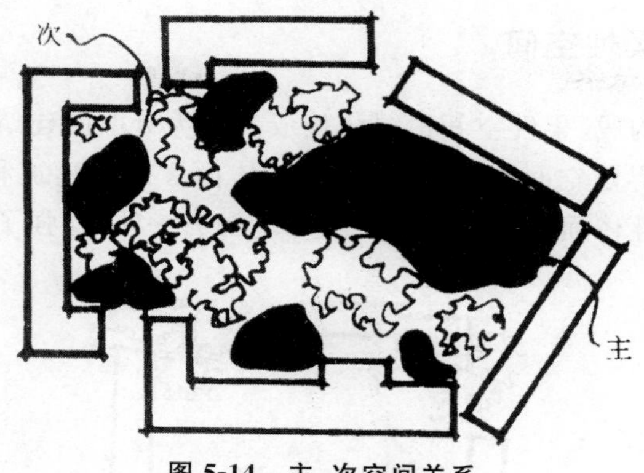

图 5-14　主、次空间关系

(三)静态空间和动态空间

具有动态感的空间，常能使人们引起对生活经验中某种动态事物的联想，缓解呆板的建筑形象，给人以轻松活泼、飘逸荡漾的良好心理感受。如图 5-15“风车形”建筑组群，使静止的内院富有动感。

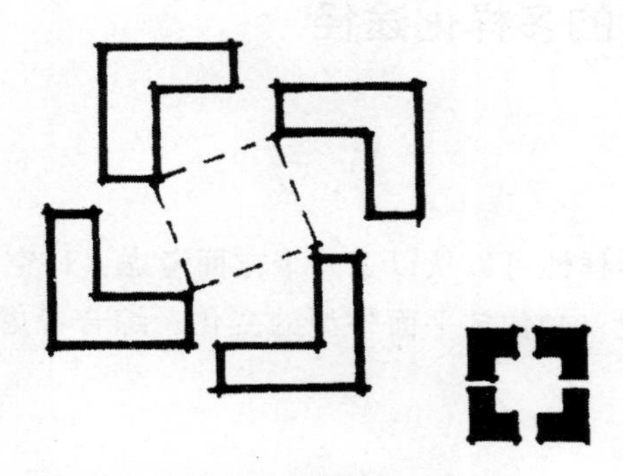

图 5-15　“风车形”动态空间

行列式空间布局带给人以单调感，向两侧伸展的线性空间把人的注意引向尽端，有组织的线性空间则不然，如图 5-16 通过空间的转折和一系列空间形态及尺度的转换，不知情的来访者会因获得变化的动态景观和新奇的空间而感到愉快，同时多视点多视角的空间到处都有对不速之客警惕的眼睛，增强了空间的自我监护及安全感。

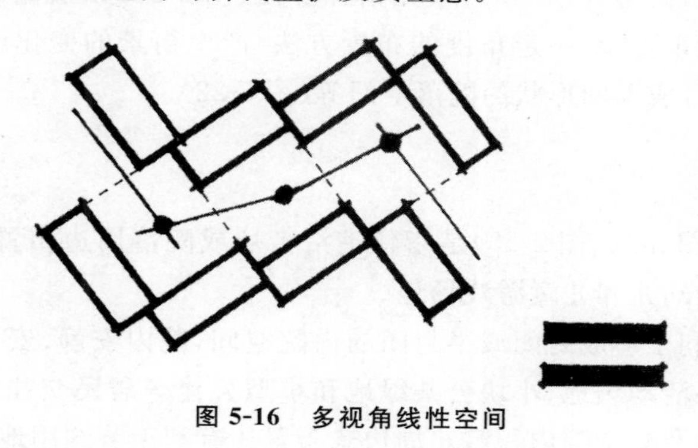

图 5-16　多视角线性空间

(四)刚性空间和柔性空间

刚性空间由建筑物构成,柔性空间由绿化构成。较为分散的建筑,常利用植物围合成空间(图 5-17)。绿化不但能界定空间,而且能柔化刚性体面。许多建筑利用攀缘植物、悬垂植物,使墙面、阳台、檐口等刚性体面得以柔化和自然环境融为一体,增强了协调感和舒适感。

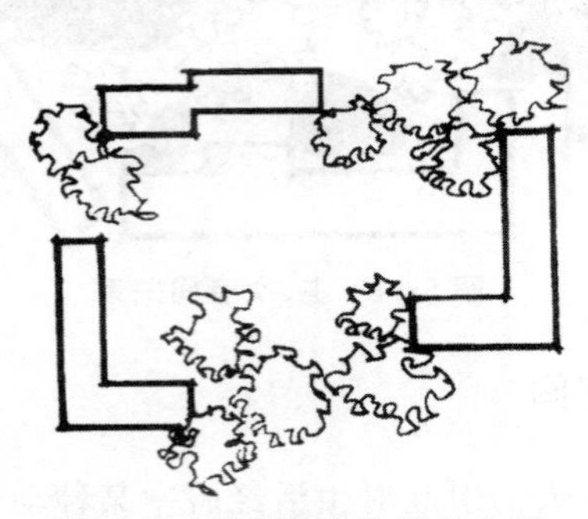

图 5-17 植物围合和柔化空间

二、住宅群体组合的多样化途径

(一)平面组合

住宅群体平面组合的多样性可以从以下几个方面考虑:(1)空间形状的变化;(2)围合程度的变化;(3)布置形式的变化;(4)住宅平面外型的变化。综合考虑以上因素,住宅群体的平面组合可采用以下形式。

1. 行列式

行列式是指条形住宅或联排式住宅按一定朝向和间距成行成列的布置形式(图 5-18),在我国大部分地区这种布置方式能使每个住户都能获得良好的日照和通风条件。但如果处理不好会造成单调、呆板的感觉,而且容易产生穿越交通的干扰。因此,为了避免以上这些缺点,在规划布置时常采用山墙错落(图 5-19),单元错开拼接(图 5-20)以及用矮墙分隔的手法;也可采用住宅和道路平行、垂直、呈一定角度的布置方法,产生街景的变化(图 5-21);还可采用不同角度的几组建筑组合成不同形状的院落空间等(图 5-22)。

2. 周边式

周边式(图 5-23、图 5-24、图 5-25)是指住宅沿街坊或院落周边布置形成围合或部分围合的住宅院场地,特别是幼儿和儿童游戏场地。

这种布置形式有利于形成封闭或半封闭的内院空间,院内安静、安全、方便且具有一定的面积,有利于布置室外活动场地、小块公共绿地和小型公建等居民交往场所,对于寒冷及多风沙地区,可以阻挡风沙及减少院内积雪。周边式布置还有利于节约用地,提高住宅面积密度。

但是这种布置形式有相当一部分居室的朝向较差，因此不适合于南方炎热地区，而且转角单元结构、施工较为复杂，不利于抗震，对于地形起伏较大地段也会造成较大的土石方工程量，增加建设投资。

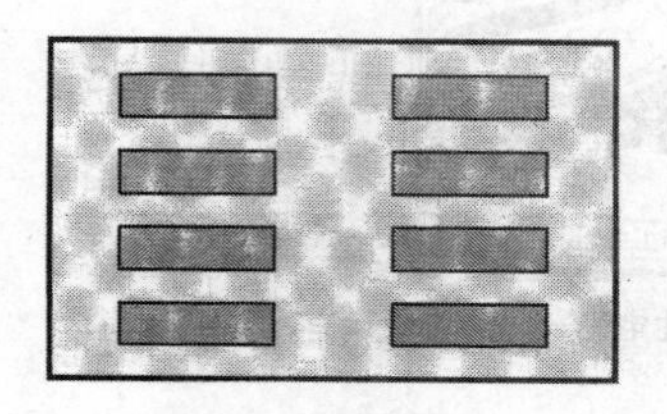

(a) 基本形式

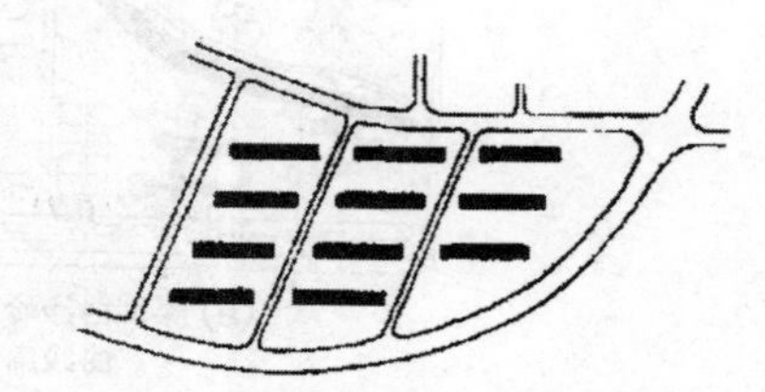

(b) 广州石化居住区住宅组

图 5-18　行列式组合基本形式

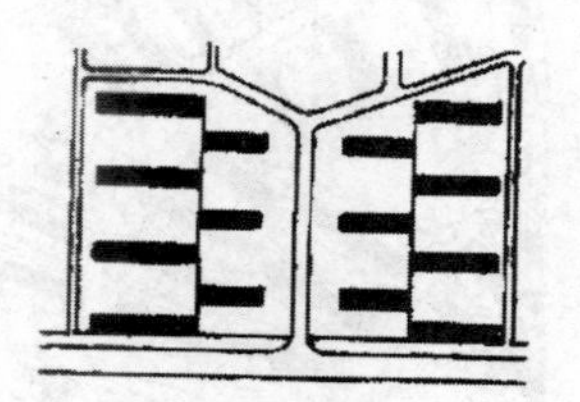

(a) 北京龙潭小区住宅组
山墙前后交错

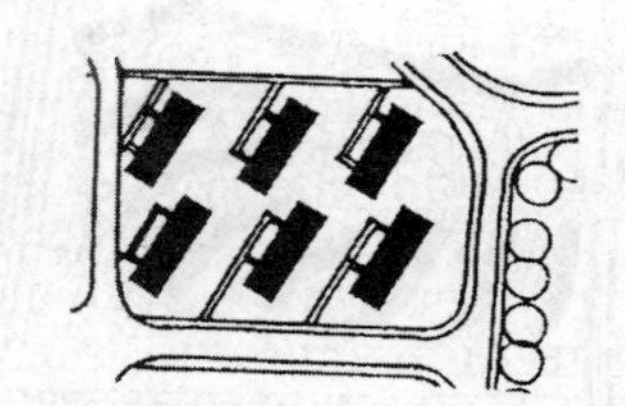

(b) 青岛浮山后小区住宅组
山墙前后左右交错

图 5-19　山墙错落排列

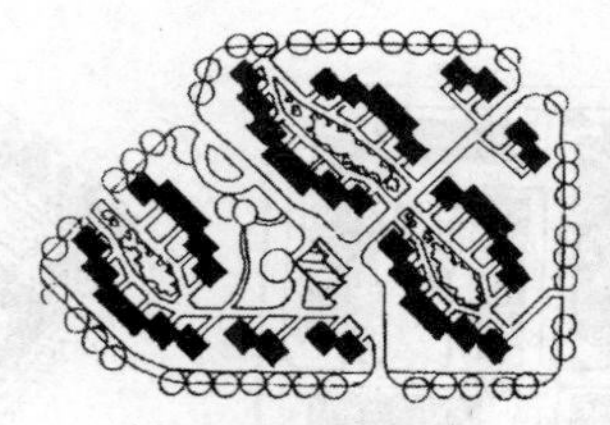

(a) 天津天府新村住宅组
不等长拼接

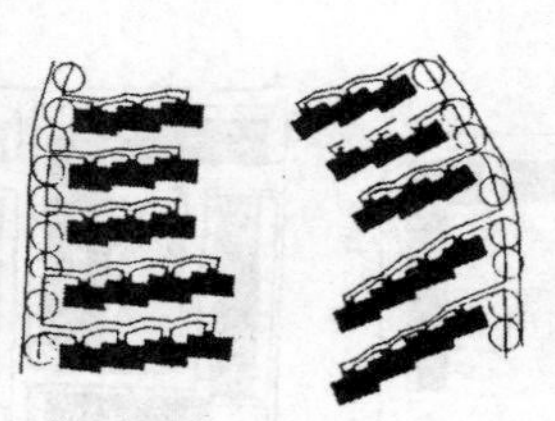

(b) 青岛浮山后小区住宅组
等长拼接

图 5-20　单元错开拼接

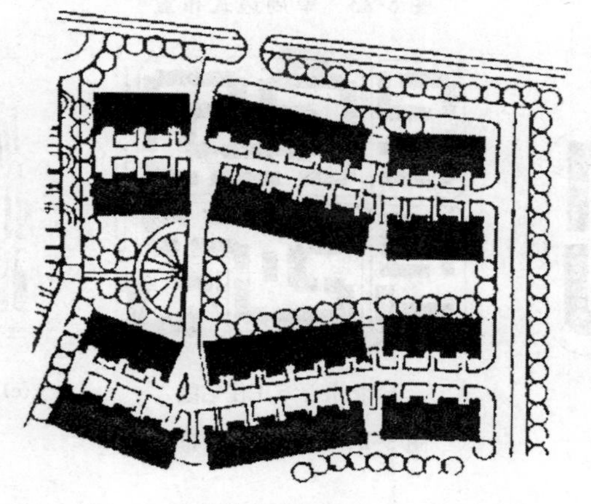

上海番瓜弄居住小区

图 5-21　成组改变朝向

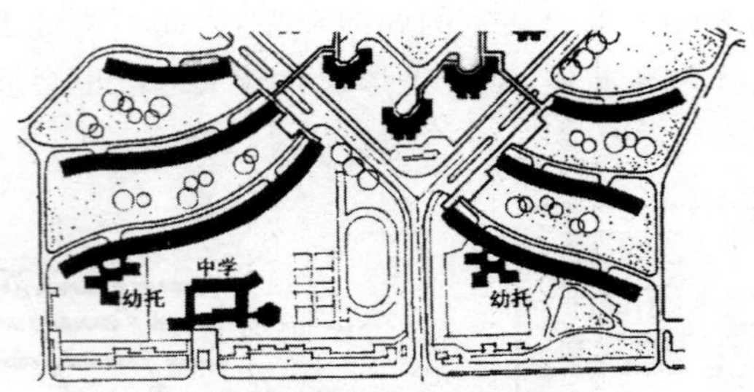

(a) 深圳白沙岭居住区住宅组
曲线扇形排列

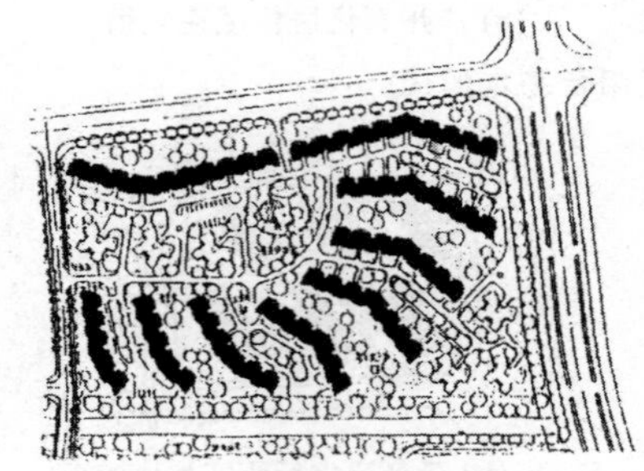

(b) 上海黄山居住区住宅组
折线扇形排列

(c) 日本阿左古小区住宅组
直线扇形排列

图 5-22 扇形排列

(a) 基本形式

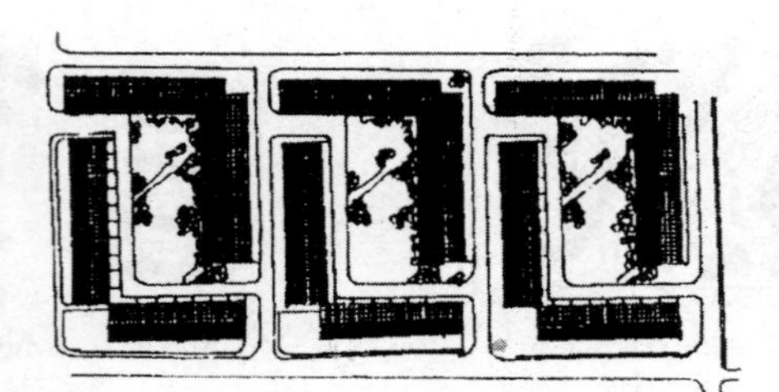

(b) 荷兰阿姆斯特丹居住区住宅组

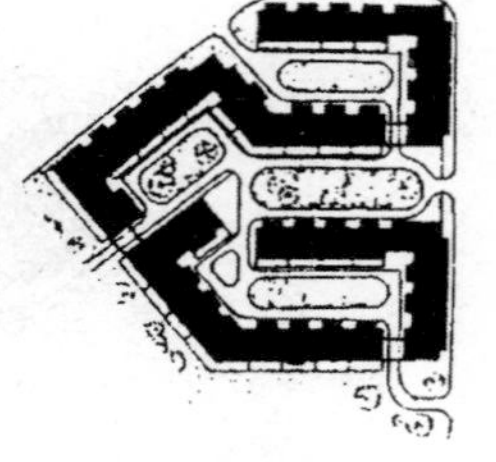

(c) 承德竹林寺住宅组

图 5-23 单周边式布置

(a) 基本形式

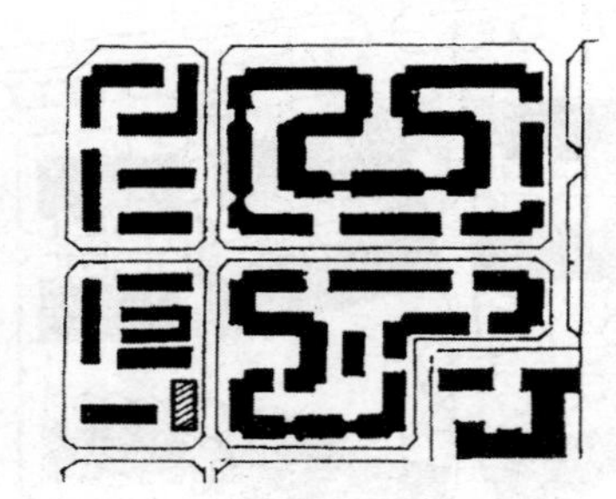

(b) 北京百万庄住宅组

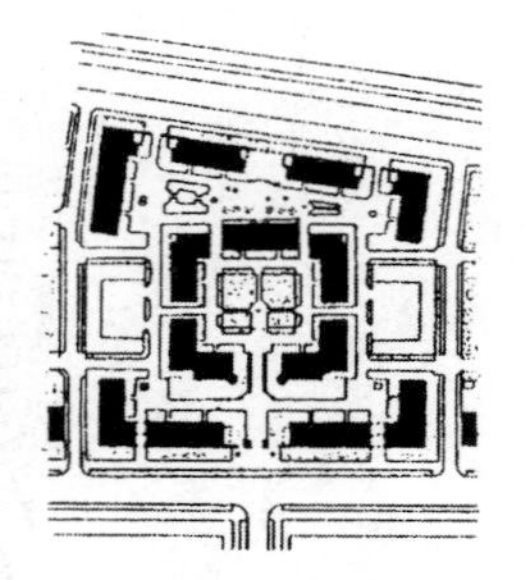

(c) 莫斯科某街坊住宅组

图 5-24 双周边式布置

(a)基本形式

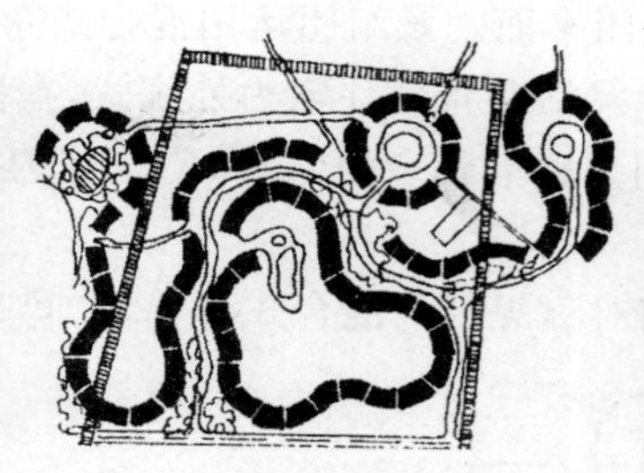
(b)巴黎大勃尔恩居住区住宅组

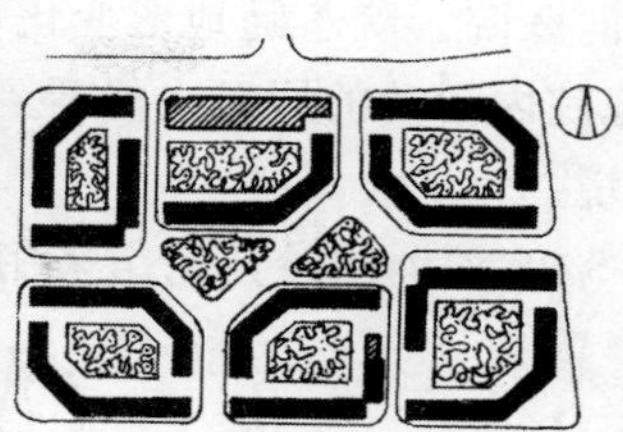
(c)天津子牙里住宅组

图 5-25　自由周边式布置

3. 点群式

点群式(图 5-26、图 5-27)是指低层独立式、多层点式和高层塔式住宅自成相对独立的群体的布置形式，一般可围绕某一公共建筑、活动场地或绿地来布置，以利于自然通风和获得更多的日照。点群式住宅布置灵活，运用得当可丰富建筑群体空间，形成特征，还便于利用地形，但在寒冷地区外墙太多则对节能不利。

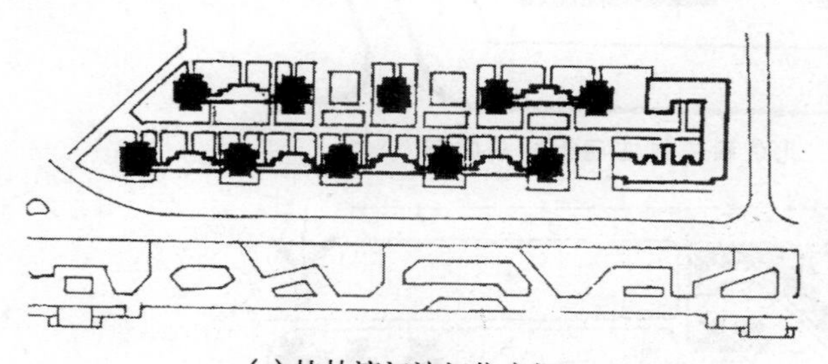
(a)桂林漓江滨江住宅组

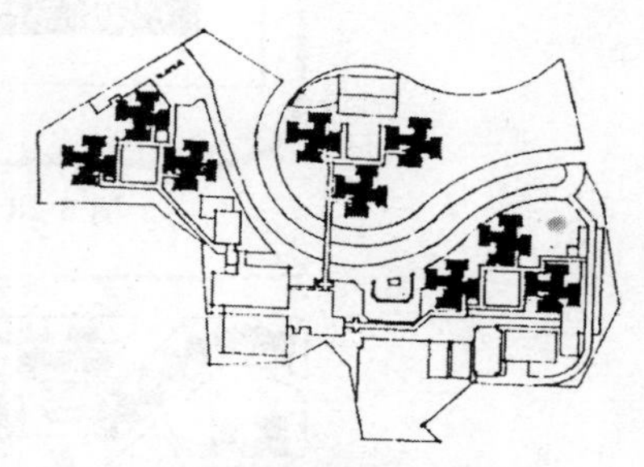
(b)香港穗禾苑住宅组

图 5-26　不规则式布置

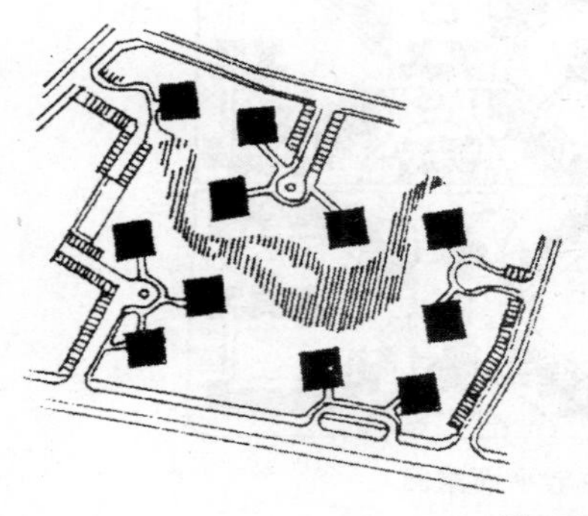

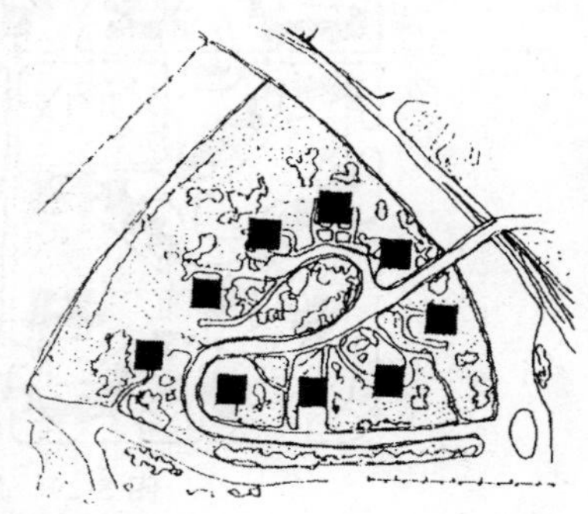

图 5-27　混合式布置

4. 混合式

混合式一般是指上述三种形式的组合方式，常常结合基地条件用在一些较为特殊的位置。最常见的是以行列式为主，以少量住宅或公建沿道路或院落周边布置以形成半开敞式院落。这种形式既保留了行列式和周边式的优点，又克服了两者的一些缺点，因此被广泛地采用。

图 5-28 是北京幸福村住宅组团平面。该组团运用混合式布置手法，由条形住宅组成半封闭的内向庭院。院落随地形变化，灵活布置。住宅为外廊式，在面向庭院的走廊上居民能看到庭院，庭院内活动的居民也能看到走廊上各户的人口，使庭院内充满着生活气息，创造较好的居住环境。

图 5-29 深圳园岭住宅组采用对称规则的混合式布置，空间布局既规整又富有变化。

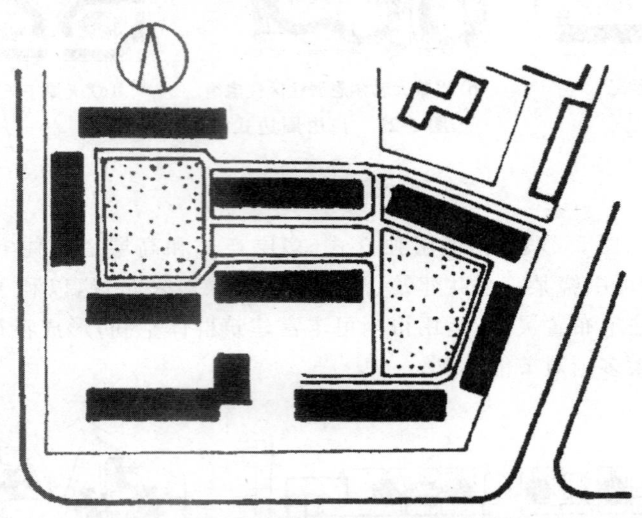

图 5-28　北京幸福村住宅组团平面图

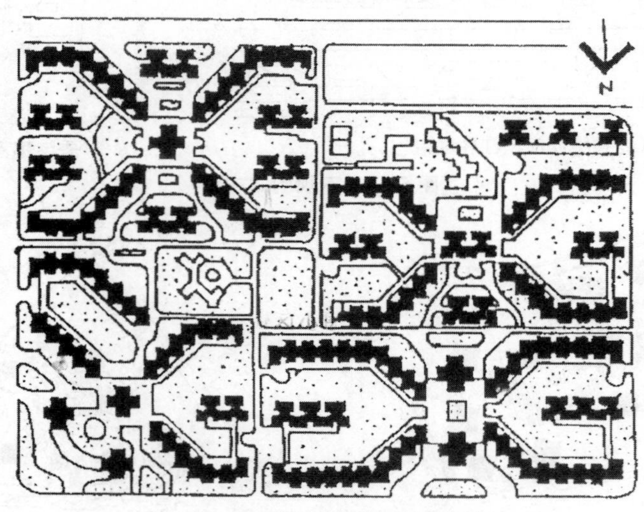

图 5-29　深圳园岭住宅平面组图

5. 自由式

自由式是指由不规则平面外型的住宅形成的，或住宅不规则地组合在一起的群体布置形式。它是在具备"规律中有变化，变化中有规律"的前提下进行的，其目的是追求住宅组团空间更加丰富，并留出较大的公共绿地和户外活动场地。地形变化较大的地区，采用这种布置形式效果较好(图 5-30、图 5-31)。

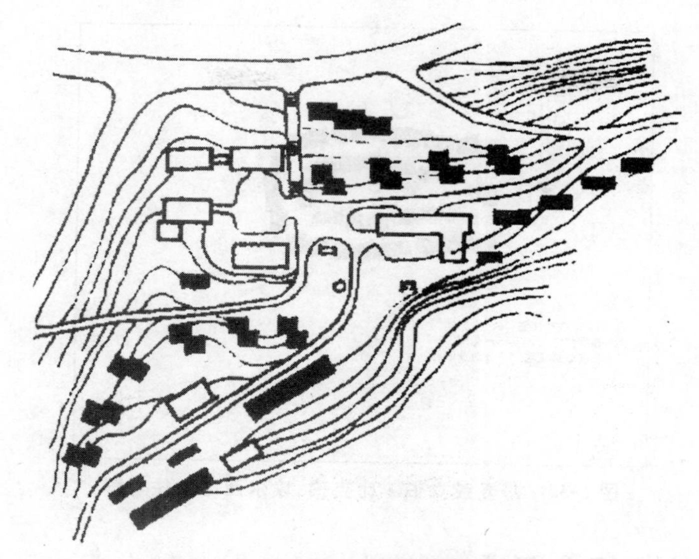

图 5-30　重庆华一坡住宅组团平面图

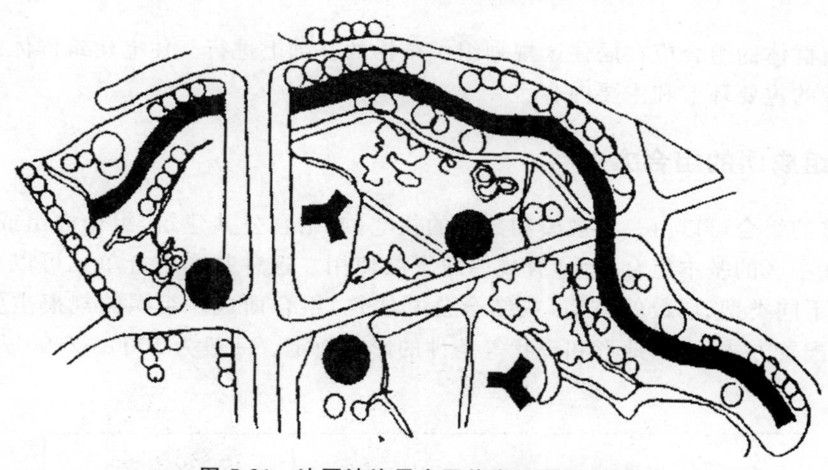

图 5-31　法国波比恩小区住宅组团平面图

以上几种基本布置形式并不包括住宅布置的所有形式，而且也不可能列举所有的形式。在进行规划设计时，必须根据具体情况，因地制宜地创造出不同的布置形式，营造丰富的居住空间环境。

(二)立面组合

在住宅群体的立体组合上，多样化在平面组合的基础上可以利用住宅高度(层数)的不同进行组合，如低层与多层、高层的组合，台阶式住宅与非台阶式住宅的组合。

图 5-32 为丹麦赫立伯・比克伯・埃尔西诺尔住宅群。外围低层、内圈多层、入口高层形成内部院落和街巷空间，外部形象富有层次和变化。

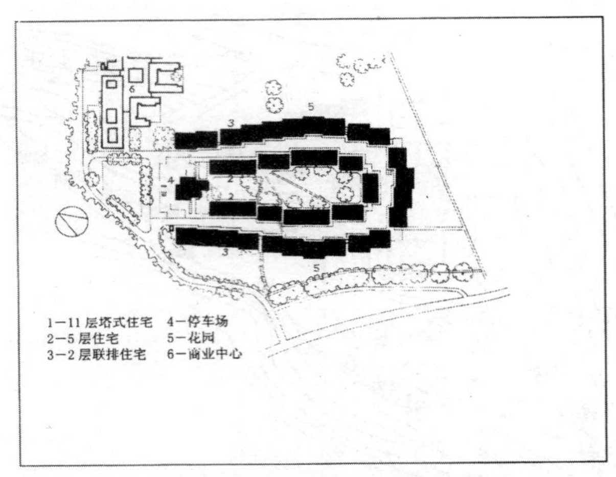

图 5-32 丹麦赫立伯·比克伯,埃尔西诺尔住宅群

三、住宅群体的组合形式

住宅建筑群体的组合应在居住区规划组织结构的基础上进行。住宅建筑群体的组合是居住区规划设计的重要环节和主要内容。

(一)成组成团的组合方式

住宅群体的组合可以由一定规模和数量的住宅(或结合公共建筑)组合成组或成团,作为居住区或居住小区的基本组合单元,有规律地发展使用。这种基本组合单元可以由若干同一类型、层数或不同类型、层数的住宅(或结合公共建筑)组合而成。组团的规模主要受建筑层数、公共建筑配置方式、自然地形和现状等条件的影响而定。一般为 1000～2000 人,较大的可达 3000 人。

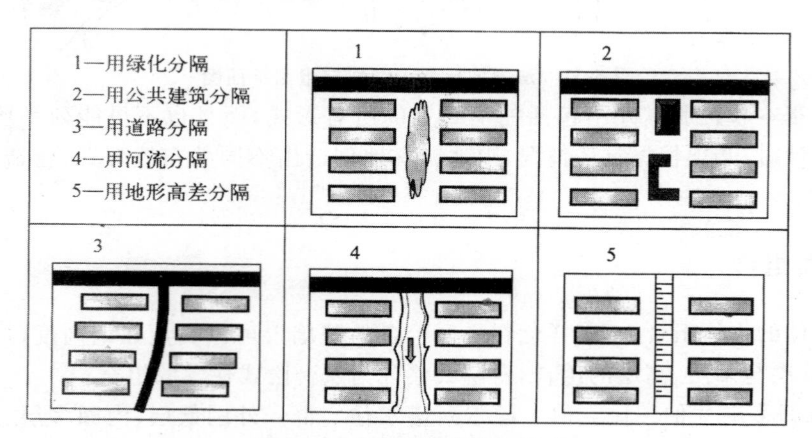

图 5-33 住宅组团的分隔方式

成组成团的组合方式功能分区明确,组团用地有明确范围,组团之间可用绿地道路、公共建筑或自然地形进行分隔(图 5-33)。这种组合方式也有利于分散建设,即使在一次建设量较

小的情况下，也容易使建筑组团在短期内建成，并达到面貌比较统一的效果。

恩济里小区（图 5-34）位于北京西郊恩济庄，距市中心区约 10 千米。小区基地狭长、南北方向 470 米，东西方向 210 米，用地面积 9.98 公顷。

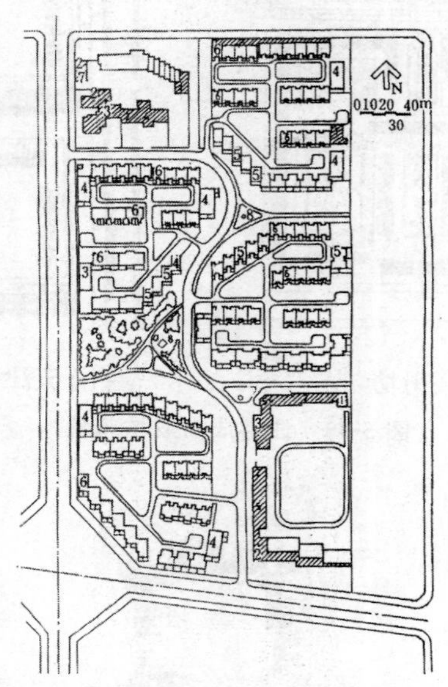

1. 商业 2. 小学 3. 幼儿园 4. 托儿所 5. 活动站 6. 变电室 7. 垃圾站 8. 小品

图 5-34　北京恩济里小区

小区的用地及建筑布局突出以人为主体的原则，满足居民对日照、通风、生活、交往、安全等多方面的需求。考虑到居民出行便利，主干道结合用地狭长的特点布置了南北向曲线型车行干道，避免外部车辆穿过小区。小区内道路分为三级，主要车道宽 7 米，进入住宅组团的尽端路宽 4 米，宅前道路宽 2 米。

小区内设 4 个 400 户左右的住宅组团，沿车行干道两侧布置，由 5 至 6 幢住宅围合成院落。每个住宅组团有一个主要入口，还有半地下自行车库设在组团入口，车库顶高出地面形成平台，设计为公共绿地的一部分。

公共设施的分布考虑居民出行流向，主要商业网点设在小区西南角，靠近小区主要入口，方便居民购物。北端另设辅助商业网点，服务半径均不超过 200 米。

小学与托幼分别布置在东南端和西北隅，减少对居住的干扰。

（二）成街成坊的组合方式

成街的组合方式就是以住宅（或结合公共建筑）沿街成组成段的组合方式，而成坊的组合方式就是住宅（或结合公共建筑）以街坊作为整体的一种布置方式（图 5-35、图 5-36）。成街的组合方式一般用于城市和居住区主要道路的沿线和带形地段的规划。成坊的组合方式一般用于规模不太大的街坊，（小于小区、大于组团规模）或保留房屋较多的旧居住地段的改建。成街组合是成坊组合中的一部分，两者相辅相成，密切结合。特别在旧居住区改建时，不应只考虑沿街的建筑布置，而不考虑整个街坊的规划设计。

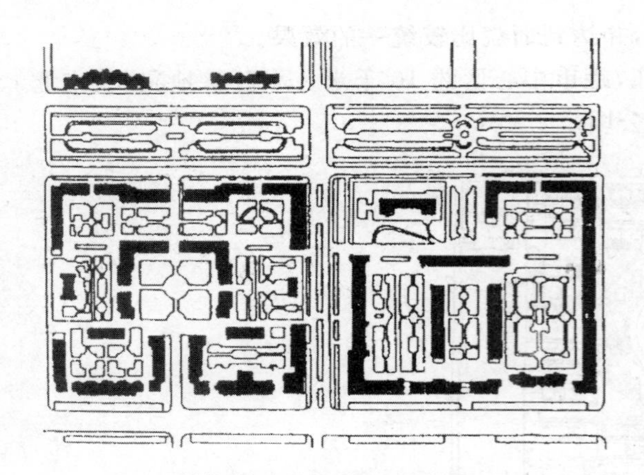

(a) 莫斯科车尔宾斯克区某街坊

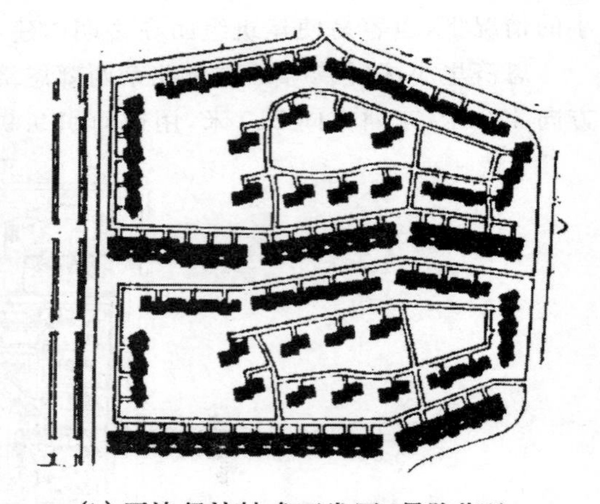

(b) 天津经济技术开发区4号路街坊

图 5-35 住宅成街成坊布置

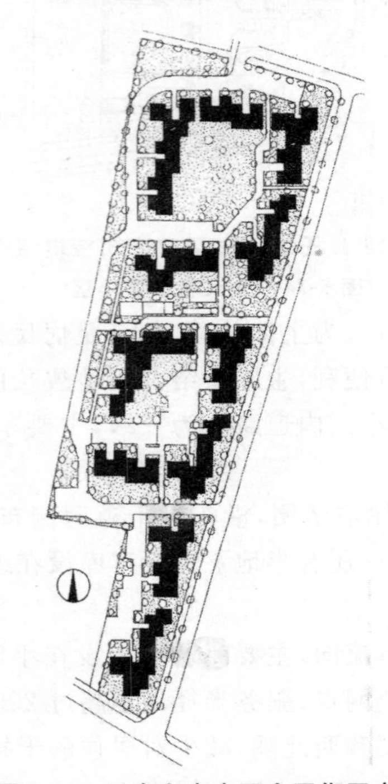

图 5-36 日本上水本町小区街区布置

(三)整体式组合方式

整体式组合方式是将住宅(或结合公共建筑)用连廊、高架平台等连成一体的布置方式。

图 5-37 仙霞新村位于上海市西郊,占地约 20 公顷,总建筑面积 35 万平方米,设有 3 个街坊,每个街坊分别布置了幼托及商业服务网点,生活方便,环境安静。

中学,小学等文化医疗设施,布置在居住区的中心,便于居民使用。中小学生上学不必穿越城市道路,行走距离较短,确保了学生的行走安全。行业齐全的商业街布置,既方便居民使用，又构成了良好的街景。

新村设计采用不规则的道路选线，避免城市交通的干扰，保障居住安全，也创造了建筑群的丰富空间。

住宅建筑选用高层与多层结合，多层以 6 层为主，布置住宅组团，每个组团均有一集中绿地，供居民户外生活使用，高层住宅集中布置，4 幢 22～24 层的塔式住宅与 3 幢 12～16 层的曲线形板式住宅，以及大片的绿地组成一个有机的高层建筑群。

在绿地中布置了低层的幼托建筑、儿童游戏场和成人休息庭园。高层建筑的集中布置，可充分利用其建筑间距与绿化组合，节约了居住用地，又创造了一个有高低错落自然活泼的空间和一个富有情趣的居住环境。

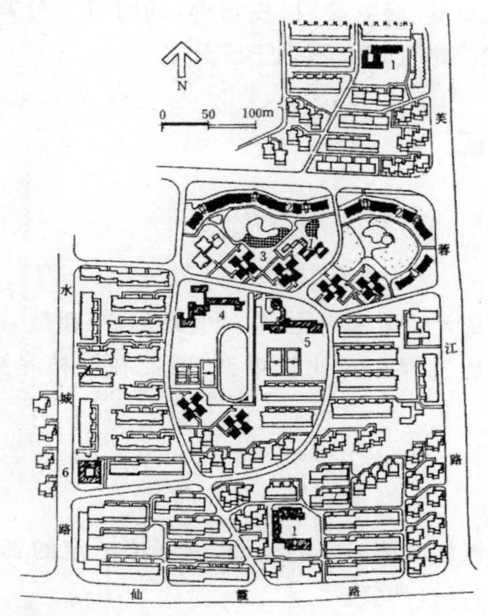

1. 幼托 2. 板式高层 3. 塔式高层 4. 中学 5. 小学 6. 商场

图 5-37　上海仙霞新村居住区

第三节　宅旁绿地的组织规划

宅旁绿地顾名思义，就是住宅旁的绿地，它最接近居民，在居住区中占地面积比其他绿地要大，约为 35％左右，它对居住区的环境影响也是最明显的。“宅旁绿地”是住宅内部空间的延续和补充，它虽不像公共绿地那样具有较强的娱乐、游赏功能，但却与居民日常生活起居息息相关。结合绿地可开展各种家务活动、儿童林间嬉戏、绿荫品弈棋、邻里联谊交往，以及衣物晾晒、家具制作、婚丧宴请等场面均是从室内向户外铺展，使众多邻里乡亲甘苦与共、休戚相关，密切了人际关系，具有浓厚的传统生活气息，使现代住宅单元楼的封闭隔离感得到较大程度的缓解，使以家庭为单位的私密性和以宅间绿地为纽带的社会交往活动都得到满足和统一协调。

一、宅旁绿地的设计要点

宅旁绿地的设计与其他绿地既有一定的共同性，也有一定的差异性。从入口设计来看，它往往设置有诱导性的花池或绿地，吸引人进入。入口处也要少设台阶、减少障碍，并形成局部的休息空间。

绿地所选植物要在统一基调下，形成可识别的标志，使居民产生认同感和归属感；宅旁绿地树木、花草的选择应注意居民的喜好、禁忌和风俗习惯。所选植物种类还要与周围环境相协调。

绿地内要多设置些座椅、桌凳、晾衣架、果皮箱等，同时避免分割绿地，出现锐角构图。宅旁绿地的活动休息场地，日照阴影面积应不多于三分之一。

二、宅旁绿地的形式

（一）树林型

树林型宅旁绿地主要以高大的树木为主，它的管理简单、粗放，占地也较为开放，居民可在树下活动。由于这种绿地植物选择相对比较单调，因此在配植是要综合考虑好不同树种的选择。

（二）花园型

花园型绿地常以绿篱或栏杆围成一定的范围，并形成一定的私密空间。这类绿地的布局方式既可选择规则式，也可选择自然式。

（三）绿篱型

在住宅前后沿道路边种植绿篱或花篱，形成整齐的绿带或花带的景观效果。南方小区中常用的绿篱植物有大叶黄杨、侧柏、小叶女贞、桂花、栀子花、米兰、杜鹃、桂花等。

（四）棚架型

住宅入口处搭棚架，种植各种爬藤植物，既美观又实用，是一种比较温馨的绿化形式。但要注意棚架的尺度，勿影响搬家。

（五）庭园型

在绿化的基础上，适当设置园林小品，如花架、山石、水景等。根据居民的爱好，设计各式风格的庭院，如日式风格、中式风格、英式风格等。在庭院绿地中，还可种植果树，一方面绿化，另一方面生产果品，供居民享受田园乐趣。

(六)游园型

在宅间距较宽时(一般需大于 30 米),可布置成小游园形式。一般小游园的空间层次可沿着宅间道路展开,可布置各种小型活动场地,场地上可布置各种简单休息设施和健身娱乐设施。

(七)草坪型

草坪型的绿地虽然以草坪植物为主,但也选配一些乔木、灌木或花卉。这类绿地多设置在高级院式住宅或多层行列式住宅中。

三、宅旁绿地的空间构成及其设计

根据宅旁空间不同领域属性及其使用情况可分为三部分(图 5-38)。

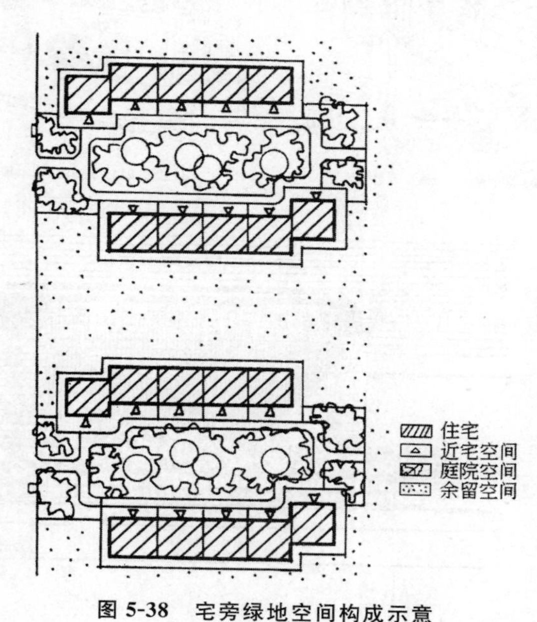

图 5-38　宅旁绿地空间构成示意

(一)近宅空间

近宅空间有两部分,一为底层住宅小院和楼层住户阳台、屋顶花园等。另一部分为单元门前用地,包括单元入口、入户小路、散水等,前者为用户领域,后者属单元领域。

近宅空间对住户来说是使用频率最高的亲切的过渡性小空间,每天出入住宅楼的必经之地。在这不起眼的小小空间里体现住宅楼内人们活动的公共性和社会性,它不仅具有适用性和邻里交往意义,还具有识别和防卫作用。

规划设计要在这里多加笔墨,适当扩大使用面积,作一定围合处理,如作绿篱、短墙、花坛、坐椅、铺地等(图 5-39),自然适应居民日常行为,使这里成为主要由本单元使用的单元领域空间。

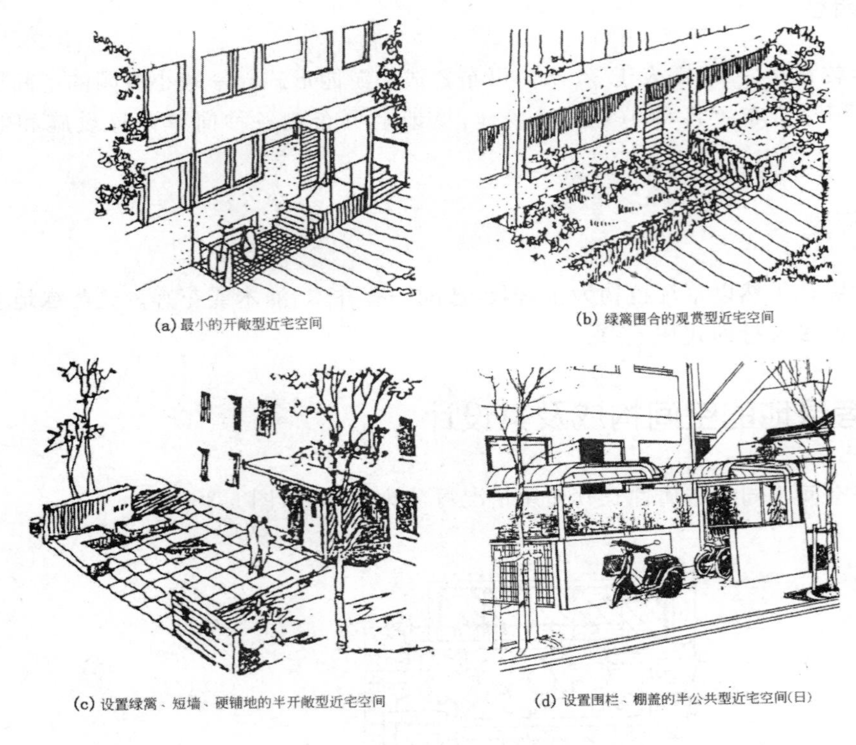

(a) 最小的开敞型近宅空间

(b) 绿篱围合的观赏型近宅空间

(c) 设置绿篱、短墙、硬铺地的半开敞型近宅空间

(d) 设置围栏、棚盖的半公共型近宅空间(日)

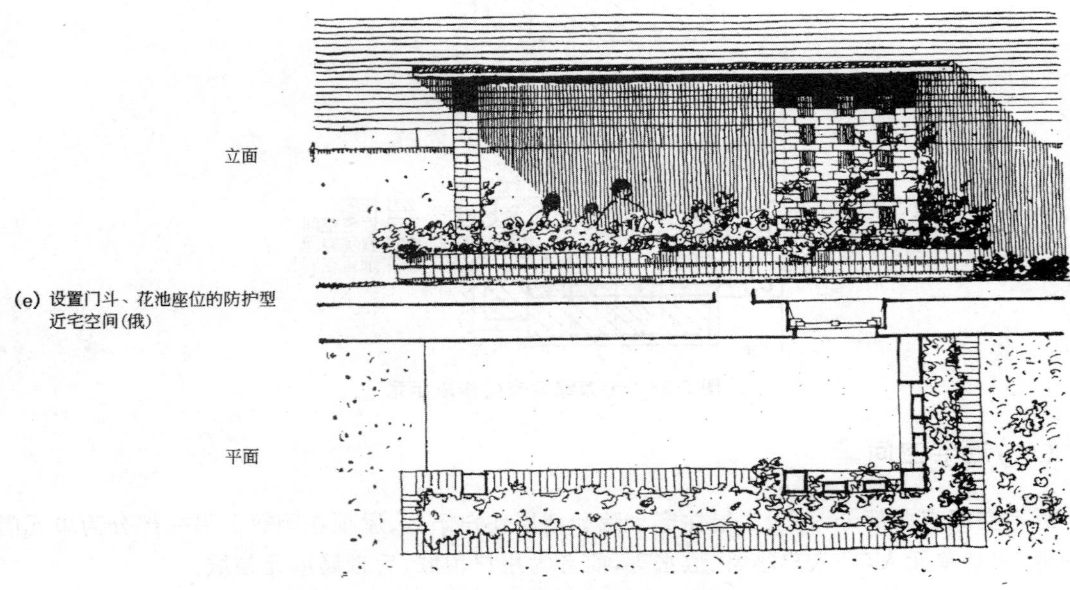

(e) 设置门斗、花池座位的防护型近宅空间(俄)

图 5-39 近宅空间的几种处理方式

至于底层住户小院、楼层住户阳台、屋顶住户花园等属住户私有,除提供建筑及竖向绿化条件外,具体布置可由住户自行安排,也可提供参考菜单。此外更有一些建筑小品化和立体化近宅空间的创造(图 5-40、图 5-41),使住宅立面和邻里交往空间丰富而更加人性化和现代化。

(a) 立体街巷式近宅空间

(b) 跌落式平台近宅空间(法)

图 5-40　立体化近宅空间(一)

(c) 天桥下沉式近宅空间

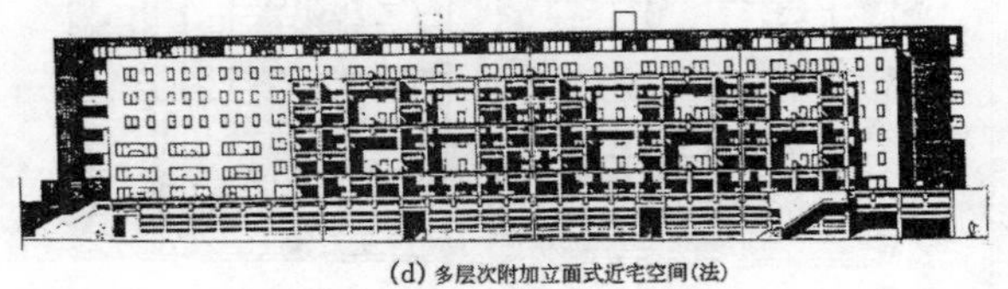

(d) 多层次附加立面式近宅空间(法)

图 5-41　立体化近宅空间(二)

（二）庭院空间

庭院空间（图 5-42、图 5-43、图 5-44）包括庭院绿化、各活动场地及宅间小路等，属宅群或楼栋领域。宅间庭院空间组织主要是结合各种生活活动场地进行绿化配置，并注意各种环境功能设施的应用与美化。其中应以植物为主，使拥塞的住宅群加入尽可能多的绿色因素，使有限的庭院空间产生最大的绿化效应。

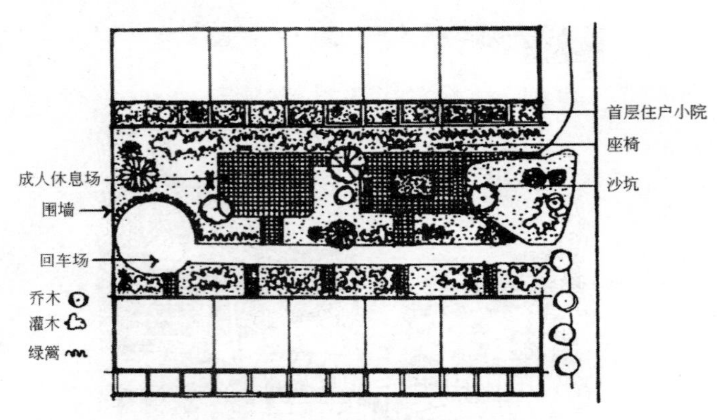

图 5-42　庭院绿地布置示意

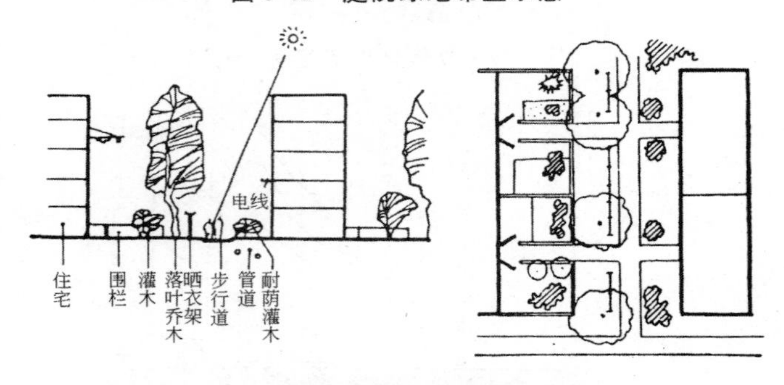

图 5-43　建筑间距较小的住宅庭院布置

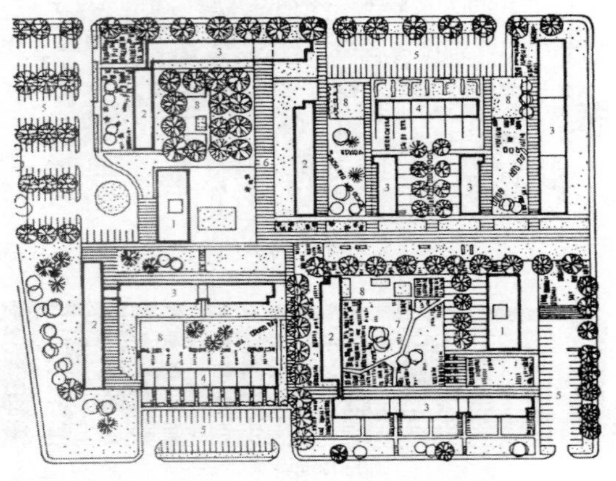

1—14 层住宅；2—4 层住宅；3—3 层住宅；4—2 层住宅；5—停车场；6 一铺地；7—草坪；8—儿童游戏场

图 5-44　加拿大温哥华马可林公园住宅群的庭院设计

(三)余留空间

余留空间是上述两项用地领域外的边角余地,大多是住宅群体组合中领域模糊的消极空间。宅旁绿地中一些边角地带、空间与空间的连接与过渡地带,如山墙间距、小路交叉口、住宅背对背的间距,住宅与围墙的间距等空间,尤其对一些消极空间①,需做出精心安排。

消极空间一般无人问津,常常杂草丛生,藏污纳垢,又很少在视线的监视之内,易被坏人利用,成为不安全因素,对居住环境产生消极的作用。居住区规划设计要尽量避免消极空间的出现,在不可避免的情况下要设法化消极空间为积极空间,主要是发掘其潜力进行利用,注入恰当的积极因素,例如可将背对背的住宅底层作为儿童、老人活动室,其外部消极空间立即可活跃起来,也可在底层设车库、居委会管理服务机构;在住宅和围墙或住宅和道路的间距内作停车场;在沿道路的住宅山墙内可设垃圾集中转运点,近内部庭院的住宅山墙内可设儿童游戏场、少年活动场;靠近道路的零星地可设置小型分散的市政公用设施,如配电站、调压站等,如图 5-45、图 5-46 所示。

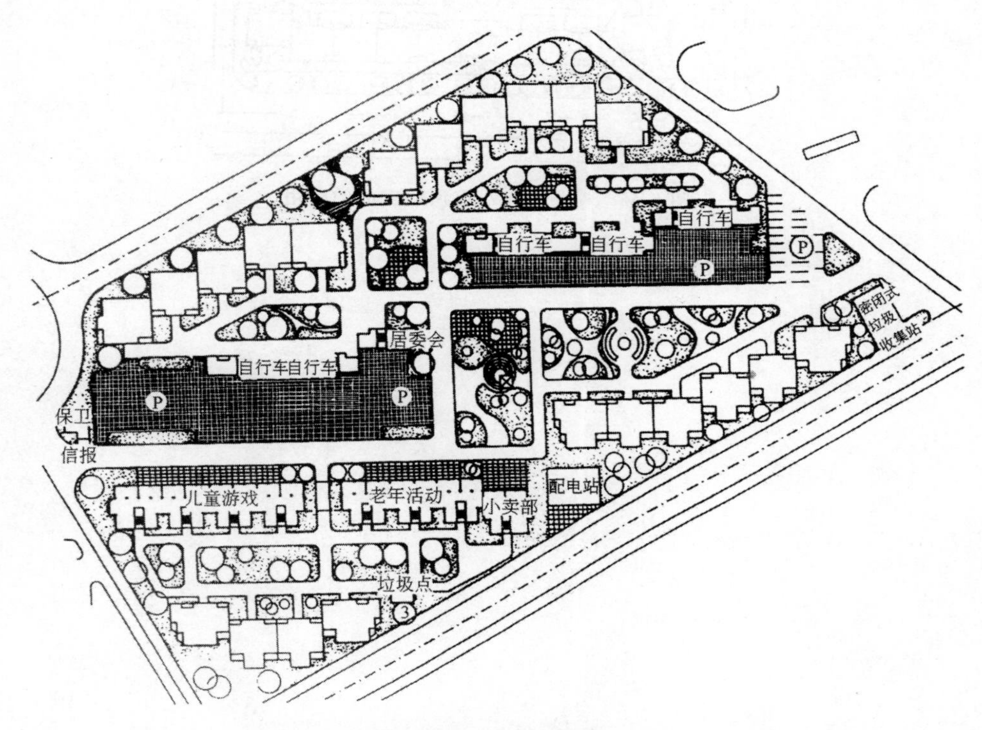

图 5-45 嘉兴穆湖小区边角余留地的利用

① 所谓消极空间又称负空间,主要指没有被利用或归属不明的空间。

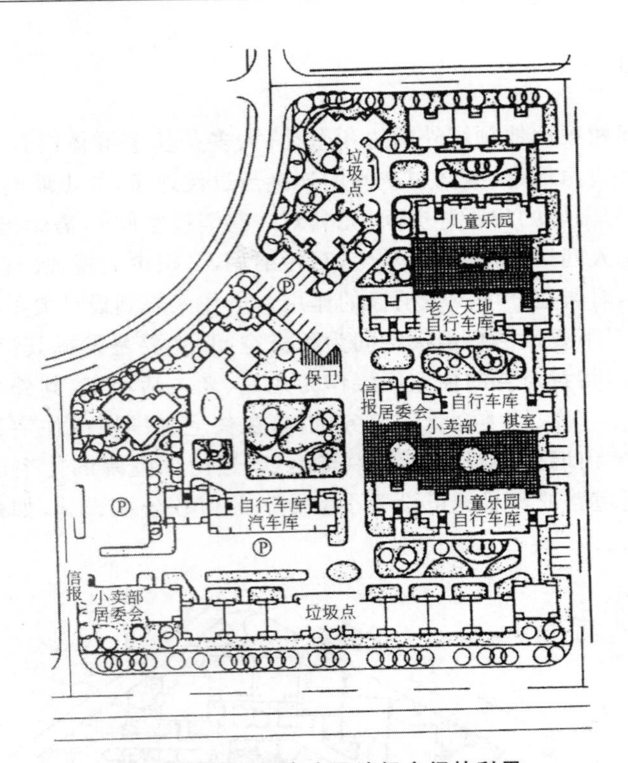

图 5-46　柳州河东小区消极空间的利用

第六章　住宅建筑的造型设计

与人们的生活息息相关的不仅是住宅的使用功能，其美观问题也是住宅设计的一个重要方面。建筑结构体系对住宅的形式有着很大的影响，建筑物整体比例及其外形上的虚实处理对于建筑的造型有着极大的影响。本章将重点介绍住宅的造型设计，讲述住宅建筑的整体形象与立面构图规律室内色彩设计。

第一节　住宅建筑的整体形象

一、体型与体量

住宅的体型是多样的。独立式、并联式和联排式低层住宅的体量特征是小巧、丰富。多层、高层住宅则体量较大，体型相对简单，并富有较强烈的节奏感。

住宅设计一般采用均衡体型，即静态造型，包括对称的和不对称的均衡，这种体型给人以稳定感(图 6-1)。对于一些独立式小住宅，为了突出个性或吸引人的视线，有时采用不均衡的体型以产生运动感，或创造矛盾、冲突等强烈的视觉效果(图 6-2)。

(a)

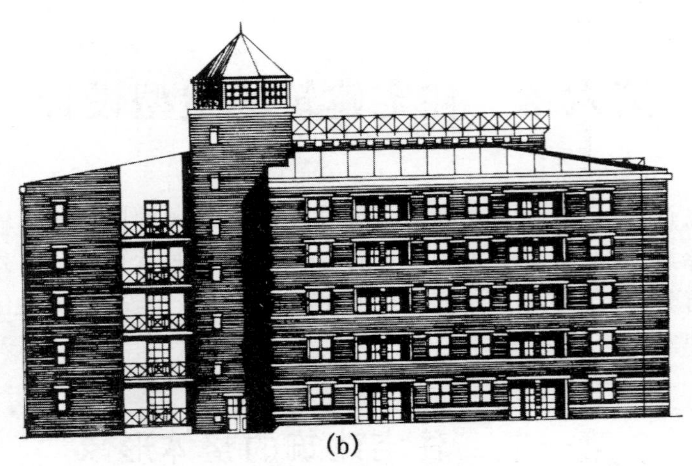
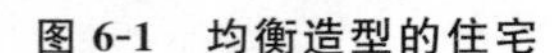

(b)

(a)对称均衡(法国拉瓦雷新城古典式公寓,波菲尔设计,1983);

(b)不对称均衡(德国柏林蒂尔加滕集合住宅,罗西设计,1985)

图 6-1　均衡造型的住宅

图 6-2　采用不均衡造型,富于个性的小住宅

人对均衡体型的心理体验,主要是通过对轻重的感觉来实现的。一般来说,垂直线条比斜线感觉重;圆形比方形感觉重;粗糙的比光滑的感觉重;实体比通透的感觉重;红色比蓝色显得重;令人感兴趣和出乎意料的比平淡无奇的显得重。在处理住宅立面的视觉中心和整体造型的均衡关系时,合理巧妙地运用这些心理体验,有时可以取得事半功倍的效果。

城市集合住宅的基本体型大致可以分为横向和垂直两种(图 6-3)。住宅体型的设计,在平面设计时就应同时考虑。如将塔式高层住宅的平面处理成矩形、Y 形、十字形、井字形等,其体型往往比较挺拔(图 6-4)。当结构、层数等多方面的原因,体型比例不好时,应尽可能加以处理。如点式中、高层住宅体型处理不好会使之笨重,可适当改变层数并且加以垂直处理,打破其笨重的方形比例(图 6-5)。又如,横向体型的住宅因透视的关系,在水平方向往往感觉缩短;垂直体型的住宅受透视影响,在高度上常常感觉降低。考虑到这种视觉效果,一般需要在尺度和比例上加以修正。

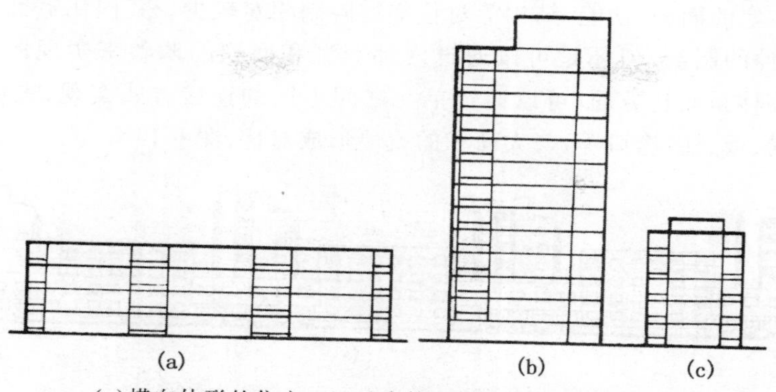

(a)横向体形的住宅；(b)垂直体形的住宅；(c)墩式住宅

图 6-3　横向和垂直方向两种体形的住宅

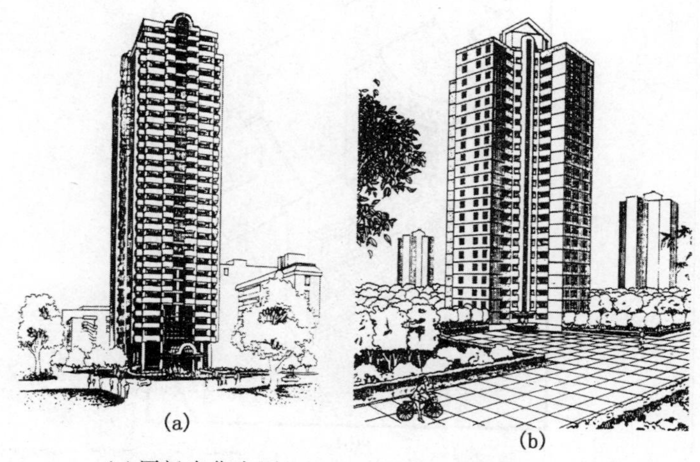

(a)厦门光华大厦；(b)1993 年北京住宅设计方案

图 6-4　垂直体型的高层住宅

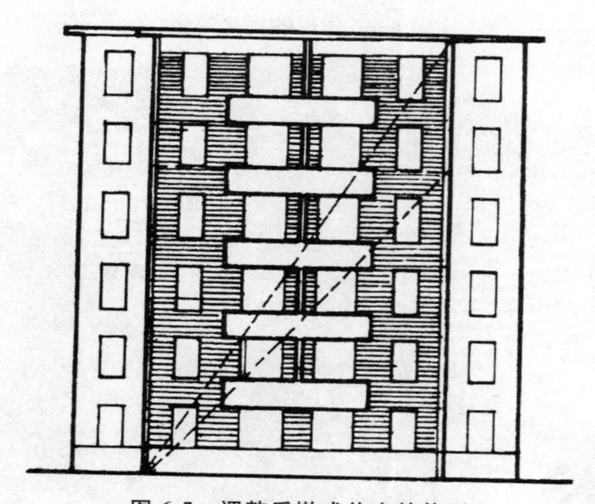

图 6-5　调整后墩式住宅的体形

许多住宅设计经常通过体型的变化和体量的对比，来创造丰富的视觉效果(图 6-6 到图 6-

11)，其前提是住宅的面积、功能、结构等对住宅的限制相对较少。我国住宅目前虽仍较多地受经济、标准等条件的制约，但还是可以通过内部套型和面积的调整来实现体型的变化(图 6-12、图 6-13)。在体量对比方面，可以通过单元之间不同的连接方式实现，也可以局部构件的凹凸(如阳台、梁、板、柱、檐口等)与大面积的直墙形成对比(图 6-14)。

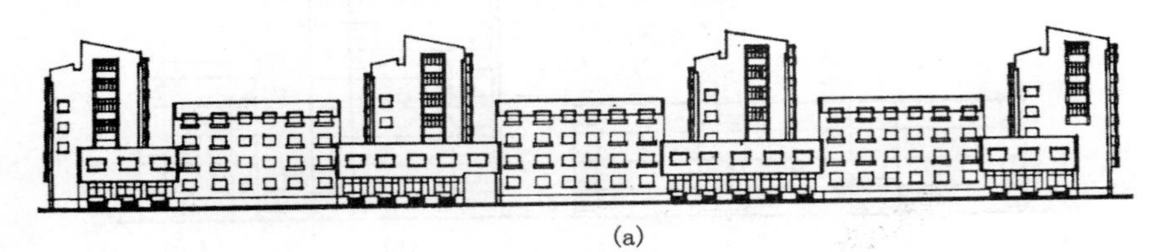

(a)

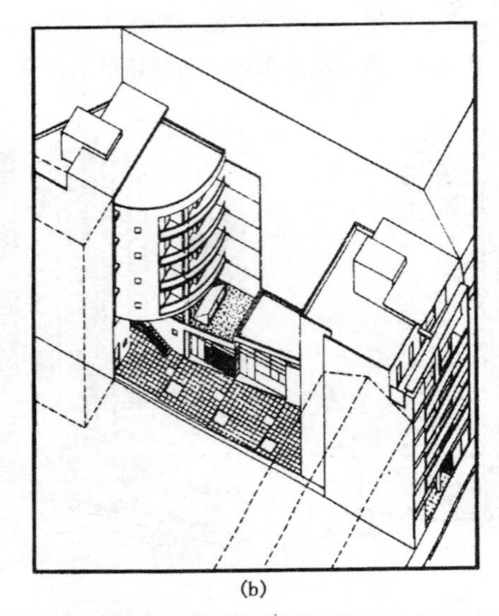

(b)

(a)高低的对比变化(哈尔滨嵩山节能住宅实验小区 2 号街坊立面)；
(b)弧形与 方形的对比(法国巴黎第 20 区勃希西翁路住宅)

图 6-6　体形的对比变化

图 6-7　体形适应气候和结合环境

图 6-8　印度孟买干城章嘉公寓
（新加坡阿卡迪亚花园公寓）

图 6-9　阳台错位出挑，形成雕塑感（印度新德里雅穆纳公寓）

(a)

(b)

（a）香港浅水湾高层公寓；（b）深圳帝王大厦高层公寓

图 6-10　结合空中花园或活动空间的处理，将中部挖空

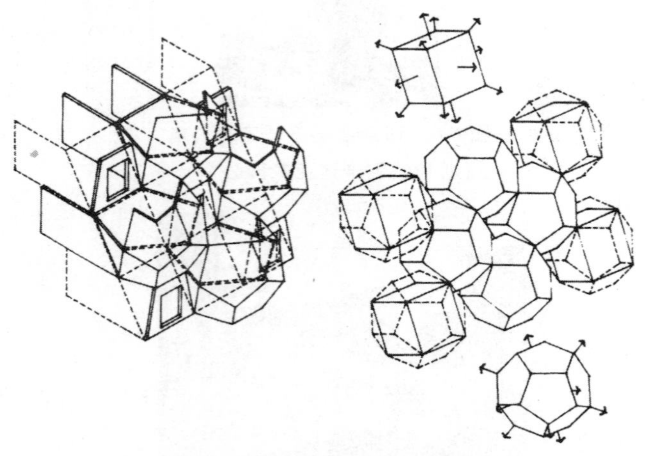

图 6-11　结构与施工的影响

(以色列耶路撒冷 Ramot 住宅,由专门开发设计并预制的 12 面体、6 面体和结合体组成了独特的住宅外观,海科尔设计,1980)

图 6-12　调整各层套型数量形成退台,使每户有露台花园

(天津川府新村花园台阶式住宅)

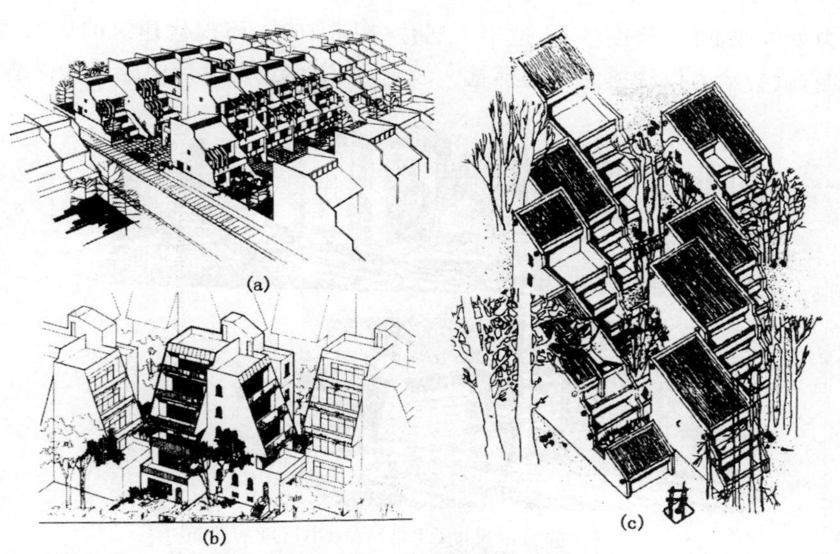

(a)条式住宅北向退台，端部降低层数(重庆)；(b)点式住宅逐层退台，山墙作斜面处理(广西)；
(c)合院式住宅南向退台，并拼联成连续的四合院(重庆)

图 6-13　逐层递减套型面积形成变化的体形

(a)端单元的特殊体形处理与其他单元形成对比(德国柏林某住宅)；
(b)以层数变化及坡顶和阳台的巧妙安排形成对比(青岛杭州路住宅)；
(c)窗口和阳台的局部凹凸与墙面形成对比(荷兰阿姆斯特丹 100Wozoco's 住宅)

图 6-14　体量的对比

二、尺度的把握

住宅的尺度就是建筑物与人体的比例关系。尺度较大的建筑，给人的感觉是庄严、神圣、气派、难以接近；而尺度较小的建筑则使人觉得亲切、易于接近和具有人情味(图 6-15)。古代民居一般都为单层或低层，尺度较小，适于人居住（图 6-16）。而现代建筑的层数大大加高，若细部处理不当，就会给人以冷漠无情的感觉。因此，住宅建筑在设计中应该选择适宜的尺度。

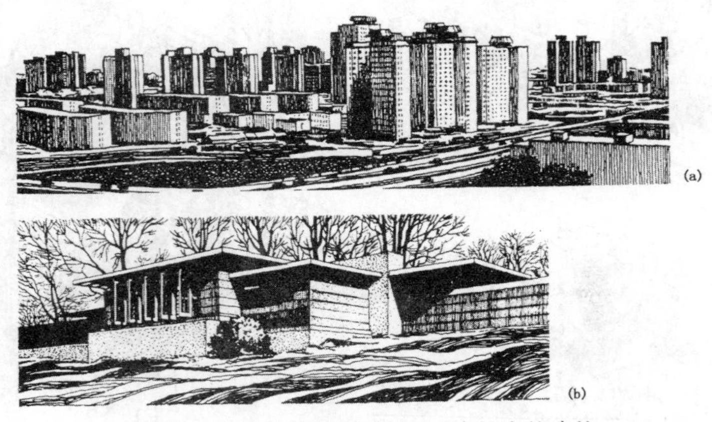

(a)巨大的城市尺度（北京）；(b)小尺度的建筑

图 6-15 建筑的尺度

（美国温克勒和戈茨住宅，赖特设计，1939 年）

图 6-16 云南一颗印住宅

为了缩小住宅的尺度，可以采用化整为零的方法，即通过材料、质感、色彩的变化和构件、洞口的凹凸，使大的墙面尺度变小（图 6-17）。另外，将单一的外形轮廓改变为曲折复杂的外形，也可以起到减小尺度的作用（图 6-18）。

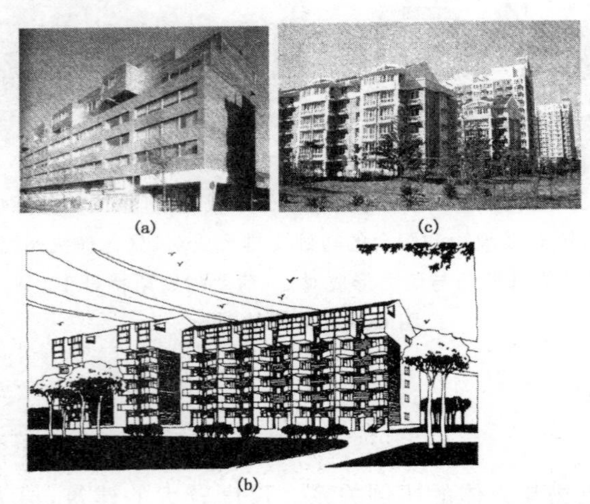

(a)荷兰 Prinsenhoek 公寓；(b)石家庄联盟小区住宅；(c)天津梅江居住区住宅

图 6-17 化整为零，缩小住宅尺度

三、个性的体现

住宅的个性体现首先应遵循住宅总体的性格原则，即城市的背景和亲切宜人的尺度。但是这并不等于住宅都是单一的面孔。在不同的环境中，要求住宅体现不同的个性或风格。

我国住宅的风格可谓多姿多彩，既有亲切淳朴，也有创新独特；既反映时代特征，也反映不同文脉继承。文脉继承倾向的表现又分为地域文化倾向和西方古典风格倾向。所谓地域文化倾向，主要是从我国传统民居中吸收营养，体现地域的文化特征（图 6-19）；具有西方古典风格的住宅建筑多分布于一些特殊的城市，如上海、天津、青岛、哈尔滨等（图 6-20）。同时在越来越多的旧城住宅改造设计中，亦充分注意使住宅风格与周围环境相协调（图 6-21、图 6-22）。

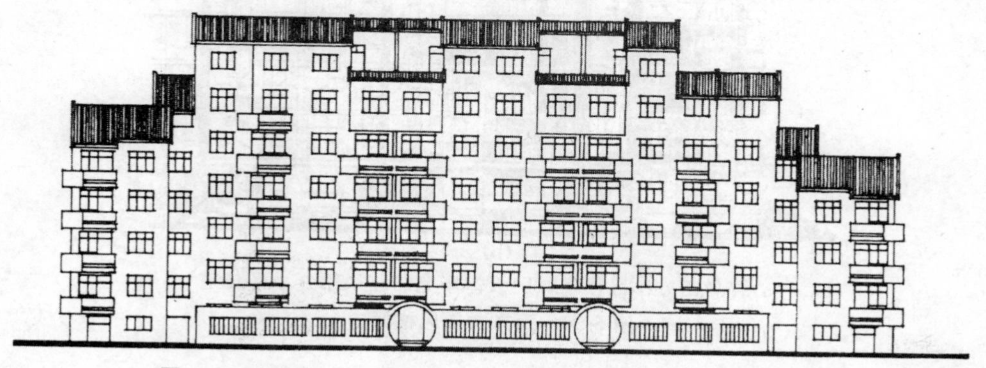

图 6-18　改变住宅单一外形，减小尺度（常州红梅西村小区住宅）

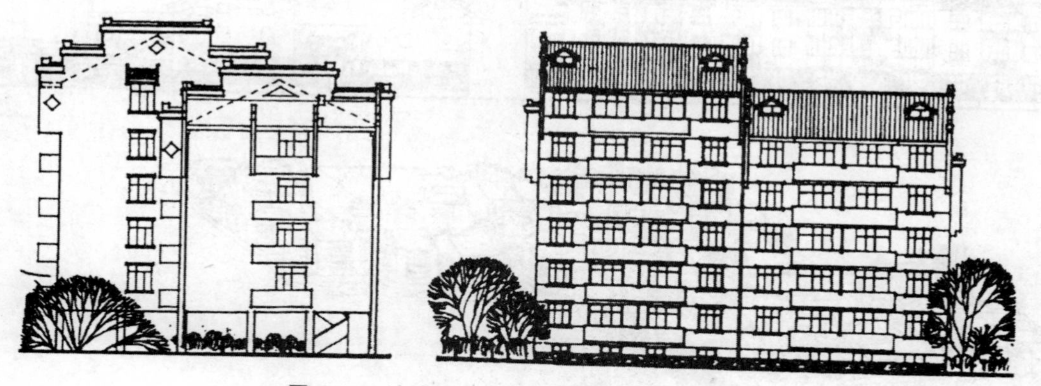

图 6-19　地域文化倾向（合肥琥珀山庄住宅）

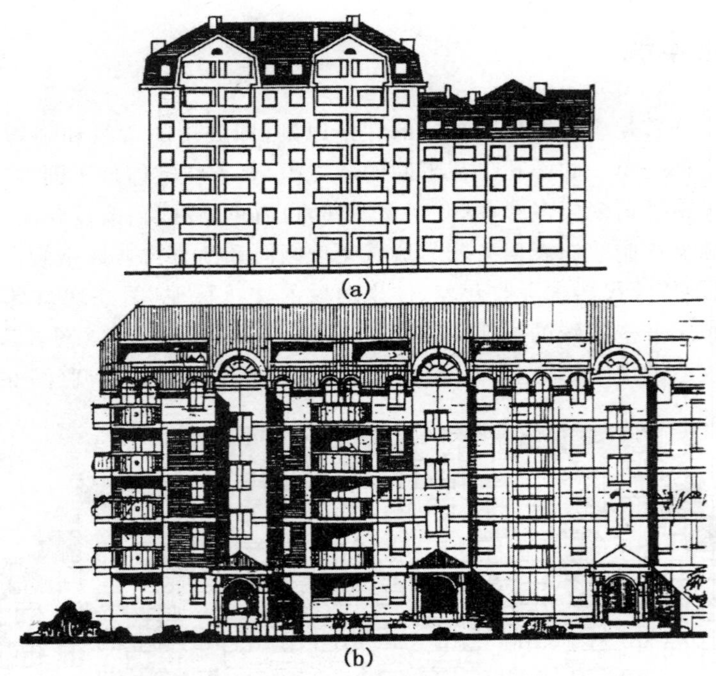

(a)青岛四方小区住宅;(b)天津华苑居住区第九小区住宅

图 6-20 西方古典风格倾向

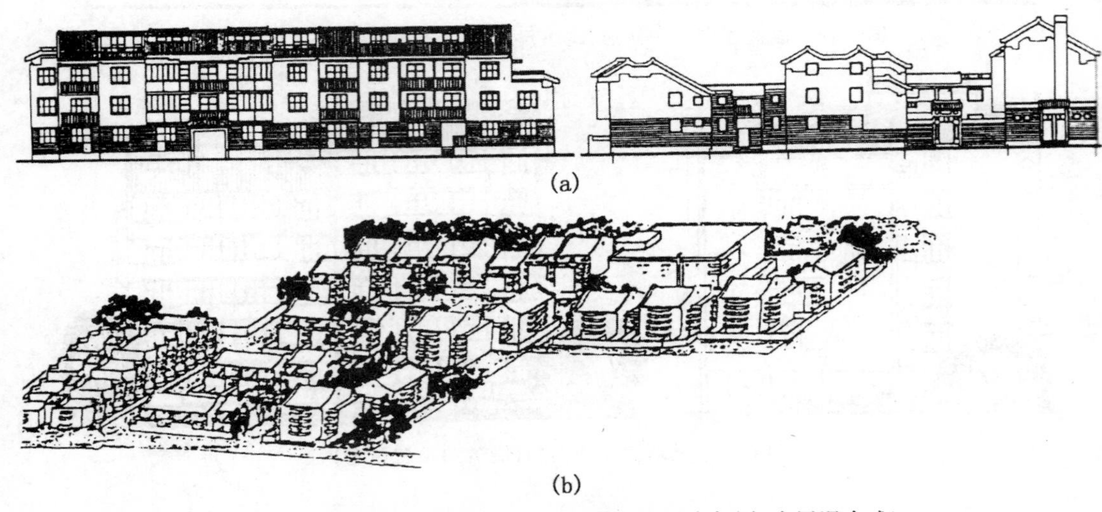

(a)北京菊儿胡同(低层四合院);(b)北京小后仓胡同(多层混合式)

图 6-21 旧城改造实例

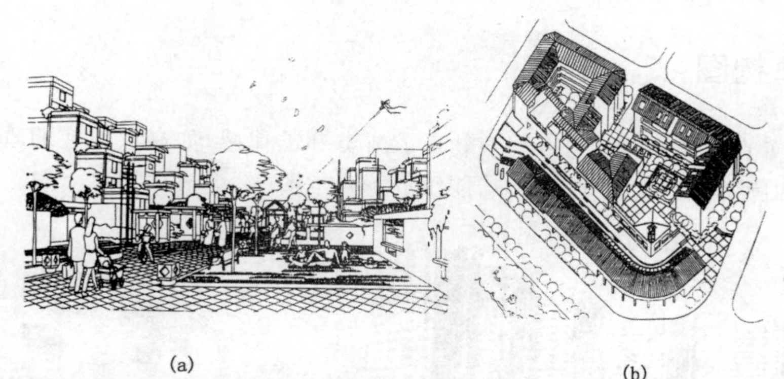

(a)　　　　(b)

(a)"今日多层住宅"国际学生住宅设计竞赛第一名,天津大学,1995年(多层四合院台阶式);

(b)"康居住宅"国际学生住宅设计竞赛第一名,重庆建筑大学,1997年(多层坡顶合院式)

图6-22　旧城改造设计

值得注意的是,住宅设计中的关键是适度,在强调个性的同时,更应注意整体的其他方面。尤其是对传统民居的借鉴,不能忽略尺度的把握,既不能简单地按比例放大,也不能以原尺寸堆砌,否则效果会适得其反,更应该提倡在继承的基础上有所创新。

第二节　住宅立面构图的规律

一、水平构图

水平线条划分立面,容易给人以舒展、宁静、安定的感觉,尤其是一些多层、高层住宅,常常采用阳台、凹廊、遮阳板、横向的长窗等来形成水平阴影,与墙面形成强烈的虚实对比和有节奏的阴影效果;或是利用窗台线、装饰线等水平线条,创造材料质地和色泽上的变化(图6-23)。

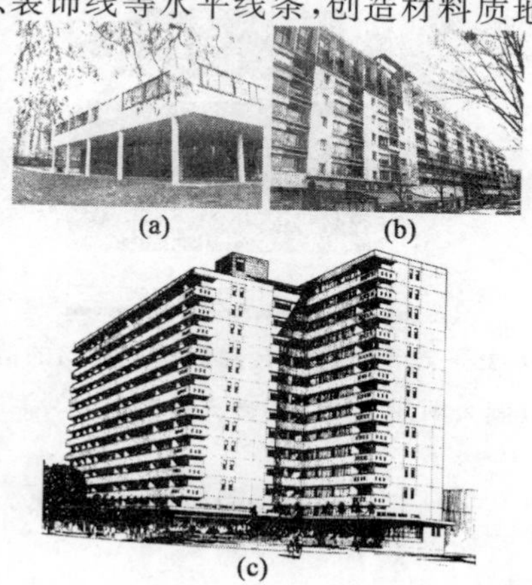

(a)　　(b)

(c)

(a)带形窗等水平线条划分立面,给人以宁静感(法国萨伏依别墅);

(b)连续不断的阳台、凹廊形成水平分割线条(上海华盛路住宅1977年);

(c)水平遮阳板、窗台线、花槽等水平线脚分割立面的效果(法国巴黎某住宅)

图6-23　住宅的水平构图

二、垂直构图

有规律的垂直线条和体量可令建筑物形成节奏和韵律感，如高层住宅的垂直体量以及楼梯间、阳台和凹廊两侧的垂直线条等，均能组成垂直构图（图 6-24）。

(a)　　　　　　　　(b)

(a)北京亚运村汇园公寓；(b)德国鲁尔某住宅

图 6-24　垂直线条构图

塔式住宅为垂直的体型，对这种体型的住宅加以水平分割处理，可以打破垂直体型的单调。将遮阳板、阳台、凹廊等水平方向的构件组合处理后，可以得到垂直方向的韵律。（图 6-25）

图 6-25　水平构件组合形成垂直方向的韵律

（澳大利亚悉尼沃尔多夫公寓，1983 年）

三、成组构图

住宅常常采取单元拼接组成整栋建筑。在这种情况下，外形上的要素，例如窗、窗间墙面、阳台、门廊、楼梯间等往往多次重复出现，这就是自然形成的住宅外形上的成组构图。这些重复出现的种种要素并无单一集中的轴线，而是若干均匀而有规律的轴线形成成组构图的韵律（图 6-26）。

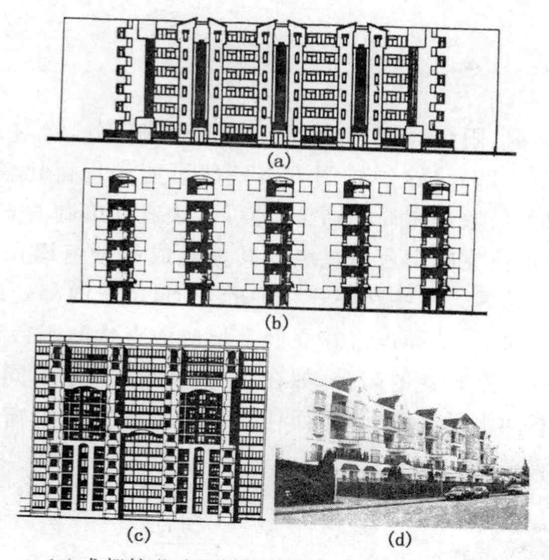

(a)成都棕北小区住宅；(b)上海某多层住宅；

(c)法国巴黎高层住宅改建(安莎、克鲁等设计)；(d)加拿大列治文某多层公寓

图 6-26　成组构图

四、网格式构图

网格式构图是利用长廊、遮阳板或连续的阳台与柱子，组成垂直与水平交织的网格。有的建筑则把框架的结构体系全部暴露出来，作为划分立面的垂直与水平线条(图 6-27)。网格构图的特点是没有像成组构图那样节奏分明的立面，而是以均匀分布的网格表现生动的立面。网格内可能是大片的玻璃窗、空廊或阳台，也可能是与网格材料、色彩、质感对比十分强烈的墙面，墙面中央是窗。

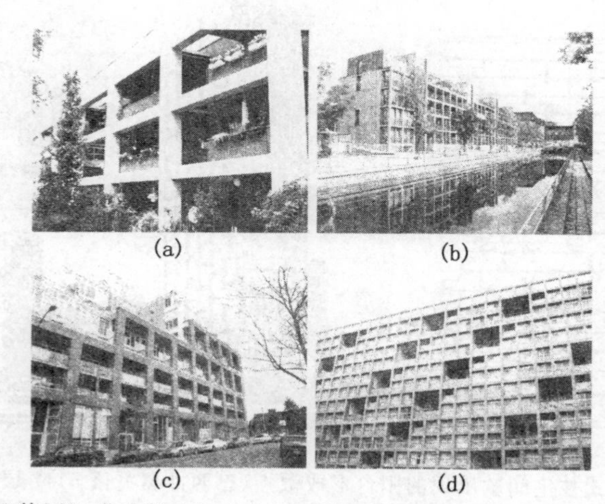

(a)德国汉诺威某多层住宅；(b)德国杜伊斯堡内港多层住宅；

(c)加拿大温哥华某多层公寓；(d)日本东京东云居住区高层住宅

图 6-27　网格构图的住宅

五、散点式构图

在住宅建筑外形上的窗、阳台、凹凸的墙面或其他组成部分，均匀、分散地分布在整个立面上，就形成散点式构图(图 6-28)。这种构图方案一般可能表现得比较单调，但如果利用色彩变化，或适当利用一些线条与散点布局相结合，即可打破这种单调的立面。在一些错接或阶梯式住宅中，由于不便把整栋住宅的阳台、窗、墙或其他组成部分组织在一起，只有在其复杂、分散的体量上进行这种散点处理。某些跃层式住宅的外形，由于内部处理使得阳台是间隔出现，而非连续地大片布置在立面上，从而也会在立面上形成散点状的阳台布局，打破了一般常见的成组构图处理手法。这种散点布置的阳台，如在阳台栏板上施以不同色彩会更为生动。垂直体型的塔式住宅也可以不加水平线条处理，而任其自然地分散布置窗、阳台等，这种分散布置也给住宅外形以生动的效果(图 6-29)。

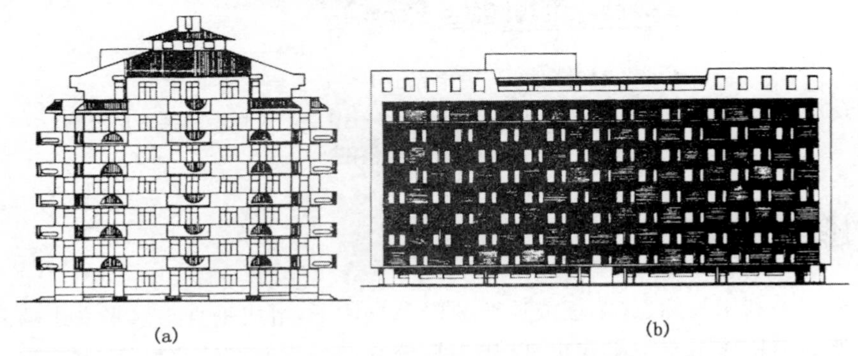

(a)　　　　(b)

(a)利用阳台形成散点构图(无锡芦庄点式住宅)；

(b)利用材料对比与质感组织散点式立面(英国拜晚浦桥大街公寓)

图 6-28　多层住宅的散点式构图

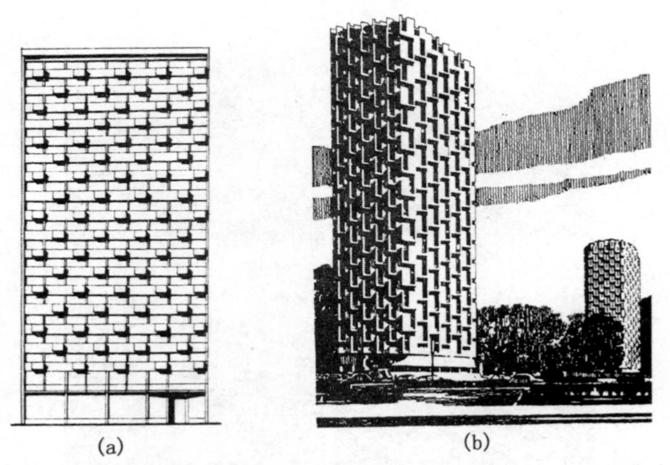

(a)　　　　(b)

(a)跃层式住宅间歇出现的阳台形成散点(巴西沙奥派洛 9117 层住宅)；

(b)以悬挂的外墙板与叠落的阳台形成散点(法国格列诺伯的塔式住宅)

图 6-29　高层住宅的散点式构图

六、自由式构图

现在，随着住宅多样化的发展趋势，越来越多的住宅不拘拟于简单的形式，或将以上各种构图手法混合使用，或采用自由式构图以体现住宅的个性，或由于某些特殊的原因而形成了特殊的外形，令住宅的造型和立面更加丰富多彩(图 6-30)。

还有许多顺坡建造的住宅，亦可组成各种韵律，表现出节奏感(图 6-31)。此外，还有按照规划、地形的需要设计的曲线形带状住宅，形成柔和而弯曲的优美外形(图 6-32)。

(a)　(b)

(a)日本东京羽根木之林，坂茂设计；(b)墨西哥 Pasaje Santa Fe 住宅

图 6-30　住宅的自由式构图

(a)

(b)

(a)希腊桑托里尼岛公寓；(b)坡顶低层公寓(美国洛杉矶余晖公寓)

图 6-31　顺坡建造的住宅

图 6-32　曲线形住宅(深圳白沙岭住宅)

七、住宅外形处理中的构图规律

住宅内部空间的比例和尺度,一般取决于家具尺寸和人体活动的需要。所以长、宽、高合适的空间给人以舒适感,反映在外形上也是美观的。局部如门窗的高、宽和比例尺度,也是由功能的需要来决定的,因而一般不致产生尺度、比例失常的现象。

在进行住宅外形设计时,无论是水平、垂直、成组、网格、散点等构图手法,还是自由式外形,都必须首先推敲处理好整体及各组成部分之间的比例关系。同一建筑,不同的构图处理,可以获得不同的立面效果(图 6-33),同时还可以利用这种方法来调整建筑物的整体比例。

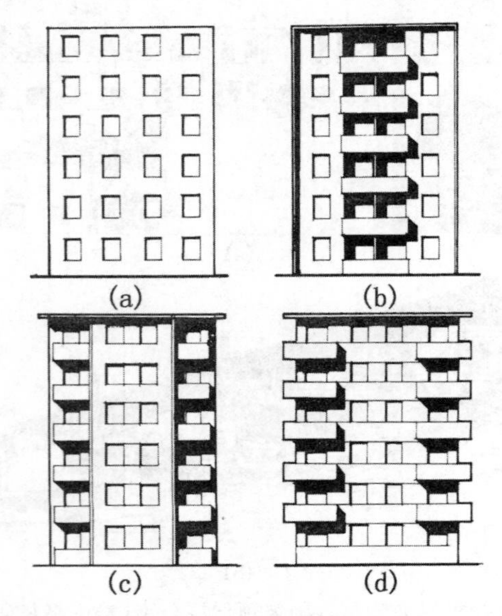

(a)无阳台,窗散点布置时的体型;(b)半凹、半凸阳台把立面划分为三垂直狭条,使体型感觉较高;(c)两边虚中间实,削弱了宽度,体型更感高耸;(d)转角阳台及水平线条,体型感觉矮而宽

图 6-33　不同手法可得到不同的外形,同时也有助于调整建筑整体的比例

第三节　室内色彩设计

一、室内色彩设计的功能

(一)色彩调整空间宽窄

色彩由于其本身性质及所引起的视错觉,对于室内空间具有面积或体积上的调整作用,比如,室内空间有过大、过小的现象时,可以运用色彩作适度的调整。

根据色彩的特性,明度高、彩度强的暖色皆具有前进性;相反,明度低、彩度弱的冷色皆具有后退性。室内空间如果过于松散时,可以选用具有前进性的色彩来处理墙面,使室内空间获得紧凑亲切的效果。相反,室内空间如果感觉过于狭窄拥挤时,则应选用具有后退性的色彩来处理墙面,使室内空间取得较为宽阔的效果。室内空间若较为宽敞时,可以采用变化较多的色彩;室内空间若较为狭窄时,则应采用单纯而统一的色彩。

(二)色彩调整空间高低

色彩同时又具有重量感,明度高的色彩较轻,明度低的色彩较重;同明度而彩度高的色彩较轻,同明度而彩度低的色彩较重;同明度同彩度的暖色相较轻,同明度同彩度的冷色相较重。而且,轻的色彩必然具有上浮感,重的色彩必然具有下沉感。

假如室内空间过高时,天花板可以采用略重的下沉性色彩,地板可以采用较轻的上浮性色彩,使其高度获得适度的调整。相反,假如室内空间偏低时,天花板则必须采用较轻的上浮性色彩,地板则必须选用较重的下沉性色彩,使室内空间产生较高的感觉。而且,当室内空间偏低时,无论天花板或地板的色彩都必须单纯;当室内空间偏高时,天花板或地板则可选用较富于变化的色彩。

(三)色彩调整环境品质

室内色彩还应满足个人或群体对于不同色彩的偏爱,并应更多地了解使用人的性格特征,用室内色彩给予积极的表现,使人人拥有性格鲜明的生活环境,并可应用色彩的特性,矫正人们性格上的错误倾向。

其实色彩的象征并无理论上的绝对性或必然性,在设计时,只有注意时代性的变化、地域性的差别和个人的差别等综合条件,才能在环境性格的表现上获取积极的效果。七色中对人体心理健康最为有益的是绿色,它对人的神经系统、视网膜组织的刺激都有好处,能使人消除疲劳,舒缓血流。

二、室内色彩的应用与搭配

色彩分无彩色和有彩色两大类。黑、白、灰为无彩色,除此之外的任何色彩都为有彩色。其中红、黄、蓝是最基本的颜色,被称为三原色。三原色是其他色彩所调配不出来的,而其他色彩则可以由三原色按一定比例调配出来。如红色加黄色可以调配出橙色,红色加蓝色可以调配出紫色,蓝色加黄色可以调配出绿色等。

(一)无彩色

1. 黑色

黑色具有稳定、庄重、严肃的特点,象征理性、稳重和智慧。黑色是无彩色系的主色,可以降低色彩的纯度,丰富色彩层次,给人以安定、平稳的感觉。黑色运用于室内装饰,可以增强空间的稳定感,营造出朴素、宁静的室内气氛。

2. 白色

白色具有简洁、干净、纯洁的特点,象征高贵、大方。白色使人联想到冰与雪,具有冷调的现代感和未来感。白色具有镇静作用,给人以理性、秩序和专业的感觉。白色具有膨胀效果,可以使空间更加宽敞、明亮。白色运用于室内装饰,可以营造出轻盈、素雅的室内气氛。

3. 灰色

灰色具有简约、平和、中庸的特点,象征儒雅、理智和严谨。灰色是深思而非兴奋、平和而非激情的色彩,使人视觉放松,给人以朴素、简约的感觉。此外,灰色使人联想到金属材质,具有冷峻、时尚的现代感。灰色运用于室内装饰,可以营造出宁静、柔和的室内气氛。

(二)三原色

1. 红色

红色具有鲜艳、热烈、热情、喜庆的特点,给人勇气与活力。红色可刺激和兴奋神经,促进机体血液循环,引起人的注意并产生兴奋、激动和紧张的感觉。红色有助于增强食欲。红色使人联想到火与血,是一种警戒色。红色运用于室内装饰,可以大大提高空间的注目性,使室内空间产生温暖、热情、自由奔放的感觉。

粉红色和紫红色是红色系列中最具浪漫和温馨特点的颜色,较女性化,可使室内空间产生迷情、靓丽的感觉。

2. 黄色

黄色具有高贵、奢华、温暖、柔和、怀旧的特点，它能引起人们无限的遐想，渗透出灵感和生气，使人欢乐和振奋。黄色具有帝王之气，象征着权利、辉煌和光明；黄色高贵、典雅，具有大家风范；黄色还具有怀旧情调，使人产生古典唯美的感觉。黄色是室内设计中的主色调，可以使室内空间产生温馨、柔美的感觉。

3. 蓝色

蓝色具有清爽、宁静、优雅的特点，象征深远、理智和诚实。蓝色使人联想到天空和海洋，有镇静作用，能缓解紧张心理，增添安宁与轻松之感。蓝色宁静又不缺乏生气，高雅脱俗。蓝色运用于室内装饰，可以营造出清新雅致、宁静自然的室内气氛。

(三)调配色

1. 紫色

紫色具有冷艳、高贵、浪漫的特点，象征天生丽质，浪漫温情。紫色具有罗曼蒂克般的柔情，是爱与温馨交织的颜色，尤其适合新婚的小家庭。紫色运用于室内装饰，可以营造出高贵、雅致、纯情的室内气氛。

2. 绿色

绿色具有清新、舒适、休闲的特点，有助于消除神经紧张和视力疲劳。绿色象征青春、成长和希望，使人感到心旷神怡，舒适平和。绿色是富有生命力的色彩，使人产生自然、休闲的感觉。绿色运用于室内装饰，可以营造出朴素简约、清新明快的室内气氛。

3. 褐色

褐色具有传统、古典、稳重的特点，象征沉着、雅致。褐色使人联想到泥土，具有民俗和文化内涵。褐色具有镇静作用，给人以宁静、优雅的感觉。中国传统室内装饰中常用褐色作为主调，体现出东方特有的古典文化魅力。

(四)搭配色

色彩的搭配与组合可以使室内色彩更加丰富、美观。室内色彩搭配力求和谐统一，通常用两种以上的颜色进行组合，要有一个整体的配色方案，不同的色彩组合可以产生不同的视觉效果，也可以营造出不同的环境气氛。

蓝色＋白色：地中海风情，清新、明快；

米黄色＋白色：轻柔、温馨；

黄色＋茶色(浅咖啡色)：怀旧情调，朴素、柔和；

黑＋灰＋白：简约、平和；

蓝色＋紫色＋红色：梦幻组合，浪漫、迷情；

黑色＋黄色＋橙色：青春动感，活泼、欢快；

青灰＋粉白＋褐色：古朴、典雅；

黄色＋绿色＋木本色：自然之色，清新、悠闲；

红色＋黄色＋褐色＋黑色：中国民族色，古典、雅致。

第七章　不同类型的住宅建筑设计

住宅建筑具有不同的类型，如低层住宅、多层住宅、高层住宅和中高层住宅设计等，本章即从这几种不同的类型出发，分析不同类型的住宅建筑在设计中的特点及需要注意的问题，并在第四节对特殊条件（炎热、严寒和寒冷地区）的住宅设计进行了分析。

第一节　低层住宅建筑设计

一、低层住宅的类型

低层住宅一般指1～3层的住宅建筑。在经济形态主要呈现为自然经济的农业社会时期，与当时的技术水平和城市人口密度相适应，低层住宅成为一种主要的居住形式。工业时代科技水平发达，城市的人口密度大大增加，使得多、高层住宅在城市住宅中所占的比例逐步增大，而低层住宅则主要存在于人口密度相对较低的城市郊区和小城镇。

低层住宅一般可分为两种类型。

（一）一般标准低层住宅——低层住宅

这类低层住宅指在城市和乡村范围内居住标准较低的低层住宅，可再分为农民自建低层住宅（农村、市郊）和城市集合型低层住宅。后者所具有的“集合性”反映在统一的建造方式、较高的人口聚集密度，以及在建筑群体中，建筑之间有较明确的组合关系等方面。

在农业社会及农业社会向工业社会过渡的阶段，低层住宅是居住建筑的主体类型。在此阶段，营造手段尚不先进，城市的用地也不太紧张。但随着社会经济的发展，低层住宅在城市建设中的比例逐步减小，多数是乡村以及市郊的农民自建住宅，其他还会出现在占地较大的工矿企业或单位，或是在旧城保护区，以及新建住宅区中的局部地段。

（二）较高标准低层住宅——别墅

别墅的原本含义为“住宅以外的供游玩、休养的园林式住房”，是一种除“正宅”以外的“副宅”。在近代和现代城市发展的背景下，别墅的概念实际上也涵括了“正宅”的内容，可将其定义为：居住标准较高的低层住宅。别墅的现代含义包括了“正宅”和“副宅”两方面的内容，既可以是住户间或休养的住所，也可以是常年栖居的生活用房。

别墅可主要分为城市型别墅和郊野型别墅，前者指位于城市市区及近郊的别墅，后者指位于城市远郊或乡野环境的别墅。近年来还出现了一些其他类型的别墅，如商务型别墅、度假型别墅等,在设计上也与通常的别墅有一定的区别。

二、低层住宅的特点

与多、高层住宅相比较,低层住宅的主要性质和特点表现在以下几个方面。

(一)居住心理方面

低层住宅的小体量较易形成亲切的尺度,住户的生活活动空间接近自然环境,符合人类回归自然的心理需求。建筑造型较为灵活,在空间以及建筑形象上较为接近大多数人心目中所期望的,有"前院后庭"的理想家园模式,使居民对住宅及居住环境有较强的认同感和归属感。

(二)居住行为方面

低层住宅使住户较接近自然,在底层一般都附带室外院子,有些还可在顶部形成较大的生活性露台。这些空间作为室内空间向自然环境的有机延伸,为住户的日常生活提供了更加亲近自然的自由场所,同时也为老人、儿童、残疾人的生活提供了方便。住户一次性上楼的高度小(或无须上楼),使居民在住宅附近地面活动的频率加大,也有利于加强住户之间的相互交往。

(三)整体环境的协调性强

低层住宅因体量和尺度较小,使其与地形、地貌、绿化、水体等自然环境有较好的协调性,特别是在结合特殊地形方面有较大的灵活性。

(四)建筑物自重较轻

在一般情况下,地基处理的难度较低,结构、施工技术简单,土建造价相对较低,便于自建。

(五)低层住宅的缺点

(1)低层住宅的主要缺点是不利于节约用地。在城市用地日益紧张的情况下,低层住宅通常不宜作为满足城市居住需求的主要住宅形式。

(2)在设计上,低层住宅具有一些与多、高层住宅不同的特点,主要反映在平面及空间组合、住宅之间的组合关系、户内外垂直交通的组织以及建筑造型等方面。

(3)与多、高层住宅相比,如果达到一定的居住标准,低层住宅增加了地基、底层的通风和防潮以及屋顶的保温与隔热的处理量,从而影响到住宅建设的经济性。

(4)对于整个城市或有一定规模的居住区来说,较大的建筑密度和较小的人口密度不利于提高为住宅服务的道路、管网及其他设施的使用效率。

三、低层住宅的套型设计

低层住宅的套型设计，首先应满足居民日常居住活动的一些基本要求，主要包括功能空间条件（房间的朝向、通风、采光等方面的条件）、功能空间形态（房间的大小、形状等）和功能关系（不同功能空间之间的相互关系、联系方式等）三个方面的内容。本章就结合低层住宅的特点加以阐述。

（一）功能关系

低层住宅的套型组成除一般住宅中有的卧室、客厅、餐厅、厨房、卫生间、贮藏室外，标准较高的别墅通常还设有门厅、车库、家庭活动室、书房、儿童活动室、客人房、佣人房、工作间、娱乐室、游泳池等。

在进行功能关系的处理时，首先应解决好功能分区的问题，使“内”“外”功能区不干扰。在一户占两层或两层以上的情况下，主要以分层的方式来解决分区的问题，即把“内”功能区的主要部分放在上层，而把“外”功能区、服务类和私密类的部分功能空间放在下层。例如在别墅的功能布局中，常把客厅、餐厅、厨房、工作间、客人卧室及卫生间、车库等放在底层，把主、次卧室、家庭活动室、书房等放在二层或三层。当套型空间只占一层的情况下，主要进行前后分区，即“外”功能区接近入口形成“前区”，“内”功能区形成“后区”。同时应避免向客厅过多开门（图7-1）。

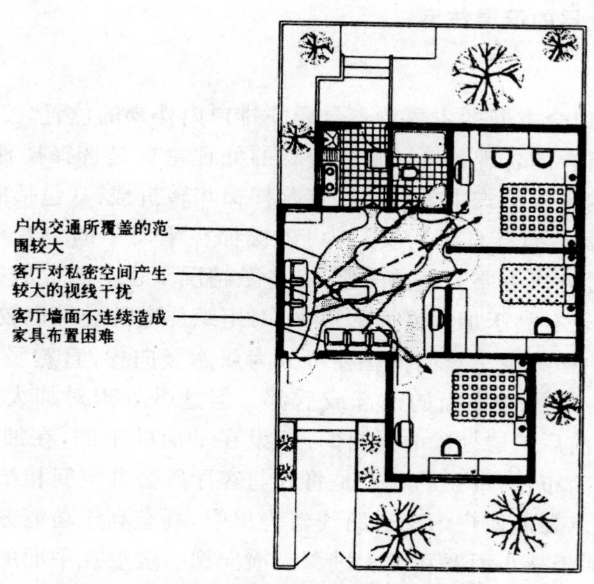

图 7-1　向客厅开门过多所带来的问题

低层住宅的户内交通主要是水平交通，有时也会有垂直交通。设有门厅的低层住宅应充分利用门厅在组织水平交通方面的作用，可简化客厅等公共类功能空间组织交通的功能，使其空间在使用上和视觉上更加独立和完整，但也应注意节省面积。

(二)房间的组合形式

低层住宅的户内房间组合与套型所占的层数有关,户内空间的范围通常占一层或两层,而一些户面积较大的住宅,有时会占用三层的空间。

进行各类低层住宅的房间组合时,除应保证朝向、通风、采光等基本要求以外,在大多数情况下,还应充分考虑节约用地的因素。在功能合理的前提下,应尽量加大住宅平面的进深,减小面宽。在房间的组合方式上,应主要采用纵向组合或纵横向组合,不宜采用“一”字形的横向组合。在进行房间组合时,还可适当设置小天井,以利通风采光。另外,在必要时应使住宅平面具有良好的可拼接性。

低层住宅的房间组合一般可分为以下几种情况:

1. 平房式低层住宅

平房式低层住宅应注意处理好住宅入口与生活院(主院)的关系。一般情况下,应避免入户的主要路线穿过家务院和厨房、卫生间等辅助部分。当住宅的入口被限定在北面时,也可将北向的院子设成生活院。

2. 户空间占一层的集合型低层住宅

此种类型的低层住宅,在设计上与多层住宅较为类似,其主要差别在于层数的不同;另外,此类型的低层住宅,在组织户内、外垂直交通上,与多层住宅相比有更多的灵活性。

3. 户空间占 2～3 层的低层住宅

(1)楼梯的设置

这类住宅在房间组合方面的主要特点是要安排户内楼梯的位置。户内楼梯的处理是否恰当,直接影响到房间组合的合理程度。户内楼梯的处理主要是选择楼梯的形式和合理安排楼梯的位置,常见的户内楼梯形式主要有平行双跑楼梯和转折楼梯(包括曲线转折楼梯),有时也采用直跑楼梯(各种楼梯的特点见后文)。户内楼梯在平面中的位置可分为前部(相对于入口)、中部和后部,布置方式主要有横向和竖向,少数情况下也有斜放的(与平面成一定角度)。

竖向梯总的来说较有利于加大平面的进深,对组织住宅的通风也较有利,但在户内交通路线的处理上,没有横向梯集中。竖向梯主要可分为双跑竖向梯、直跑竖向梯(包括有扇步的直跑梯)。双跑竖向梯一般设在平面的前部或后部。但这种处理对加大住宅的进深作用不大。而利用双跑竖向梯做前后错层处理时,楼梯一般设在平面的中部,在加大进深方面效果明显。直跑梯一般均采用竖向布置,常见的处理是将其与客厅等公共空间相结合。

横向梯的主要优点是能使户内交通路线较为集中,既有利于功能分区,通常也较节省交通面积;缺点主要是不利于减小面宽和加大进深。横向梯一般设在平面的中部或前部的一侧,其中较多采用的是设在平面的中部,好处是平面的前后部分使用楼梯均较为方便,功能分区较为清晰;缺点是楼梯的起步位置距离入口较远,一般需穿越起居室。另外,设在平面中部的横向平行双跑楼梯一般采用封闭式处理,对住宅的通风有一定的影响。横向梯设在平面前部的一侧,楼梯使用方便,但平面面宽较大,一般是在用地较为宽松或每层面积较小的情况下采用。

转折梯也可分为竖向和横向为主两种，通常均结合（或部分结合）客厅进行处理，在处理上较为灵活。而对于一些面积较大的别墅，楼梯设置余地较大，更多的是结合室内空间的效果来考虑。

（2）卫生间的设置

在设有卧室的二层或三层一般均需要设置卫生间，而在只设一个卫生间的情况下，通常也是将其设在上层，因此应注意卫生间的位置。考虑到上、下水管道的设置，卫生间的位置最好是设在下层卫生间或厨房的上部，其次也可考虑设在门厅或入口前室的上部，一般情况下应避免设在起居室和餐厅的上部（图 7-2）。

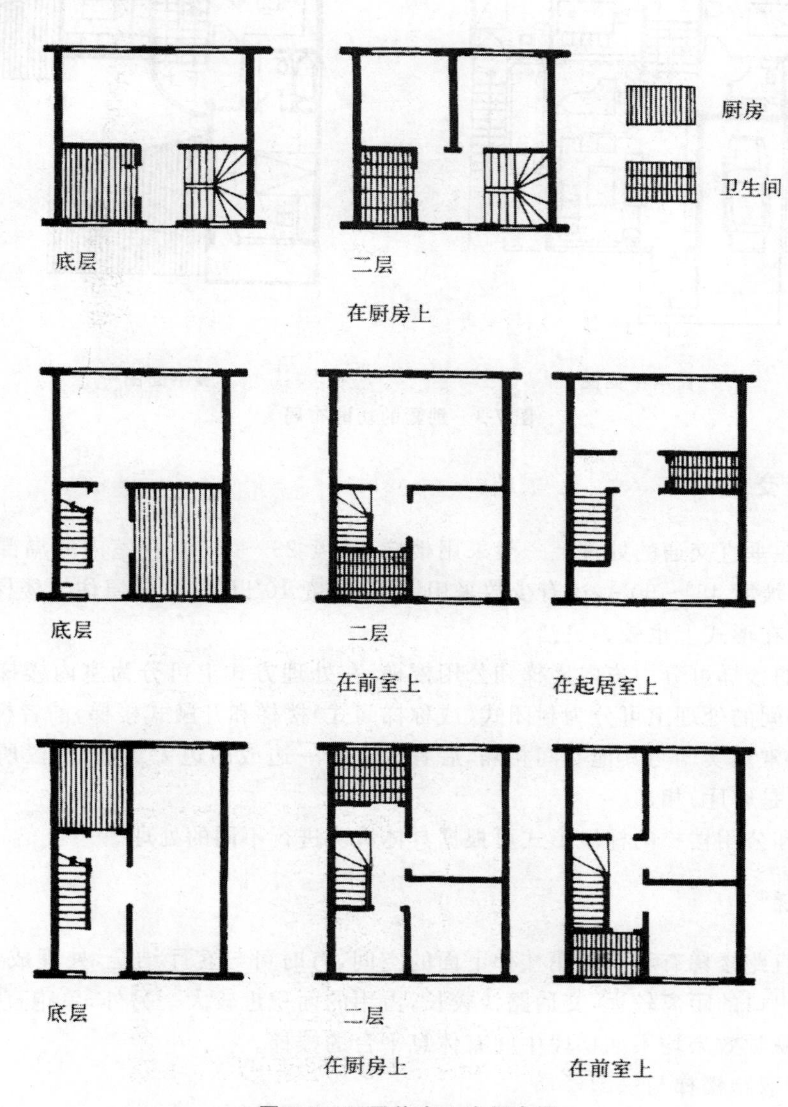

图 7-2　二层住宅卫生间布置

（3）家庭活动室的设置

别墅的特点是房间数量较多，内容复杂，因此应注意功能的合理分区。通常的处理方式是把家庭活动室设在二层，这样既使二层的平面空间较为通畅，避免了因利用走廊组织交通形成的局促迂回，也节省了纯交通面积(图 7-3)。

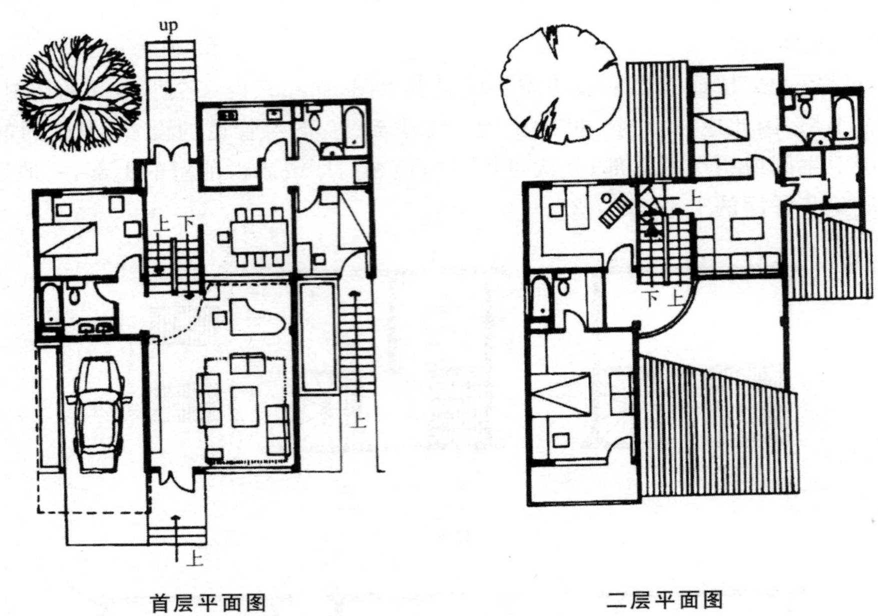

图 7-3 别墅的功能布局

(三)垂直交通

低层住宅在垂直交通的处理上一般采用楼梯(坡度 23°～45°)，在室内的局部处理上有时也可采用爬梯(坡度 45°～90°)，还有少数采用坡道(坡度 10°以下)。低层住宅楼梯的特点是服务层数少，因此在形式上也较为灵活。

低层住宅的楼梯可分为户内楼梯和公用楼梯；在处理方式上可分为室内楼梯和室外楼梯(无顶盖)；在梯间的处理上可分为封闭式(或称梯间式)楼梯和开敞式楼梯，前者梯段所在的空间较为独立，通常用实墙与其他空间相隔，后者梯段的一边或两边无实墙，梯段所在的空间与其他空间(通常是客厅)相通。

户内楼梯和公用楼梯的梯段形式可根据具体情况进行不同的处理。

1. 户内楼梯

直跑楼梯直跑楼梯有利于利用楼梯下面的空间，有时可与客厅结合，处理成开敞式楼梯；但楼梯入口与出口的距离较远，交通路线较长，占用的面积也较大。另外，单跑直楼梯上、下楼的安全性以及视觉效果均不如梯段中间有休息平台的楼梯。

(1)平行式双跑楼梯与三跑楼梯

平行式双跑楼梯、三跑楼梯多处理成梯间式，其特点是楼梯较独立，使用方便，有时还可结合地形和不同空间的高差，通过利用楼梯休息平台的不同高度，对住宅平面进行错层式处理；但如梯段宽度较窄，则不利于家具和大体积物品的搬运。

(2)L 形与 T 形楼梯

L 形、T 形楼梯在使用和与客厅结合方面效果均较好，一般较少处理成梯间式。

(3)弧形楼梯、圆形楼梯及螺旋式楼梯

弧形、圆形及螺旋式楼梯也常与客厅等室内空间结合，可起到美化空间的作用。但如梯级的内端太窄，会影响使用上的安全和方便，一般要求梯级距内侧 250mm 处的宽度不小于 220mm。弧形楼梯、圆形楼梯在结构上较为复杂，楼梯所占的空间也较大，一般只在住宅面积较大时才考虑使用，其中圆形楼梯在住宅中较少采用；螺旋式楼梯占用空间不大，但在使用上不利于安全，常见于青年住宅，也可作为上阁楼的楼梯。

图 7-4 是户内楼梯通常采用的一些形式。

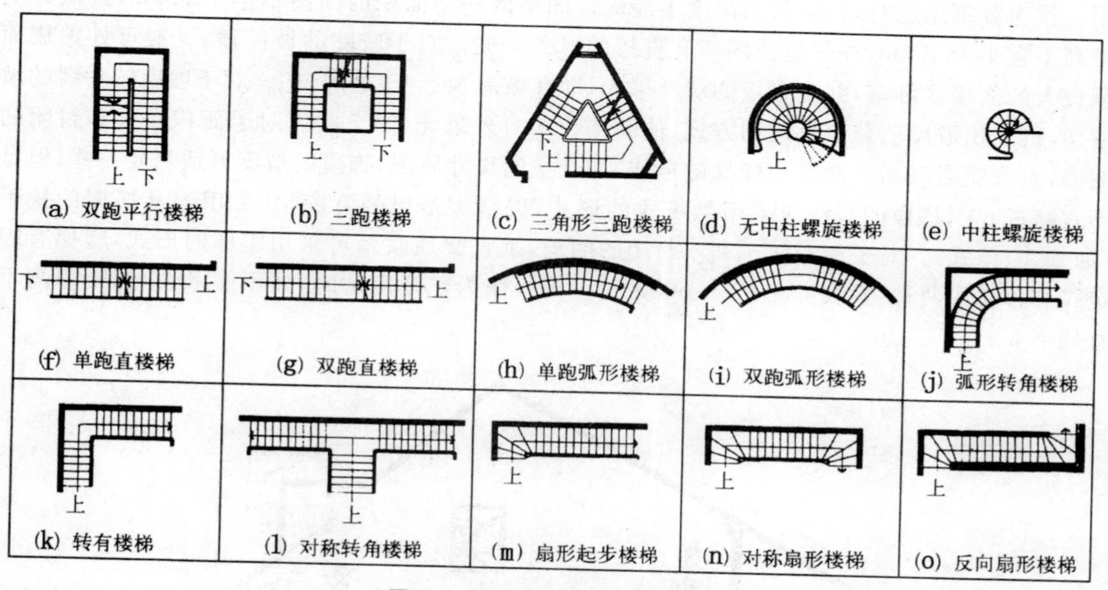

图 7-4　低层住宅常见楼梯形式

另外，有时为节省面积或被空间尺寸所限，可在梯台或楼梯端部加设踏步。

2. 公用楼梯

公用楼梯多采用单跑、双跑或三跑的梯间式楼梯，一般不设扇步。公用楼梯一般放在住宅平面的一侧，并尽量减少对住宅朝向、通风的遮挡；有时还处理成室外楼梯(局部或全部)，既可节省面积，又可丰富住宅的室外环境。但在气候不佳时会造成使用上的不便，在严寒和台风多发地区不宜采用。

(四)空间的合理利用

空间的合理利用主要指在相同的面积上，进一步提高住宅在空间上的可利用程度，增加住宅的居住功能容量，改善住户的居住条件。

1. 楼梯上、下部分的空间利用

在各种类型的室内楼梯中，在供人行走所占空间以外的上部空间，以及楼梯梯段以下的空间，一般可用作贮藏空间或一些小面积的功能空间(如卫生间)，有时也把这些空间利用为居住空间的扩大部分。楼梯的上部，一般可处理成居室的扩大部分、小面积阁楼、吊柜等；楼梯的下部，一般可处理成小卫生间、贮藏室、壁柜、壁龛以及居室的扩大部分等。

2. 坡屋顶下的空间利用

低层住宅较多采用坡屋顶，可将坡屋顶下的空间处理成阁楼的形式，作为居住或贮藏之用。作为卧室用途时，在空间的高度上应保证阁楼的一半面积的净高不小于 2.1m，最低处的净高不宜小于 1.5m，并尽量使阁楼有直接的对外采光。对于较陡的坡屋顶，一般可处理成面积较大的阁楼式卧室，并有直接的对外采光，即在坡屋顶上开“老虎窗”。对于坡度较平缓的坡屋顶，可采用坡屋顶分段处理的方式，使阁楼直接对外采光(图 7-5)。对于面积较大和封闭的阁楼，垂直交通联系一般采用楼梯的形式，如受空间尺寸所限，梯段的坡度可适当陡一些，但是不宜超过 60°，梯段的步级应采用悬板式的形式，以增大步级的宽度，并采用容易抓握的扶手(如管式、条式)。对于面积较小和不封闭的阁楼，垂直交通联系可采用爬梯的形式，爬梯有固定式和移动式两种，其坡度在 45°～90°之间。阁楼作为贮藏用途时，如不需上人，阁楼净高不宜低于 60cm。

(a)在较陡的坡屋顶上开“老虎窗”

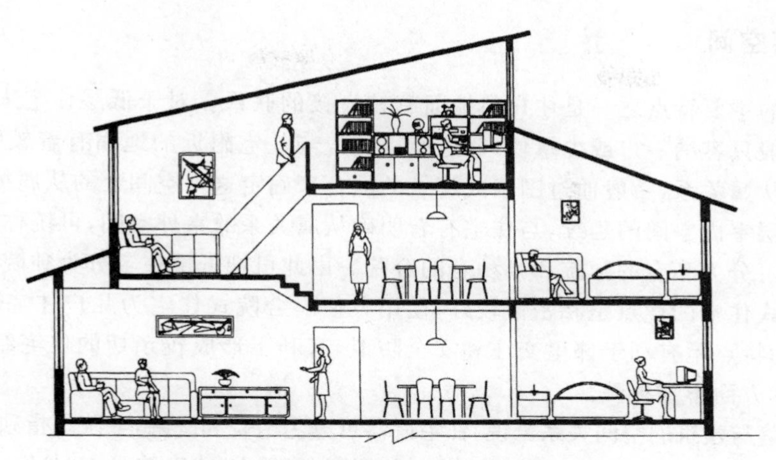

(b)利用坡屋顶的错落使阁楼获得直接采光

图 7-5　阁楼的采光处理

图 7-6 为一个两层的低层住宅，抬高坡屋顶的屋脊形成一个小面积的阁楼卧室，设小楼梯上下。二层屋顶的一部分做成平屋顶，可供晾晒衣物和夏季纳凉之用。

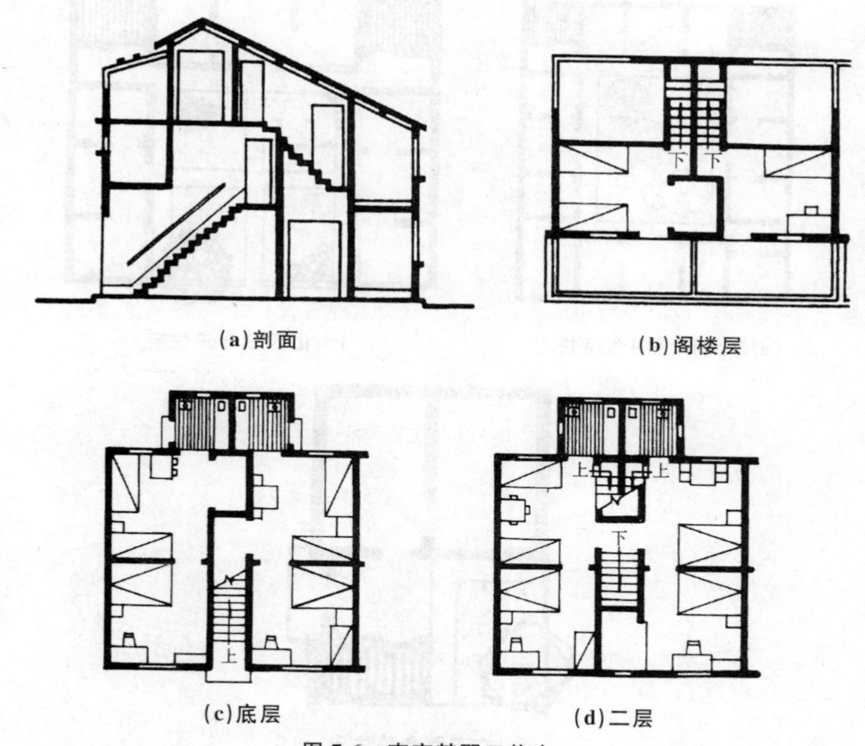

(a)剖面　(b)阁楼层

(c)底层　(d)二层

图 7-6　南京某职工住宅

此外，还可利用人活动区域以上的空间作为吊柜，增加住宅的贮藏空间。

(五)院落空间

低层住宅的主要特点之一是住户与地面有较直接的联系。对于低层住宅来说,在单位面积的地面上一般只容纳一户或少量住户,这使得住户与住宅附近的地面有着较明确的“私有”或“半私有”的从属关系,一般通过围墙或建筑的围合来确定这种空间上的从属关系,这种在功能上可作为底层室内空间的延续,与住宅有着明确从属关系的室外空间,可统称为院落。

住宅院落可分为私有的独院和半私有的合院。由此可把低层住宅分为独院式住宅和合院式住宅。独院式住宅的优点是私密性较好,使用方便。合院式住宅为几户住宅围合并共同使用的院落,它的特点是有利于邻里交往和安全防卫,有利于形成较亲切的住宅组团,较节省用地等,在私密性方面不如独院。

就住宅院落与建筑的空间关系来说,住宅院落可分为宅院和庭院,宅院是指独立式住宅的外院,从属于一户住宅,在空间位置上围绕在建筑的周围,建筑在“内”,院子在“外”。宅院的边界通常用低围墙、通栏、绿篱围合,空间效果较为开放。而庭院则指受到建筑不同程度围合(一般不少于三面围合)而形成的室外环境,建筑在“外”,院落在“内”,空间效果一般较为封闭(图 7-7)。

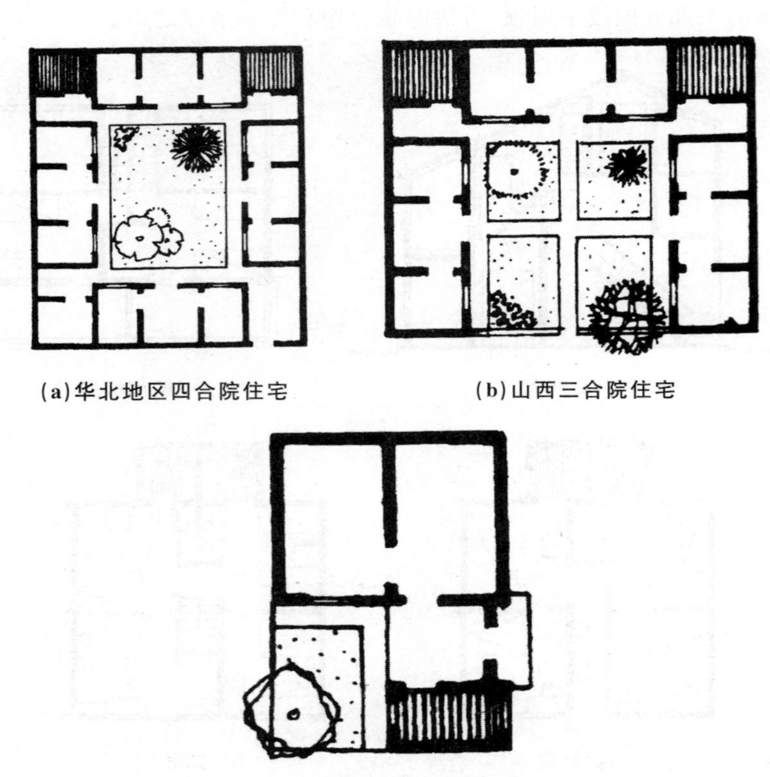

(a)华北地区四合院住宅　　(b)山西三合院住宅

(c)广东两合院住宅

图 7-7　我国民间内院式住宅

不同大小、不同位置的住宅院落,可因其空间的封闭与开放程度、空间与建筑的关系等方面的不同处理,形成不同的空间效果和气氛(图 7-8)。

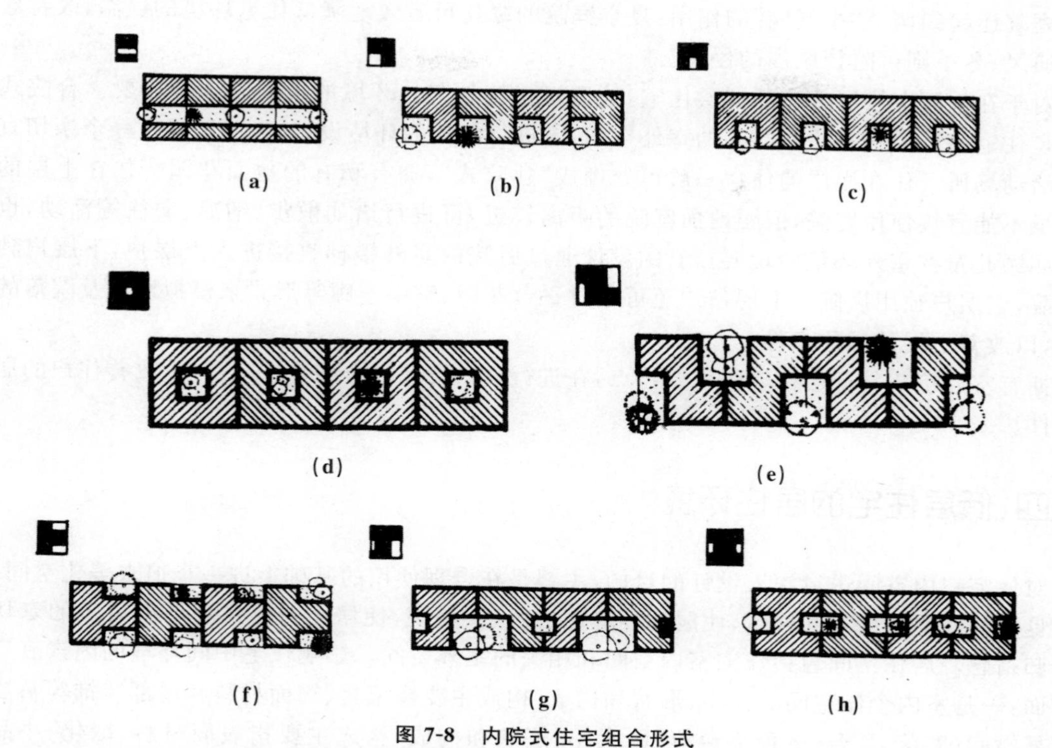

图 7-8 内院式住宅组合形式

宅院按其所处位置可分为前院、后院和侧院。前院指位于住户主要入口与建筑之间的宅院,通常是在建筑的主要朝向面之前。如建筑朝向南面,一般把前院作为主院,其特点是阳光充沛、通风流畅、视野开阔、气氛明朗,适宜作为会客、家庭聚会、儿童玩耍、花木种植等起居活动的室外场所,在没有专用车房的情况下,还可作为交通工具的室外停放场地。如作为主院,其面积不宜小于 $10m^2$,且空间也不宜狭长。后院一般位于与前院相反的空间位置上,可与住宅的次入口结合,其特点是环境安静,夏季阴凉,位置隐蔽,主要用作家务院。在寒冷地区,为避免冬季北风吹入室内,可不采用北向的后院,而采用单向院(前院或侧院)的形式(图 7-9)。侧院一般宽度不大,通常作为绿化及联系前后院的室外空间。

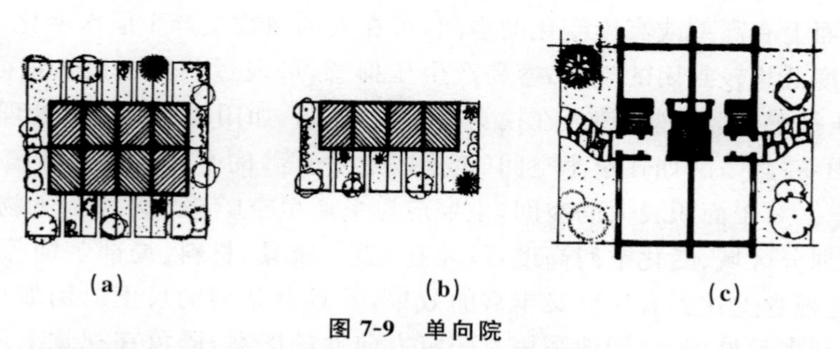

图 7-9 单向院

室外院落的主要作用之一是可作为室内生活空间的延续和扩展。我国传统住宅中的“四合院”“三合院”即是这方面的典型例子。作为一户使用时,其庭院的作用相当于一个“室外的客厅”,室外的明朗气氛和庭院的“向心”作用,使在其中进行的家庭活动具有浓厚的生活气息。

另外庭院还起到调节“小气候”的作用：夏季庭院的绿化可有效地降低住宅环境的气温，改善建筑的通风；冬季则可阻挡风沙的侵袭。

对于在剖面上按层分户的低层住宅，处理好建筑与室外环境的关系也十分重要。合院式庭院是住宅组群中所有住户共有的室外空间，应进行细致的环境设计，为居民提供一个亲切宜人的活动场所。住在底层的住户一般可处理成“独院式”，拥有私有的地面花园。住在上层的住户虽不能直接使用庭院，但距地面庭院的距离较近，可进行诸如散步、纳凉、交往等活动，也便于照顾儿童在室外环境中玩耍。有的设计通过后院的室外楼梯直接进入上层户，下层户独用前院，上层户独用后院。上层住户还可通过平台花园、空中连廊等形式来模拟地面及院落的效果，以改善上层的居住条件。

拥有室外院落是低层住宅的重要特点，在进行户内设计时应结合这一特点，改善住户的居住条件。

四、低层住宅的居住环境

对住宅户内空间进行深入设计的目的，主要是在合理使用的基础上进一步追求美化空间，创造良好的住宅户内空间气氛，使居住环境更加舒适、美观，使居民对居住环境有更多的亲切感和归宿感。居住空间包括住宅室内空间和相关的室外空间。影响住宅中间环境的因素有三个方面：一是室内个体空间的大小、形状和构成（构成主要指家具、饰面材料和局部装饰等）；二是室外空间（院落、露台、屋顶平台等）的大小、形状和构成（构成主要指表面材料、绿化、小品等）；三是不同空间（包括室内外）之间的组合关系，主要有空间的相互渗透、因借和转换等。

（一）室内环境

对于室内环境来说，不同的三维空间比例、空间形状和封闭程度，会给人不同的空间感受。个体空间的三维尺寸（长、宽、高），其相互间的比例一般不宜大于 1∶2，以避免出现过于狭长或其他较为局促的空间。

在空间形状方面，长方体是最常见的空间形状。“L”形空间、带有曲面的空间等，对于人的水平视线来说，可产生较强的空间流动感；梯形空间，在不同的方向上产生“渐收”和“渐放”的视觉效果；剖面上有高差或高度变化的空间，可在人的视线上产生层次变化。

面积小、高度低且较封闭的空间，容易产生压抑感，可通过色彩、材料、镜面等方式的处理来减轻空间的压抑感，其原理是使人在视觉上产生错觉。如用较浅的色调处理顶棚和墙面，使之在人的视觉中变“轻”；又如在窄小空间（走道、卫生间等）的平行墙面布置镜面，可产生空间被“扩大”的错觉。对于面积较大的空间，主要应避免产生空旷感，即“大而无物”。可通过增加空间的流动感、划分区域、变化空间高度，以及在色彩、家具、材料、局部装饰等方面的处理，使大面积的空间在视觉上达到有序而又丰富的效果，并具有亲切的尺度。例如对面积较大的客厅地面，即可进行多种处理，如铺地采用有一定方向性的图案，既可在视觉上形成一定的导向作用，又可打破单调感；再通过地毯来划分和强调会客区域，使空间的构成主次分明、相得益彰（图 7-10）；还可利用台阶步级来划分客厅和餐厅，增加空间的流动感，也使空间更富于变化。

在营造个体空间的居住气氛方面，应结合空间和环境的不同使用特点，还应考虑到不同地区的气候特点、文化背景、使用者的喜好等方面的因素。对于门厅、客厅、餐厅、卧室、厨房、卫生间等功能空间,可利用不同的墙面材料、地面及顶棚处理、色彩处理、家具布置、灯光处理、局部装饰等,营造出不同的室内空间气氛。如暖色调的室内砖纹墙面可营造较为热烈、亲切的居住气氛;乳黄色等色调的暗纹墙会给人柔和、舒适的感觉;白色和较浅的冷色调瓷砖墙面,可使空间显得更加洁净、清爽等。

图 7-10

(二)室外环境

室外环境主要包括宅院、庭院(内、外)、露台、屋顶平台等。在城市环境中,居民普遍有在住宅附近进行室外活动的需求和愿望。应充分利用低层住宅与室外环境较为接近的特点,营造出富于浓郁生活气氛的住宅室外环境。生活庭院应具有较为明朗的空间效果,在可能的条件下,应设置较为集中的绿地,把自然环境引入住宅的空间范围之内,使居民在院中活动时可感受到亲切的自然气息。还应适当设置入户小径和铺地,有时还可配置花池、树池、鱼池、石桌凳、葡萄架等小品(图 7-11)。

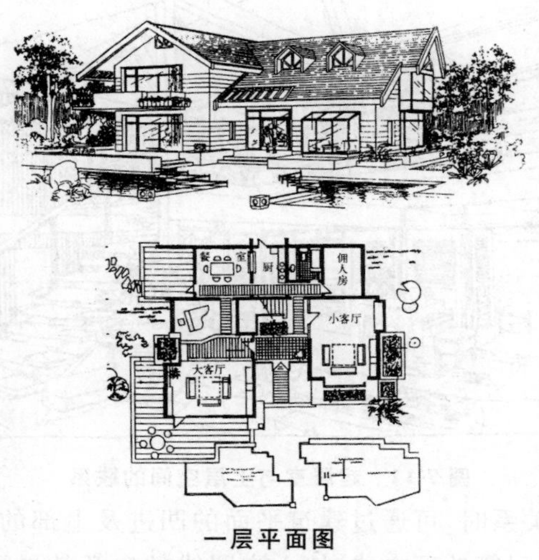

一层平面图

图 7-11 将绿化、水景引入住宅(广东东莞)

对于露台、屋顶平台，通常只设置一些小品。但也可结合隔热、保温的功能要求，在平台的地面设置绿化和水池，使之成为下部房间的“植被屋顶”，和“蓄水屋顶”，既改善了下部房间的室内居住条件，又使平台成为更近似于自然环境的“第二地面”。内庭院一般面积较小，在设计上通常采用类似于盆景处理的方法，选择种植造型较为雅致的植物（如竹、小棕榈等体形修长的植物），并结合庭院小品和墙面，通常把视觉尽端的墙面以石（砖）纹处理作为背景，形成宁静、雅致的景观。住宅后部的家务院在居住条件较好的情况下，不宜处理成杂物院，宜形成安静、整洁的气氛。

（三）平面空间的组合

低层住宅的户内空间因各方面的限制较少，在空间的组合上可进行较为灵活的处理。主要是通过组织户内居住环境的空间层次，利用不同空间的相互渗透、因借和转换，协调不同性质的个体空间之间的关系等，使户内空间更加舒适美观、富于生活气息。

组织户内环境的空间层次，是对各功能空间的位置和秩序进行合理安排，并通过交通路线的联系，使具有不同气氛的空间形成户内空间系列，如前院—门厅—客厅—餐厅—后院。应注意不同气氛的空间之间的协调和衔接，还应考虑户内空间整体格调的统一。

在空间的局部关系方面，处理好客厅与门厅、庭院的关系是比较重要的。门厅的作用既是作为组织交通的独立空间；也是作为室内与室外之间的过渡空间和室内空间系列中的“前奏”空间。比较理想的客厅应位于门厅的一侧，既与入口联系方便，又有较独立的空间。客厅面向前院的墙面宜设置较大的玻璃窗或者落地窗，可借前院环境及远景形成明朗的气氛；内边又与内庭院相通，借用内庭院的景致，使得客厅的视野更富有层次。

不同空间的相互渗透、因借主要指景观的共享和空间的穿插，如客厅向内庭院“借景”；双层高的客厅与二层的家庭活动室在空间上的穿插等（图 7-12）。不同空间的相互转换是指通过移动隔断或轻质隔墙，改变空间的分隔和布局，以适应不同的需要。

图 7-12　起居室与上层空间的联系

在处理住宅与前院的关系时，可通过建筑平面的凹进及上部的悬挑、建筑入口处的曲墙，入口平台及花池、道路的导引等处理方式，使入户路线的视觉效果更加丰富，也使建筑与院落的关系更加密切。

综上所述,低层住宅是一种较为接近自然的居住形式,它的这一特点在城市密集的人工化物质环境中,显得尤为可贵。但它占用较多建设用地的缺点,也使低层住宅的建设受到了一定的限制。因此,低层住宅的设计要充分发挥其有利的条件,同时也要尽量克服其不利的一面。

第二节　多层住宅建筑设计

一、多层建筑的概念与标准

我国现行《民用建筑设计通则》GB50352 规定,4～6 层的住宅为多层住宅。

从平面组合来说,多层住宅不是把低层住宅简单地叠加起来,它必须借助于公共楼梯来解决垂直交通,有时还需设置公共走廊来解决水平交通,因而多层住宅的设计有其本身的特点。它与低层及高层住宅比较,有明显的不同。一般说来,多层住宅用地较低层住宅节省,造价比高层住宅经济,适合于目前一般的生活水平,所以在国内外都是大量建造的。但多层住宅不及低层住宅与室外联系方便,且楼层住户缺乏属于自己的私家庭院,居住环境没有低层住宅优越。同时,按照《住宅设计规范》GB50096 的规定,多层住宅虽然不要求必须配置电梯设备,但一般 3 层以上的垂直交通仍感不便。因此,我国《住宅设计规范》GB50096 强制性条文规定,7 层及 7 层以上住宅或住户入口层楼面距室外设计地面的高度超过 16m 的住宅必须设置电梯。如果顶层是跃层式住宅套型,则建筑可做到 7 层。

我国目前的标准还是比较低的,有的城市甚至建到 8 层或 9 层还不设电梯,这是违反《住宅设计规范》GB50096 规定的。这类住宅在使用上极为不便,特别是对老、弱、残者上楼或搬运重物时更为困难。随着人民居住生活水平的提高,目前已有少数高档住宅 4 层即有电梯配置,这表明今后规范要求设置电梯的住宅层数还可能进一步降低。

二、多层住宅的单元划分与组合

为了适应住宅建筑的大规模建设,简化和加快设计工作,统一结构、构造和方便施工,常将一栋住宅分为几个标准段,一般就把这种标准段叫做单元,以一种或数种单元拼接成长短不一、体型多样的组合体。这种方法被称为单元设计法。

单元的划分可大可小。多层住宅一般以数户围绕一个楼梯间来划分单元,这样能保证各户有较好的使用条件,故成为常用的划分形式。有时可以按户或相邻的几个开间来划分,再配以楼梯间单元(图 7-13)。为了调整套型方便,单元之间也可咬接(图 7-14)。咬接的单元,也可以楼梯间为界来划分(图 7-15)。转角单元用于体型转角处,或用于围合院落。插入单元是为调整组合体长度或调整套型而设的。

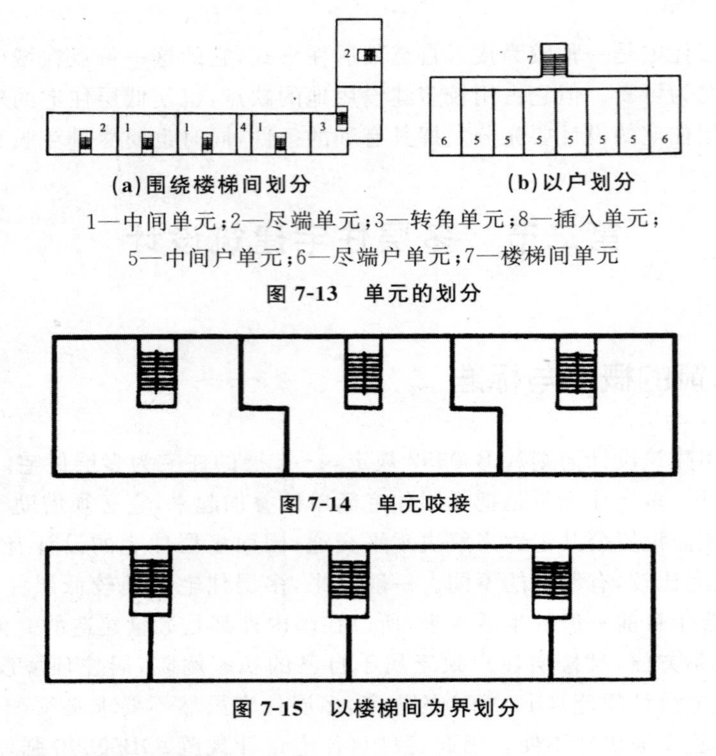

(a)围绕楼梯间划分　　(b)以户划分

1—中间单元；2—尽端单元；3—转角单元；8—插入单元；
5—中间户单元；6—尽端户单元；7—楼梯间单元

图 7-13　单元的划分

图 7-14　单元咬接

图 7-15　以楼梯间为界划分

(一)单元组合体拼接一栋住宅的设计原则

1. 满足建设规模及规划要求

组合体与建筑群布置密切相关，应按规划要求的层数、高度、体型等进行设计，并相应考虑对总建筑面积及套型等的要求。

2. 适应基地特点

组合体应与基地的大小、形状、朝向、道路、出入口等地段环境相适应。

(二)单元组合拼接的常见方式

1. 错位组合

错位组合适应地形、朝向、道路或规划的要求，但要注意外墙周长及用地的经济性。可用平直单元错拼或加错接的插入单元，如图 7-16(a)。

2. 平直组合

平直组合体型简洁、施工方便，但不宜组合过多，以至长度过长，如图 7-16(b)。

3. 转角组合

转角组合按规划要求，要注意朝向，可用平直单元直接拼接，也可增加插入单元或采用特别设计的转角单元，如图 7-16(c)。

4. 多向组合

多向组合按规划考虑，要注意朝向及用地的经济性。可用具有多方向性的一种单元组成，还可以套型为单位，利用交通联系组成多方向性的组合体，如图 7-16(d)。

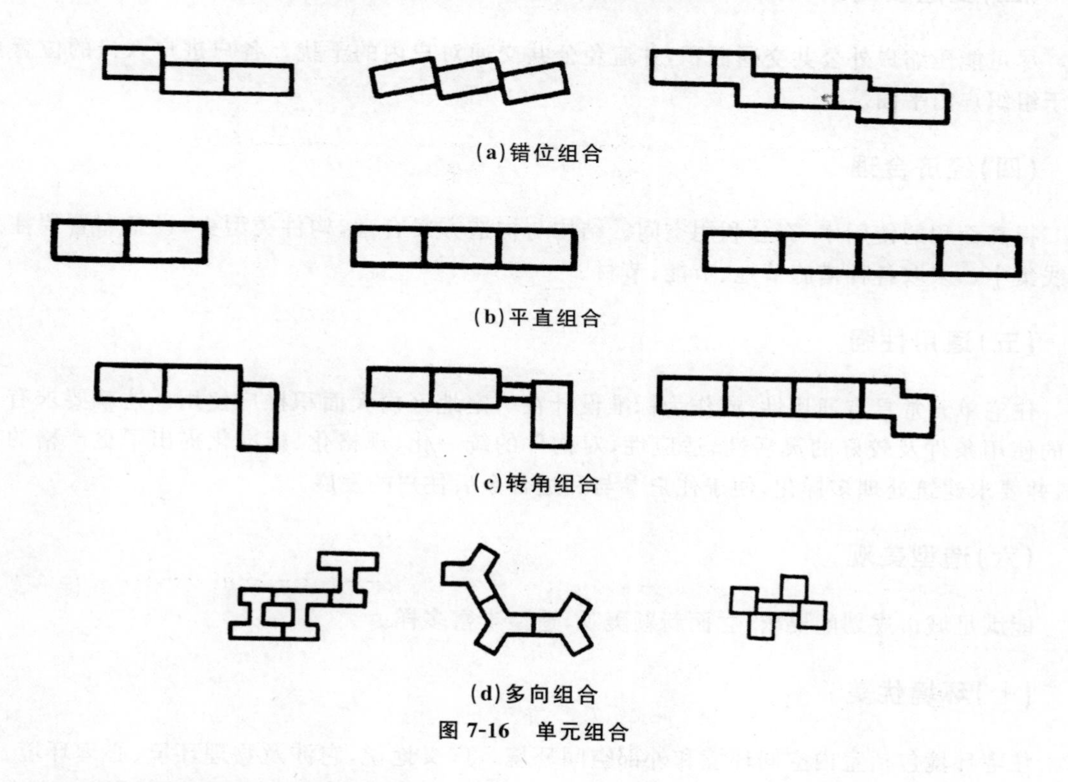
(a)错位组合

(b)平直组合

(c)转角组合

(d)多向组合

图 7-16　单元组合

三、多层住宅的设计要求

(一)使用方便

平面功能合理，动静分区明确，并能满足各户的日照、朝向、采光、通风、隔声、隔热、防寒等要求。在设计中应保证每户至少有一间居室布置在良好朝向，在通风要求比较高的地区应争取每户能有两个朝向；而对通风要求不高的地区，可组合成单朝向户。朝东、南、西方向皆可满足日照要求。

（二）套型恰当

按照国家规定的住宅标准和市场需求，恰当地安排套型，应具有组合成不同套型比的灵活性，满足居住者的实际需要。可组成单一套型的单元，也可组成多套型的单元。单一套型的单元，其套型比常在组合体或小区内平衡；多套型的单元则增加了在单元内平衡套型比的可能性。单元中套型选择要使套型比的平衡灵活方便，并便于单元内的平面组合。

（三）交通便捷

尽可能压缩户外公共交通面积，并避免公共交通对户内的干扰。各户进户入口的位置要便于组织户内平面。

（四）经济合理

提高面积的使用率，充分利用空间。结构与构造方案合理，构件类型少，设备布置要注意管线集中。采取各种措施节地、节能、节材。

（五）通用性强

住宅单元常具有通用性，或作为标准设计在一定地区内大面积推广使用。这就要求有良好的使用条件及较好的灵活性、适应性，对构件的统一化、规格化、标准化提出了更严格的要求，并要求建筑处理多样化，便于住户参与和适合今后住户的发展。

（六）造型美观

能满足城市规划的要求，立面新颖美观，造型丰富多样。

（七）环境优美

住宅环境包括室内空间环境和外部空间环境。广义地说，它涉及物理环境、心理环境、社会环境、交通环境、绿化环境等方面。要考虑邻里交往、居民游憩、儿童游戏、老人休闲、安全防卫、绿化美化以及物业管理等各种需求。

在设计时，应对这些要求综合加以考虑，不宜强调一点而忽视其他因素，并要针对当时、当地的具体情况，抓住各个阶段设计中的主要矛盾予以解决。

四、朝向、采光、通风与户的布置

保证每户有良好的朝向、采光和通风是住宅平面组合的基本要求。一般说来，一户能有相对或相邻的两个朝向时，有利于争取日照和组织通风；而一户只有一个朝向时，则日照条件受限，且通风较难组织。户的朝向、采光和通风与单元的临空面密切相关。不与其他单元拼接的独立单元，四面临空，称为点式或独立式，其分户比较自由（图 7-17）。与其他单元拼接的则视其拼接地位不同而各异。利用平面形状的变化或设天井时，可增加内外临空面，有利于通风采光（图 7-18）。

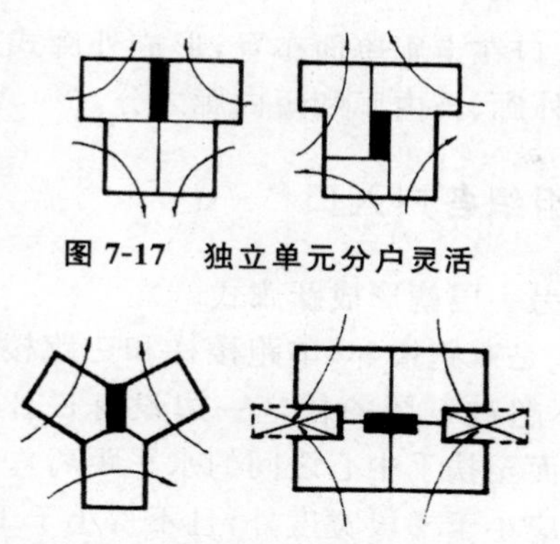

图 7-17　独立单元分户灵活

图 7-18　内外形状变化有利于采光通风

五、多层住宅的交通组织

多层住宅以垂直交通的楼梯间为枢纽，必要时以水平的公共走廊来组织各户。由于楼梯和走廊组织交通以及进入户方式的不同，可以形成各种平面类型的住宅（图 7-19）。

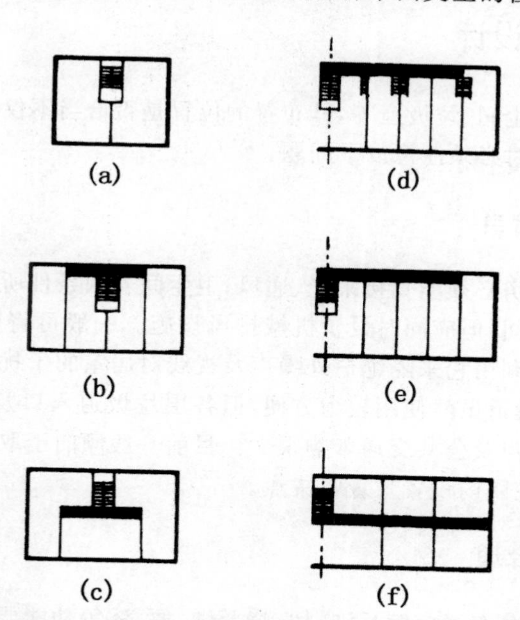

(a)梯间式；(b)短外廊；(c)短内廊；(d)跃廊式；(e)长外廊；(f)长内廊

图 7-19　交通组织不同形成的平面类型

（一）围绕楼梯间组织各户入口

这种平面类型不需公共走廊，称为无廊式或梯间式，其布置套型数有限。

(二)以廊组织各户入口

布置套型数较多。各户入口在走廊单面布置,形成外廊式;在走廊双面布置形成内廊式。随走廊的长短又有长外廊、短外廊、长内廊和短内廊之分。

(三)以梯廊间层结合组织各户入口

隔层设廊,再由小梯通至另一层就形成跃廊式。

多层住宅常用的楼梯形式是双跑楼梯、单跑楼梯和三跑楼梯。住宅楼梯梯段净宽较低层住宅为宽,不小于1100mm;不超过6层的住宅一边设有栏杆的梯段净宽可不小于1000mm(楼梯梯段净宽系指墙面装饰面至扶手中心之间的水平距离)。因为考虑到方便地搬运家具及大件物品,楼梯平台宽度除不应小于梯段宽度外,且不得小于1200mm。楼梯坡度比低层住宅平缓而较公共建筑为陡,常用的踏步高宽范围是(155～175)mm×(260～280)mm。双跑楼梯面积较省,构造简单,施工方便,采用较广。单跑楼梯连续步数多,回转路线长,虽面积较大,但回转平台长,便于组织进户入口,常用于一梯多户的住宅。三跑楼梯最节省面积,进深浅,利于墙体对直拉通,但构造较复杂,平台多,中间有梯井时,易发生小孩坠落事故,应按规范采取安全措施。在国外还有采用弧形单跑或双跑楼梯的,国内则很少采用。

六、辅助设施的设计

辅助设施如厨房、卫生间、垃圾道等,其布置的位置是否恰当不仅影响使用,且涉及管道配置及影响造价,因而设计时必须注意以下问题。

(一)位置布置要恰当

为方便各户使用,厨房必须能直接采光、通风;卫生间若因条件所限,或在寒冷地区需要防冻时,则可布置成暗卫生间,但应同时设置机械排风设施。一般可将厨房、卫生间布置于朝向和采光较差的部位,还可利用它来隔绝户外噪声及视线对居室的干扰。

住宅建筑内设置垃圾道虽然使用较为方便,但各层垃圾道入口及底层垃圾道出口的污染严重、卫生状况对一楼住户及公共交通影响很大。目前一般倾向于取消设置垃圾道,改为提倡住户袋装、分类垃圾,在宅院内设置垃圾收集点。

(二)设备布置要合理

厨房、卫生间中的设备布置应满足洗、切、烧及洗、便、浴等功能要求,空间大小应符合设备尺寸及人体活动尺寸,设备布置紧凑合理。由于设备老化快,更新又困难,厨房、卫生间面积扩大更非易事,故应适当留有发展和更新余地,但也不应盲目扩大而浪费面积。

(三)设备管线要集中

户内厨房与卫生间宜相互靠近,户与户之间的厨房、卫生间相邻布置较为有利,这样不仅上下水立管可共用，烟囱、排气道等也可共用，经济意义较为显著。

七、常见的平面类型及特点

多层住宅的平面类型较多，以下按照单元拼联方式、独立单元形式和交通廊的组织形式进行分类，详细情况如下。

（一）按单元拼联方式分类

根据单元拼联的特点和平面空间组合的需要，单元体型也有各种变化。

1. 单向拼联

为结合地形和道路走向，可将错接单元组合成锯齿形组合体（图 7-20）。

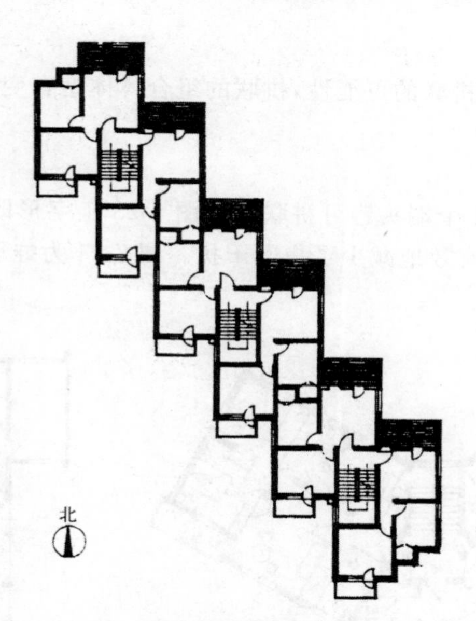

图 7-20　河北某住宅方案

2. 两向拼联

如 L 形，用于转角，以拼联两个方向的平直单元，常将阳角退进以利采光通风（图 7-21）。如用地许可时，可做成直角形，以充分利用土地，增加建筑面积。

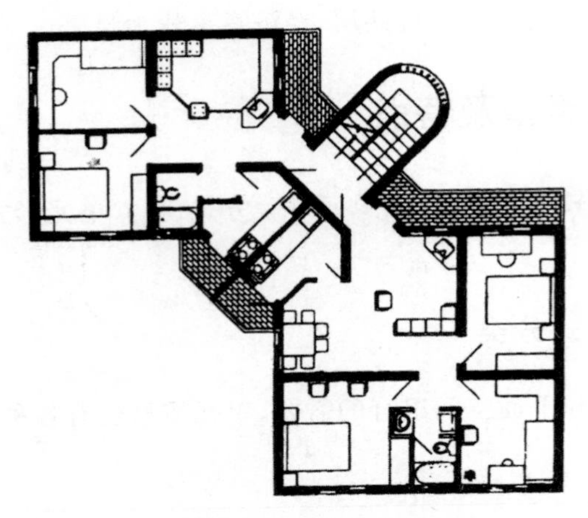

图 7-21　成都某住宅

3. 三向拼联

如 Y 形，具有三个方向拼联的可能性，拼联的组合体体型有变化(图 7-22)。

4. 多向拼联

如工形、X 形、蛙形等，4 个端头皆可拼联。如图 7-23 工字形既能平接，又能错接，将走廊处理成 4 个有转折的尽端，有效地减少了户间干扰。图 7-24 为蛙形，平面紧凑经济，每户都有向阳面，可从不同方向拼接。

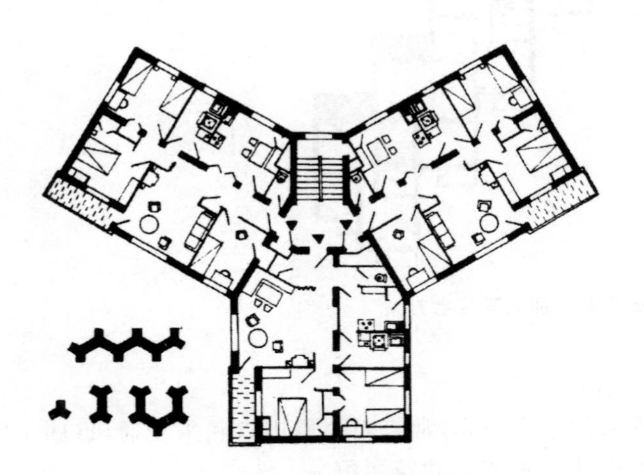

图 7-22　法国某住宅

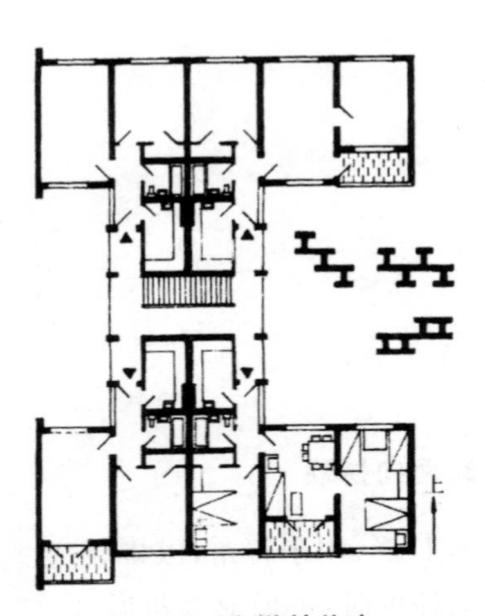

图 7-23　安徽某住宅

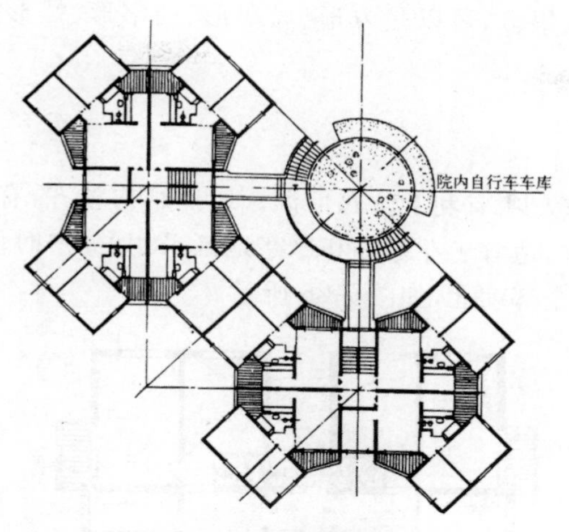

图 7-24　成都某住宅

5. 异形拼联

为了打破条式拼联的单调行列式布局，采用蝶形的或楔形的单元拼联成多变的组合体。如图 7-25 为蝶形单元，可拼成院落式或折线形组合体。

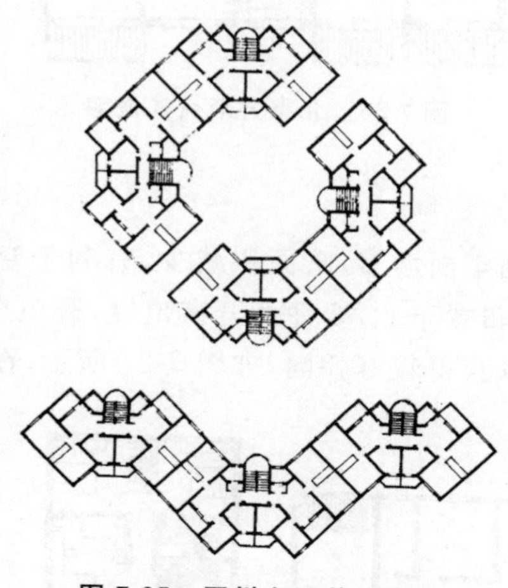

图 7-25　四川七五住宅方案

（二）按独立单元的形式分类

凡不与其他单元拼联而独立修建的住宅称为点式住宅。其特点是数户围绕一个楼梯枢纽布置，四面皆可采光通风，分户灵活，每户常能获得两个朝向，且有转角通风。外形处理也较自由，常与条形建筑相配合，以活跃建筑群的空间布局。建筑占地小，便于因地制宜地在小块零星地兴建。在山地、坡地，为节省土石方工程量，也经常采用。在风景区及主干道两侧，按规划上的要求或为了避免成片建筑对视线的遮挡，也常以点式住宅来处理。点式住宅外墙和外窗较多，经济性稍逊于条式住宅，据测算，在北京地区其造价较条式住宅约高出 5%左右；再者，一梯服务多户或居室较多的点式住宅，易出现朝向不好的居室，在平面设计及总平面布置时应予以注意。点式住宅的形状很多,可以是方形、风车形、凸字形、蝶形、工字形、T 字形以及 Y 字形等。

1. 方形

平面布局严谨,外墙面较少,有利于防寒保温。墙体结构整齐,有利于抗震设防。可保证每户有良好朝向和日照条件,适宜于在寒冷和严寒地区采用,分户时使住户朝南、朝东或朝西的方向,不应使一户的居室全部朝北,如图 7-26 所示。

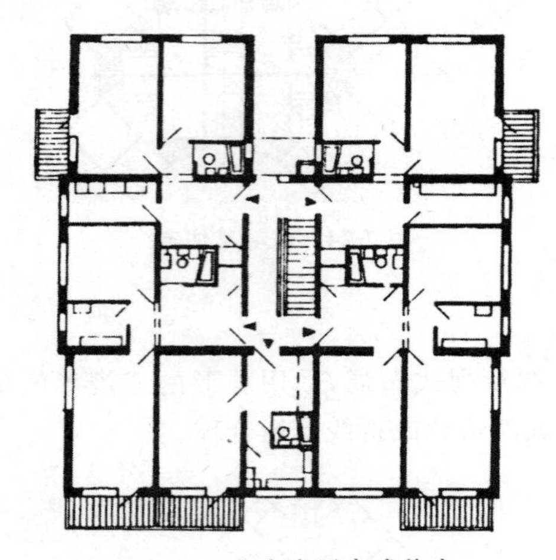

图 7-26　北京方形点式住宅

2. 风车形

一梯四户的风车形平面,临空面增多,暗面积减少,有利于套型内的采光通风。在凹口内一般间距小,常将厨房、卫生间布置于此,要注意开窗位置,避免户与户之间的视线干扰。在风车形平面布置中,常有一户难以获得较好朝向,如图 7-27 所示,在总平面布置中应予注意。

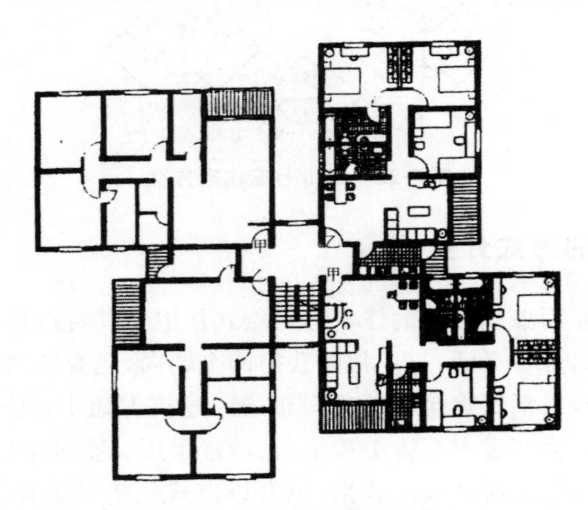

图 7-27　广东肇庆风车形住宅

3. 凸字形

一梯三户时，为使结构整齐布置，有利于施工，常做成凸字形平面，使每户都有良好朝向和通风。如图 7-28 所示，每套居室较多，楼梯布置在东向，厨房、卫生间尽量集中以节省管线。

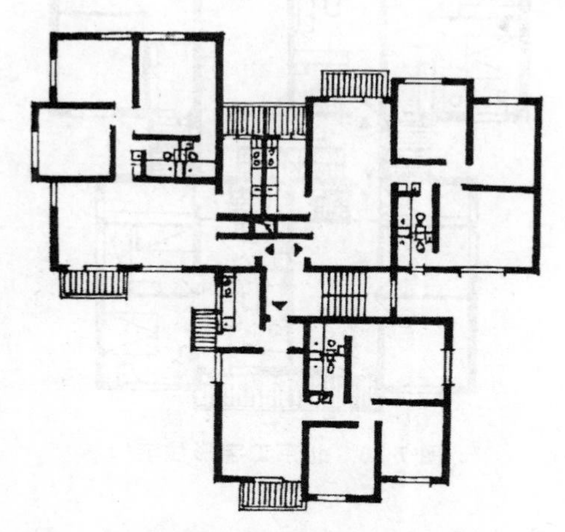

图 7-28　江苏宜兴凸字形住宅

4. 蝶形

为求得体形的活泼与变化，点式住宅常处理成蝶形平面，如图 7-29 所示。每户多数居室朝南，套内公私分区明确，厨房靠入口布置，卫生间靠卧室布置，厨、卫管道集中，并避免了户间视线干扰。

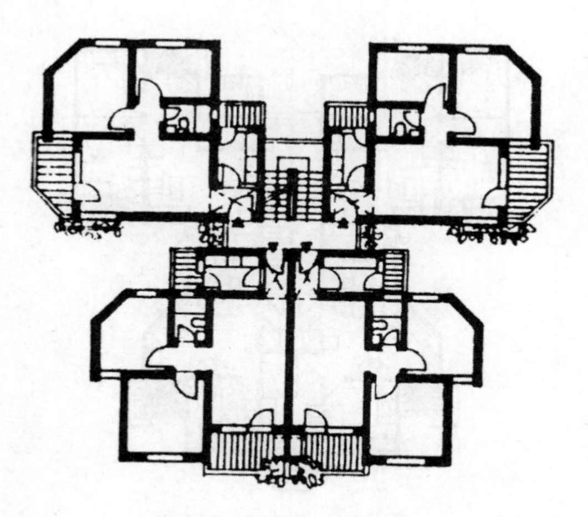

图 7-29　厦门蝶形住宅

5. 工字形

一梯四户工字形平面既能作点式，亦可拼联，具有一定的灵活性。每套平均面宽较小，有利于节约用地。在北方地区，为保温防寒，应尽量缩短外墙周长，如图 7-30 所示，结构墙体规整,有利于抗震。在南方地区,为通风降温,则凹口较深,楼梯竖放,既可作单跑,又可作双跑,双跑楼梯可使前后错半层,有利于竖向组合,底层可布置商店、自行车库等。

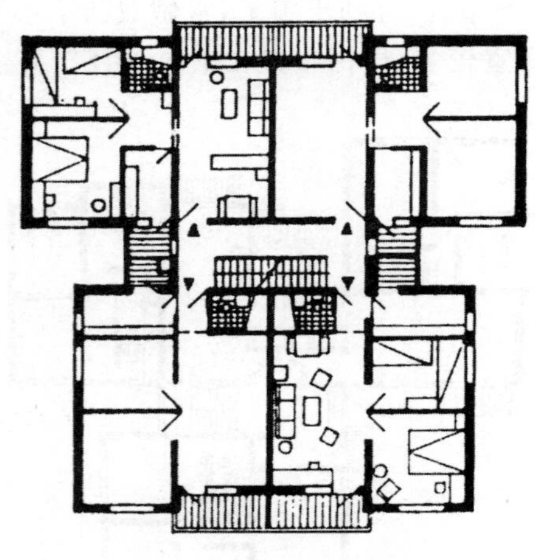

图 7-30 北京工字形住宅

6. T 字形

一梯四户时,为使每户朝南,T 字形平面较为有利。如图 7-31 所示,大多数居室均为南向,南向两户起居室作斜角处理,改善了北面套型起居室的采光和景观。各套型平面动静分区明确,流线简捷,房间布置合理,厨房、卫生间均能直接采光通风。这类平面要注意避免前后相邻两户间的视线干扰,保证私密性,如本方案中作了适当考虑,厨房、卫生间的斜角窗既可避免西晒,又防止了视线干扰。

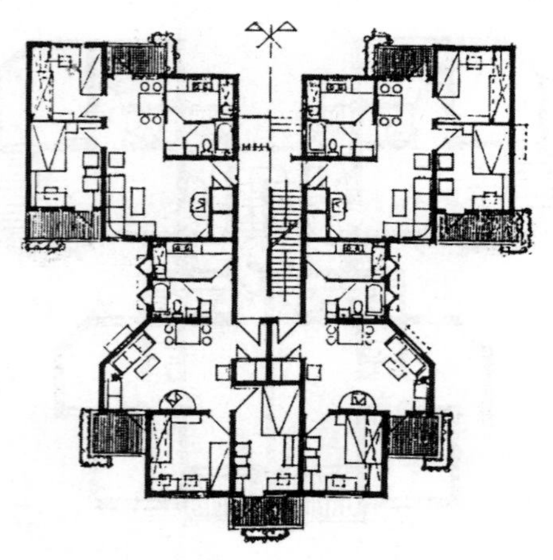

图 7-31 广州点式住宅

7. Y 字形

取消风车形平面中朝向不好的一翼,做成一梯三户的 Y 字形平面,使 3 户皆获得了良好的朝向与通风,由于翼间的夹角加大,有利于扩大视野。Y 形平面中必产生不规则的房间,应尽量做到结构整齐,使不规则的结构简化,如图 7-32 所示。

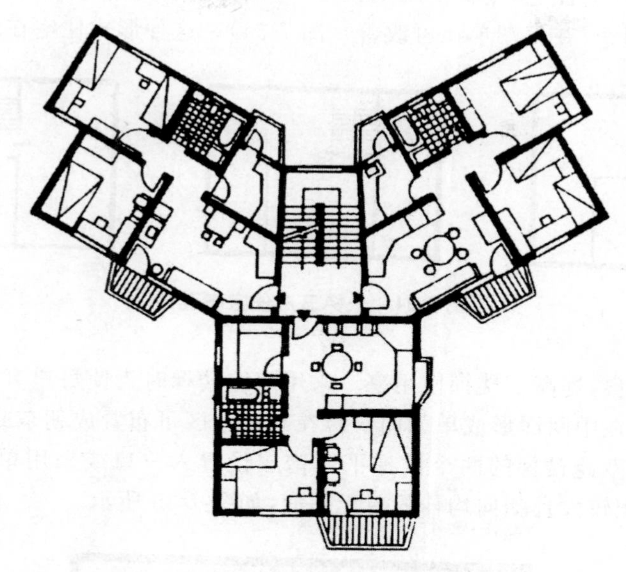

图 7-32　广州某 Y 形住宅

(三)按交通廊的组织分类

1. 梯间式

由楼梯平台直接进分户门,不设任何廊道。一般每梯可安排 2～4 户。这种类型平面布置紧凑,公共交通面积少,户间干扰少而较安静,但往往缺少邻里交往空间,且多户时难以保证每户有良好朝向。

(1)一梯两户

每户有两个朝向,便于组织通风,居住安静,较易组织户内交通,单元较短,拼凑灵活。当每户面积较小时,则因楼梯服务面积少而增大交通面积所占的比例;当每户面积大,居室多时,可节省公共走廊,较为经济。这种形式适应地区较广(图 7-33)。一梯两户住宅的楼梯间布置,可以朝北,也可以朝南,由入口位置及住宅群体组合而定。户的入口可以在房屋中间,也可以在房屋外缘,由生活习惯及室内布置要求而定,当入口在房屋中间时,户内交通路线较短,采用较多。

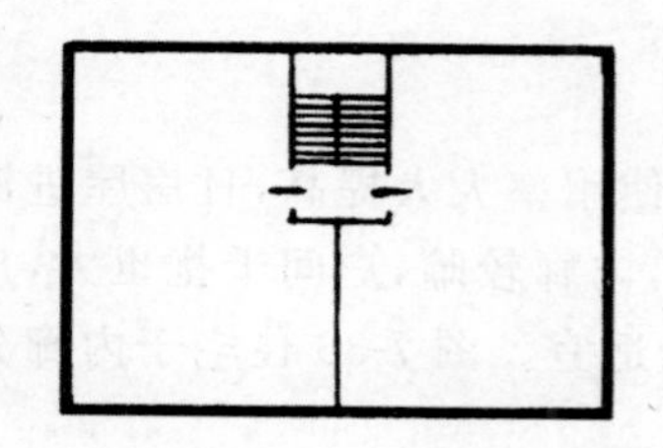

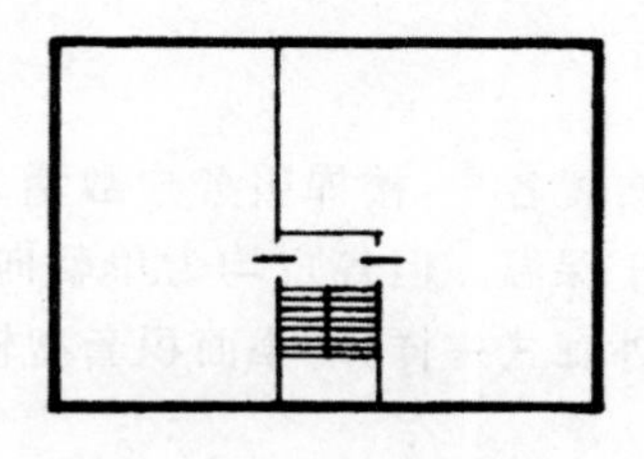

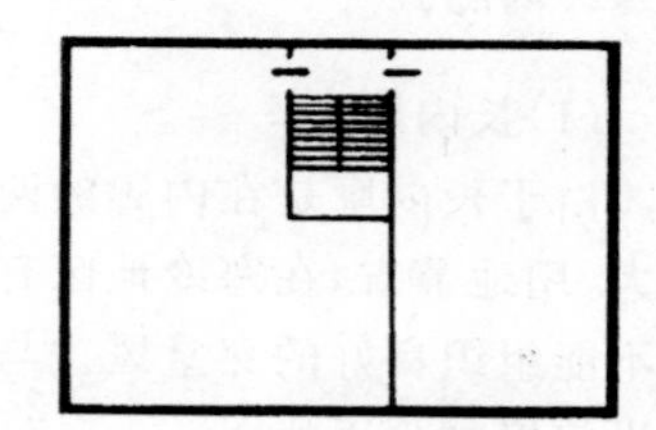

图 7-33　一梯两户布置

(2)一梯三户

一梯每层服务三户的住宅,楼梯使用率较高,每户都能有好的朝向,但中间的一户常常是单朝向户,通风较难组织(在尽端单元可改善)(图 7-34)。这种形式住宅在北方采用较多。

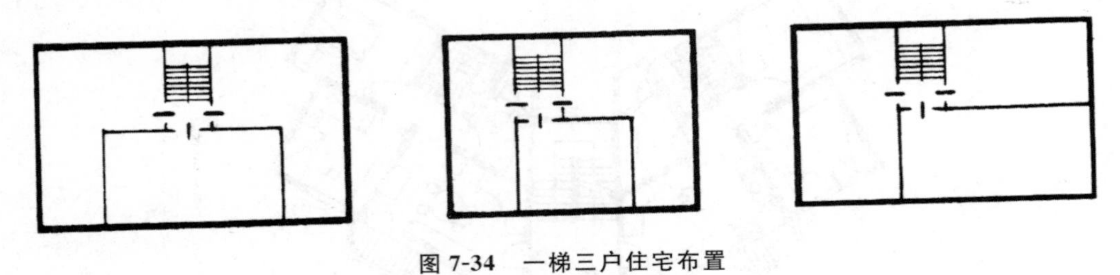

图 7-34　一梯三户住宅布置

(3)一梯四户

一梯每层服务四户,提高了楼梯使用率。采用双跑楼梯时为使每户有可能争取到好朝向,一般常将少室户布置在中间而形成单朝向户。在某些地区可布置成朝东或朝西的四个单朝向户(图 7-35)。若利用双跑楼梯的两个楼梯平台错层设置入户口或采用单跑楼梯的长楼梯平台,则可实现每套面积较大且朝向均佳的单元平面,如图 7-35 所示。

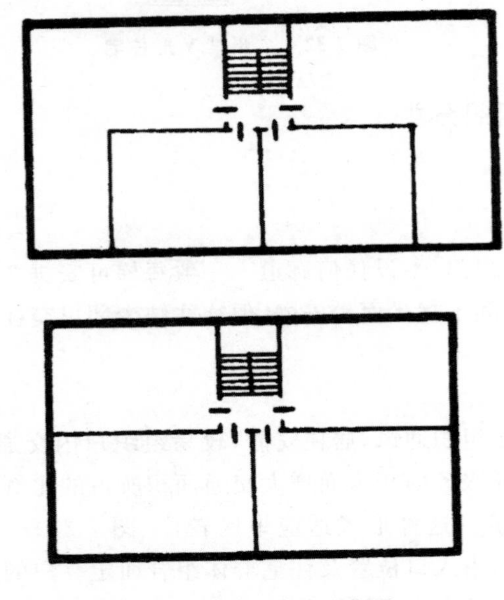

图 7-35　一梯四户住宅布置

2. 内廊式

(1)长内廊

由于长内廊是在内廊的两侧布置各户,楼梯服务户数增多,使用率大大提高,且房屋进深加大,用地节省,在寒冷地区有利于保温。但各户均为单朝向户,内廊较暗,户间干扰也大,户内不能组织良好的穿堂风。与长外廊式一样,对小面积套型较为适宜。图 7-36 住宅于内廊分段设门以减少干扰。

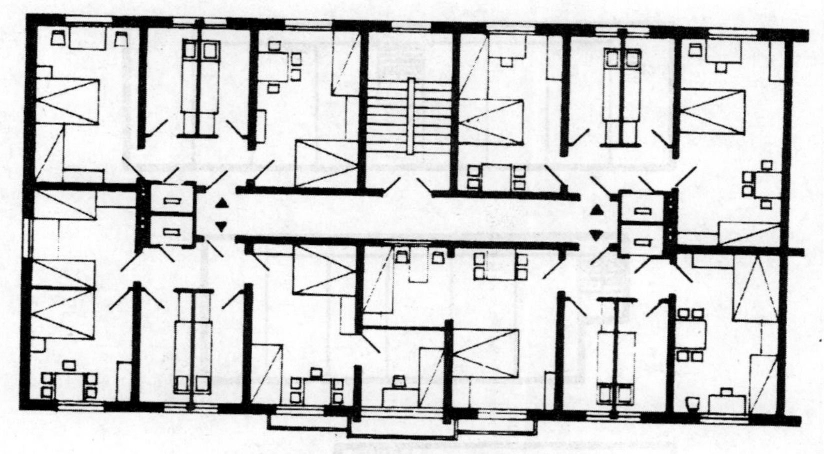

图 7-36　沈阳东西方向的住宅区

(2)短内廊

为了克服长内廊户间干扰大的缺点,可减少拼联户数,缩短内廊,形成短内廊式,也称内廊单元式。它保留了长内廊的一些优点,且居住环境较安静,在我国北方应用较广。由于中间的单朝向户通风不佳,在南方地区不宜采用。一梯可服务 3～4 户(图 7-37)。

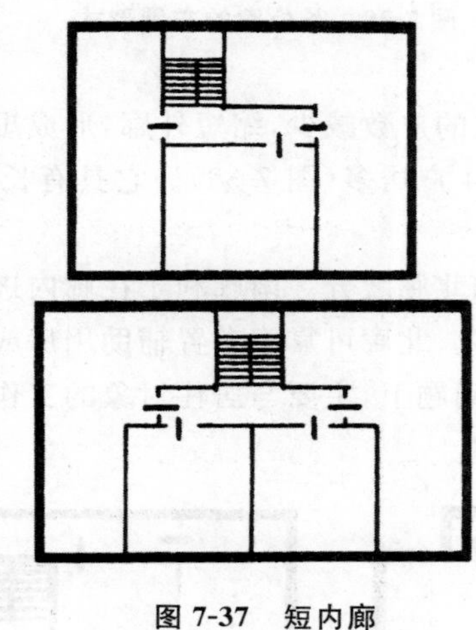

图 7-37　短内廊

3. 外廊式

(1)长外廊

为便于各户并列组合,一梯可服务多户,分户明确,每户有良好的朝向、采光和通风(图 7-38)。外廊敞亮,可晾晒衣物及进行家务操作,并有利于邻里交往及安全防卫。但由于每户入口靠房屋外缘,而户内交通穿套较多。公共外廊对户内有视线及噪声干扰。长外廊住宅在寒冷地区不利于保温防寒,在气候温和地区采用的较多,对小面积套型较为适宜,面积大及居室多的套型宜布置在走廊尽端。长外廊不宜过长,并要考虑防火和安全疏散的要求。走廊标高可低于室内标高 600mm 左右,以减少干扰。

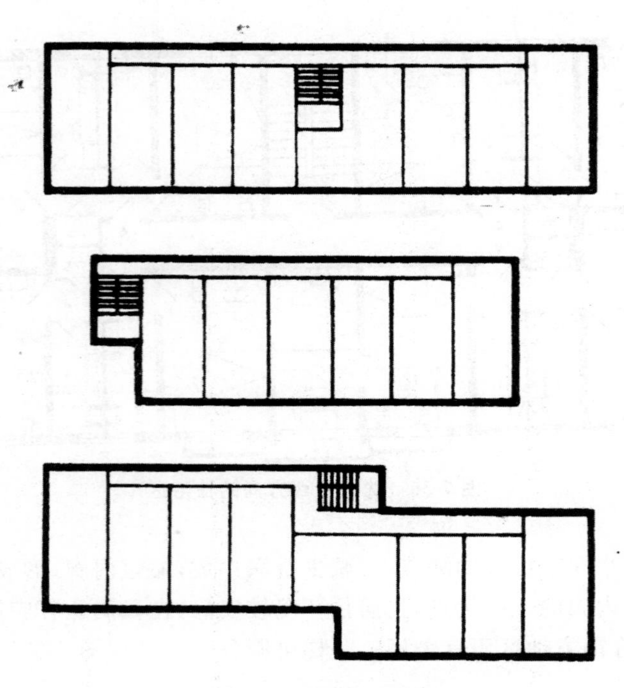

图 7-38　长外廊的布置形式

(2)短外廊

为避免外廊的干扰,可将拼联的户数减少,缩短外廊,形成短外廊式,也称外廊单元式。短外廊式一梯每层服务 3～5 户,以 4 户居多(图 7-39)。它具有长外廊的某些优点且又较安静,且有一定范围的邻里交往。

此外,外廊依其朝向有南廊和北廊之分。南廊利于在廊内进行家务活动,但对南向居室干扰较大,尤其厨房朝北时穿套较多。北廊可靠廊布置辅助用房或小居室,以减少对主要居室的干扰,一般采用较多。在南、北廊问题上,主要与居住对象的工作性质、家庭成员的组成及生活习惯等有关,应根据具体条件处理。

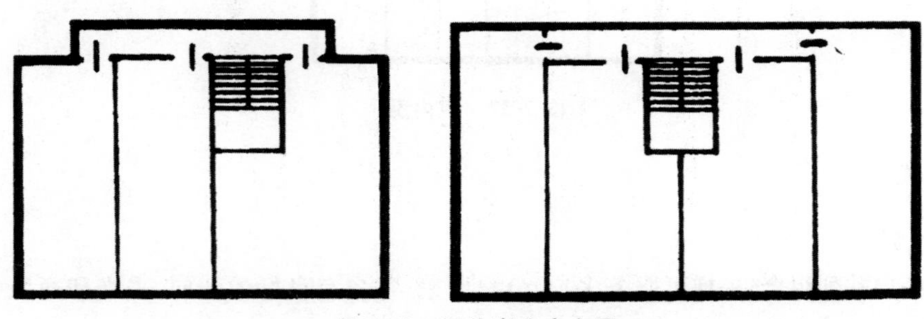

图 7-39　短外廊分户布置

4. 跃廊式

跃廊式是由通廊进入各户后,再由户内小楼梯进入另一层。楼栋在满足规范要求的前提下可设置较少的公共楼梯服务于较多的户数,加上隔层设通廊,从而节省了交通面积,且又可减少干扰，每户有可能争取两个朝向。常在下层设厨房、起居室，上层设卧室、卫生间，套内如同低层住宅，居住环境安静，在每户需求面积大，居室多时较适宜，其套型属于跃层式套型。跃廊式住宅在国外整体式集合住宅设计中运用较为普遍，国内目前也有项目采用。图 7-40 为巴西跃廊式住宅，A 型为一字形平面，B 型为长曲线。

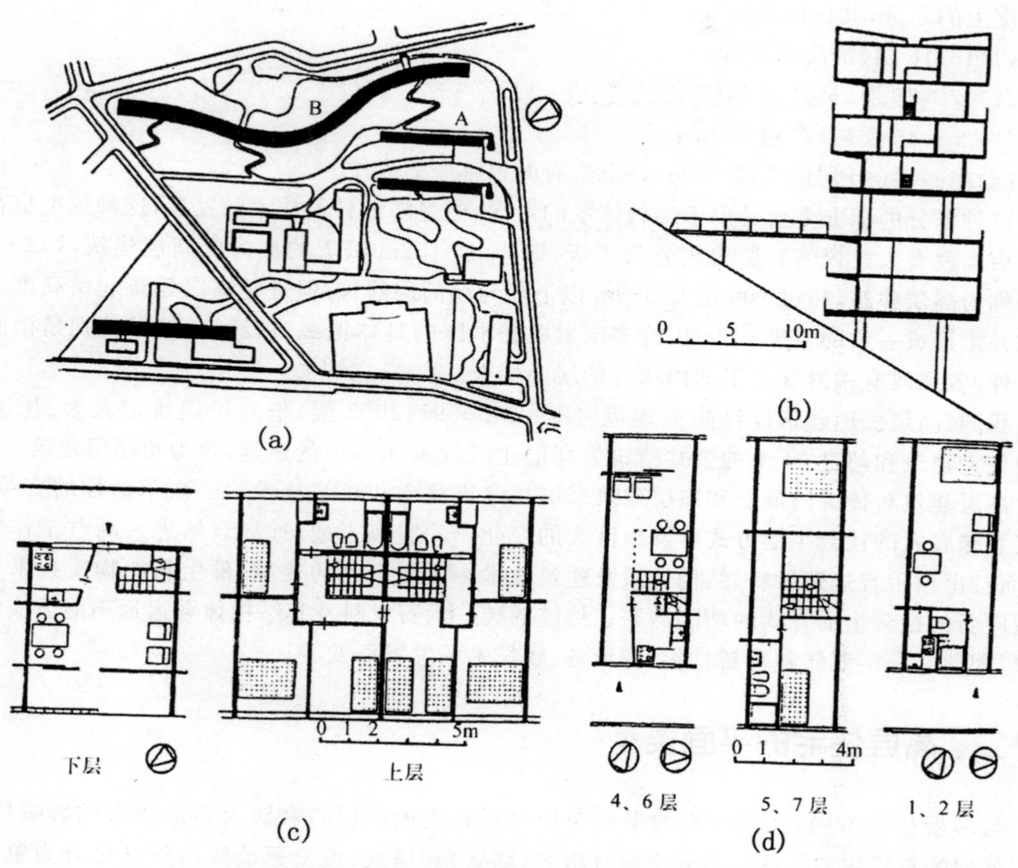

(a)总平面；(b)B 型剖面；(c)A 型平面；(d)B 型平面

图 7-40　巴西里约热内卢跃廊式住宅

第三节　高层和中高层住宅建筑设计

一、高层住宅的概念和标准

高层建筑最早被人们称为摩天大楼（skyscrapers），是描述高耸建筑物的形容词，这个词是描述当时美国芝加哥与纽约市中心所建造的多层办公楼的。摩天大楼产生于美国，就像大型电影院和快餐厅一样是美国生活方式的实物，它是国家经济发展成就的象征。高层建筑顾名思义，是因其"高"，层数多，所以用高字来称呼它。英文中高层建筑叫"High－Rise"或称"Tall Building"，但究竟多少层、多高才能称高层建筑呢？世界各国的认定标准是不一致的。国际高层建筑设计研究权威机构——1969年成立的高层建筑与城市住房委员会（The Cou. ncil On Tall Building and Urban Habitat），后来演变为高层建筑委员会，在1972年对高层律笛做过高度上的划分，共分四级标准：

(1)1～16层（最高到50m）；

(2)17～25层（最高到75m）；

(3)26～40层（最高到100m）；

(4)超高层（40层以上或100m以上），有时也称摩天大楼。

这种划分的标准主要是出于结构体系的考虑，但是随着科学技术的发展，这种标准也在改变。后来就有人建议将高层建筑分为三级，即40层152m以下的称为低高层建筑，152～365米者称为高层建筑，超过100层及365m以上者为超高层建筑，但是对高层建筑起始高度划分标准并未形成一致的意见。于是，许多国家根据本国的具体情况，视经济、技术特别是消防装备条件，各国政府相继制定了国内执行的统一标准。

我国《高层民用建筑设计防火规范》GB50045－95（2005版）把高层建筑定义为：超过10层的住宅建筑和超过24米的公共建筑为高层建筑，100米以上的建筑，称为超高层建筑。

高层建筑对传统的低层和多层建筑来讲是建筑观念和建筑技术的一次革命性的变革，它不仅意味着人的社会生活方式要发生巨大的变化——脱离土地，远离自然进入高空工作和生活，而且也预示着建筑材料、结构体系及建筑技术一次革命性的变革，催生新的物质技术手段来适应新的社会生活方式的功能需要。传统的砖、木、石材料及其结构体系远远不能适应新的要求，因此它一定要伴随着新材料、新设备、新技术的发展而发展。

二、高层住宅的平面类型

与多层住宅不同，高层住宅的平面布局受垂直交通（电梯）和防火疏散要求的影响较大。世界各地的高层住宅按体型划分主要有板式（墙式）和塔式；按交通流线组织又可分为单元组合式、长廊式和跃廊式高层住宅等。现就其几种主要的平面类型简述如下。

（一）板式高层住宅

1. 单元组合式

以单元组合成为一栋建筑，单元内各户以电梯、楼梯为核心布置；楼梯与电梯组合在一起或相距不远，以楼梯作为电梯的辅助工具，组成垂直交通枢纽。单元组合式一般在一单元内仅设一部电梯，电梯每层服务户数2～4户，内部水平交通面积较少，因而安静而较少干扰。以单元组合成的板式高层住宅，是我国目前较为常见的高层住宅形式之一（图7-41）。

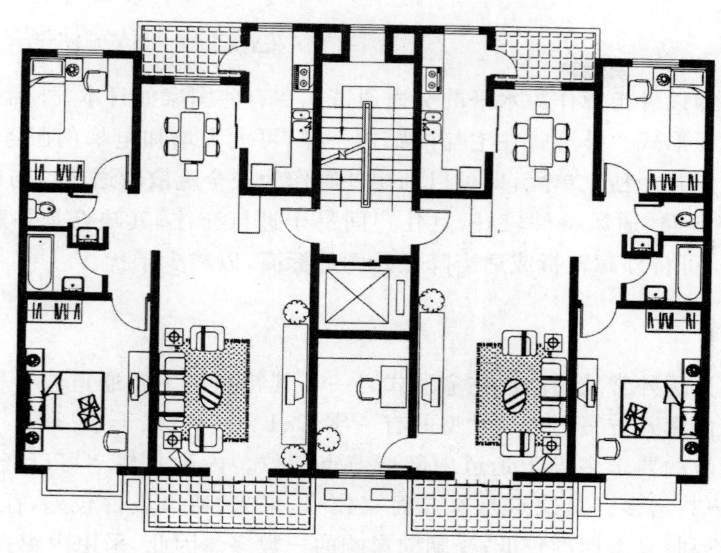

图 7-41　11 层的单元式高层住宅

单元组合式高层住宅平面形式很多，为提高电梯使用效率，增加外墙采光面，照顾朝向及建筑体型的美观等，平面形状可有多种变化。常见的有矩形、T 形、Y 形、十字形等。也有以电梯、楼梯间作为单元与单元组合之间的插入体，这种灵活组合适用于不同地段和各种套型的需要，有利于消防疏散。还有的以多种单元组合成墙式或各种形式的组合体，以围合成大型院落（图 7-42）。

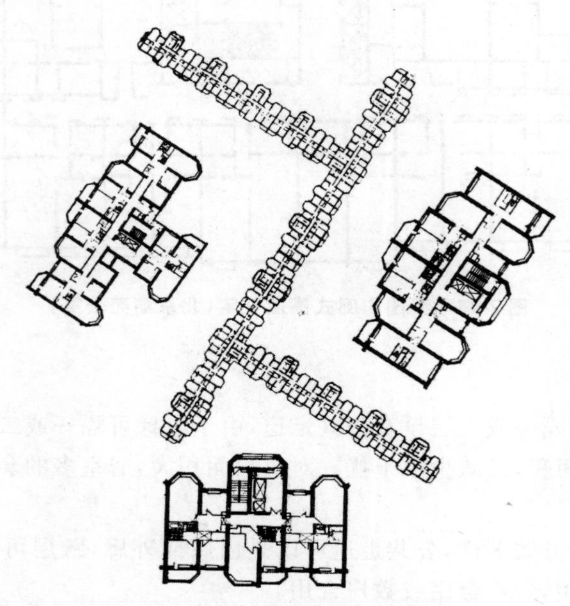

图 7-42　多种不同单元组成墙式组合体
（苏联莫斯科新捷列穆什卡 25 号街坊）

2. 外廊式

外廊式平面即以外走廊作为水平的交通通道。在有些国家如日本，外廊式住宅是14层以下高层住宅的主要形式。外廊式住宅与内廊式一样，可大大增加电梯的服务户数；若把楼梯、电梯间成组布置成几个独立单元，即可以利用外廊作为安全疏散的通道。与内廊式不同的是，外廊式平面每户日照、通风条件较好，且住户间易于进行交往；其缺点是外廊对住户干扰大。为解决这一问题，可将外廊转折或适当降低外廊的标高，以减少干扰。

3. 内廊式

内廊式住宅是国外常见的高层住宅形式之一。其特点是主要通道位于平面中部，各户沿内廊两侧布置。内廊式方案的走道常见的有一字形、L形、Y形、十字形等。楼电梯间根据使用功能和防火疏散的要求多设于走道中部或节点部位。内廊式住宅可以经济有效地利用通道，使电梯服务户数增多。其缺点是每户面宽较窄，采光、通风条件较差，往往出现暗厨和暗厕，对防火安全不利；套型标准较低；受朝向影响的户数多。因此，采用内廊式方案时需考虑地域特色和气候条件，还应兼顾居民的生活习惯(图7-43)。

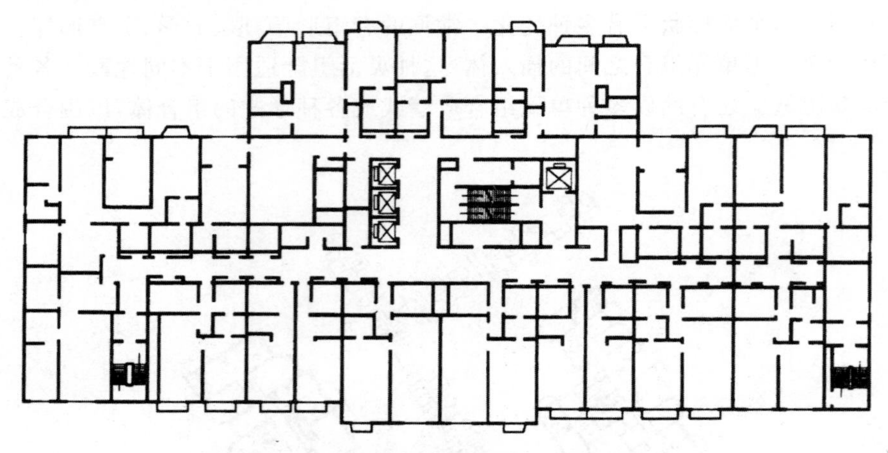

图7-43　我国内廊式高层住宅(北京丽苑公寓)

4. 跃廊式

跃廊式高层住宅每隔一或二层设有公共走道，由于电梯可隔一或二层停靠，从而提高了电梯利用率，既节约交通面积，又减少了干扰。对每户面积大，居室多的套型，这种布置方式较为有利。

跃廊式住宅的组合方式多样，公共走道可以是内廊或外廊，跃层可以跃一层或半层，通至跃层的楼梯，可一户独用，二户合用或数户合用。

跃廊式往往与单元式、长廊式等结合而取长补短，混合使用。塔式住宅由于套型设置的需要，也可局部跃层。跃廊式住宅除可弥补其他住宅形式的缺点外，兼有套型灵活多样、空间组合变化丰富的特点。但其上、下层平面常不一致，如不采用轻质隔断则结构和构造比较复杂；

设备管线要注意上、下层的关系变化；小楼梯的位置要布置得当，其结构、构造要合理，否则使用不便，不利于工业化施工。另外，随着人民生活水平的提高，住宅中的无障碍设计日益受到关注。而某些跃廊式住宅必须通过楼梯入户，故无法发挥电梯的优势而做到完全的无障碍设计。

跃廊式住宅的变化很多，可进行灵活组合，探索一些新的手法。

（二）塔式高层住宅

塔式住宅是指平面上两个方向的尺寸比较接近，而高度又远远超过平面尺寸的高层住宅。这种住宅类型是以一组垂直交通枢纽为中心，各户环绕布置，不与其他单元拼接，独立自成一栋。这种住宅的特点是面宽小、进深大、用地省、容积率高，套型变化多，公共管道集中，结构合理；能适应地段小、地形起伏而复杂的基地在住宅群中，与板式高层住宅相比，较少影响其他住宅的日照、采光、通风和视野；可以与其他类型住宅组合成住宅组团，使街景更为生动。由于其造型挺拔，易形成对景，若选址恰当，可有效地改善城市天际线。塔式住宅内部空间组织比较紧凑、采光面多、通风好，是我国目前最为常见的高层住宅形式之一（图 7-44）。

塔式住宅的平面形式丰富多样，几乎囊括了所有的几何形状。在我国由于气候因素的影响而呈现地区差异，如北方大部分地区因需要较好的日照，经常采用 T 形、Y 形、H 形、V 形、蝶形等；而华南地区因需要建筑之间的通风，则较多采用双十字形、井字形等。

塔式住宅一般每层布置 4～8 户。近年来，为了节约土地，也有布置更多户数的，但这样会增加住户间的干扰，对私密性也有一定影响。

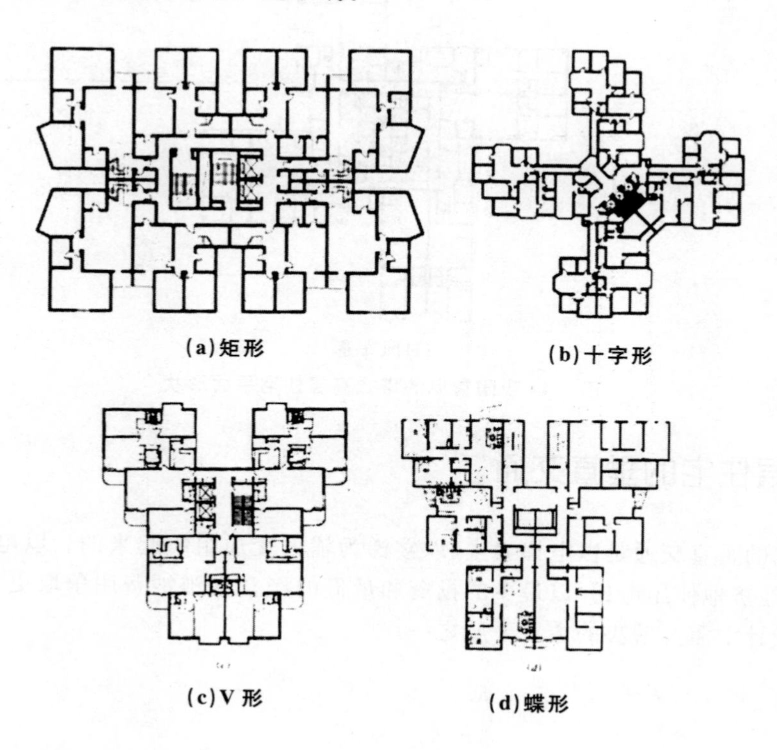

(a)矩形　(b)十字形

(c)V 形　(d)蝶形

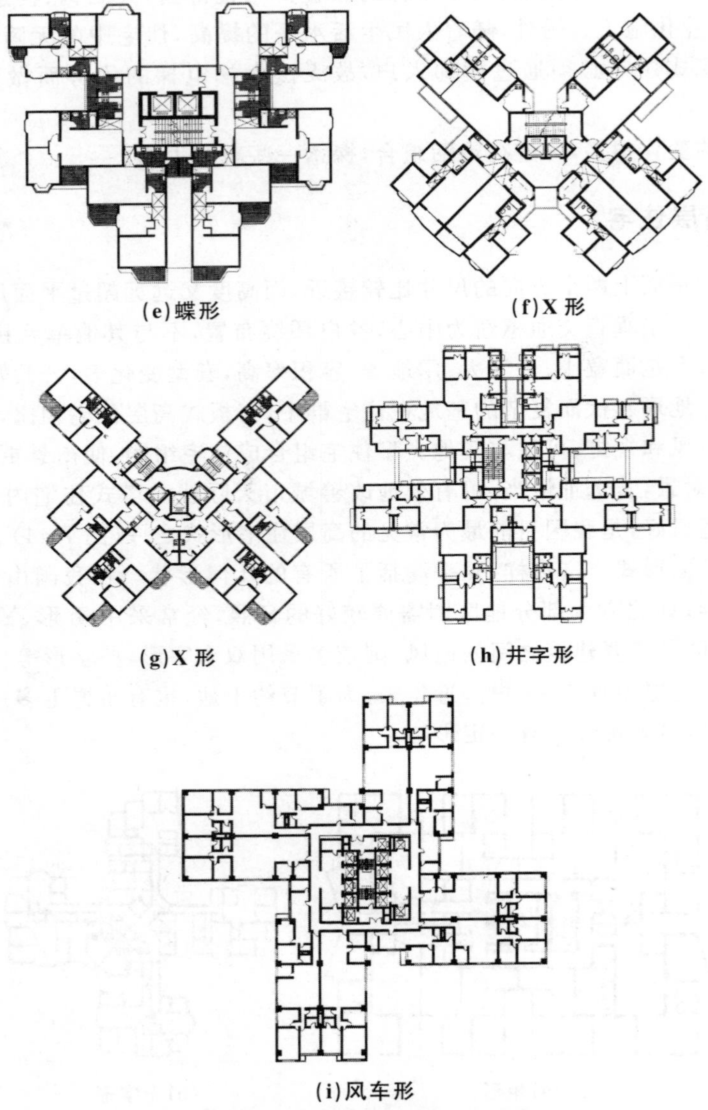

(e)蝶形　(f)X 形

(g)X 形　(h)井字形

(i)风车形

图 7-44 我国常见的塔式高层住宅平面形状

三、高层住宅的垂直交通

高层住宅的垂直交通是以电梯为主、以楼梯为辅助交通组织起来的。以电梯为中心组织各户时，如何经济地使用电梯，以最少的投资和最低的经常性维护费用争取更多的服务户数，是高层住宅设计中需要解决的主要矛盾之一。

(一)电梯的设置

在高层住宅中,电梯的设置首先要做到安全可靠,其次是方便,再次是经济。

安全可靠就是要保证居民的日常使用,即使当一台电梯发生故障或进行维修时,也有另外的电梯可供居民使用。因此在《住宅设计规范》(GB50096—1999)规定,12 层及 12 层以上的高层住宅每栋楼至少需要设置两部电梯,且其中一台宜能容纳担架出入。

使用方便与电梯的数量有关,电梯越多就越方便,但这往往与经济性相矛盾,因为多设电梯的一次性投资和经常性管理费用都较高;相反,片面地强调经济,少设电梯,则会造成使用的不便。为此,许多国家规定了定量的客观标准,也称为服务水平,即在电梯运行的高峰时间里,乘客等候电梯的平均值(单位是秒)。不同的国家,标准也不同:如美国认为在住宅中,等候电梯的时间小于 60s 较理想,小于 75s 尚可,小于 90s 较差,以 129s 为极限;英国和日本规定在 60～90s 之间。

高层住宅电梯数量与住宅户数和住宅档次有关。电梯系数是一幢住宅中每部电梯所服务的住宅户数,通常每部电梯服务的户数越多,则电梯的使用效率越高,相应的居住标准越低。经济型住宅每部电梯服务 90～100 户以上;常用型住宅每部电梯服务 60～90 户;舒适型住宅每部电梯服务 30～60 户;豪华型住宅每部电梯服务 30 户以下。一般而言,我国的高层住宅电梯设置情况是 18 层以下的高层住宅或每层不超过 6 户的 18 层以上的住宅设两部电梯,其中一部兼作消防电梯,18 层以上(高度 100 米以内)每层 8 户和 8 户以上的住宅设三部电梯,其中一部兼作消防电梯。电梯载重量一般为 1000kg,速度多为低速、中速(小于 2m/s 为低速,2～3.5 m/s 为中速,大于 3.5 m/s 为高速)。

对于电梯设置中的经济概念,不能只是简单地压缩电梯数量而影响居民的正常使用,应在保证一定服务水平的基础上,使电梯的运载能力与客流量相平衡,充分发挥电梯的效能,达到既方便又经济的目的。同时为了充分发挥电梯的作用,电梯的设置还应考虑对住宅体型和平面布局的影响。如在平面布置中适当加长水平交通可以争取更多服务户数;但如果交通面积过大,也会引起一系列使用和经济方面的问题,两者需要进行综合比较后才能做出选择。

(二)楼梯和电梯的关系

在高层住宅中虽然设置了电梯,但楼梯并不能因此而省掉,它可作为居民短距离的层间交通;可作为住宅下面几层居民的主要垂直交通;在跃廊式住宅中,作为必要的局部垂直交通;作为非常情况下(如火灾)的疏散通道。因此,楼梯的位置和数量也要兼顾安全和方便两方面。首先要符合《高层民用建筑设计防火规范》(GB50045)的要求:在板式住宅中,要注意每部楼梯服务的面积及两部楼梯间的距离;在塔式住宅中,楼梯、电梯相近布置的核心式布局较为紧凑,可以采用一部剪刀楼梯,以取得两个方向的疏散口。其次,楼梯位置的选择及与电梯的关系要适当,作为电梯的辅助交通手段,应与电梯有机地结合成一组,以利相互补充(图 7-45)。

塔式住宅的交通体系比较简单,而板式及其他形式的住宅,在安排楼梯位置时,应考虑主要的楼梯间、电梯间的位置对住宅平面及体型的影响。在有多方向走廊时(如十字形、T 形、H 形走廊),应尽可能放在走廊的交叉点,以利各方面人流的汇集;当为一字形走廊时,应根据建筑物的长度和防火规范对疏散间距的规定选择适当的位置，以使楼梯的数量尽可能少。

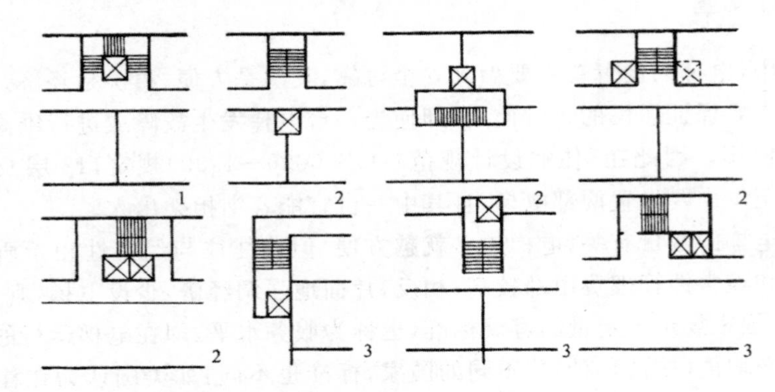

1—楼梯环绕电梯井；2—电梯布置在楼梯侧面或对面，

电梯停靠于楼板标高；3—电梯布置在楼梯间内靠休息平台一侧，电梯停在休息平台标高

图 7-45 公共楼梯与电梯结合布置的几种方案

(三)电梯对住户的干扰问题

在高层住宅中，电梯服务上层，楼梯服务下层，为了避免相互干扰，可以适当隔离，各设独立出入口。此外，电梯容量最大为 20 人，在上下班人流拥挤时，电梯厅人流集中，比较嘈杂，因而，电梯厅不宜紧邻主要房间，尤其不宜紧邻卧室。电梯厅也不宜过小，以免人群在附近通道中徘徊干扰住户。

楼梯只有人们在走过时才发生零星噪声，而电梯在运转时发生较大的机械噪声，深夜或凌晨对居民的干扰很大，必须考虑对电梯井的隔声处理。一般可以用浴、厕、壁橱、厨房等作为隔离空间来布置。此外电梯服务户数过多对长廊式布局往往也带来一些干扰，必须在设计时加以注意。

四、中高层住宅设计

中高层住宅作为国内刚刚开始发展的住宅类型，被认为是集多层住宅与高层住宅优势于一身的住宅类型。相关研究表明，从节地性、经济性、居民认同性、灵活性与适应性以及居住环境质量性能等因素的综合来看，中高层住宅具有极大的发展潜力。

(一)中高层住宅的优点

节约用地的手法多种多样，其中适当增加住宅层数可以说是最有效的方法之一。在容积率相同的条件下，不同层数的住宅会产生不同的空地率，但随着层数的增加，空地率的增长趋势在减缓，并在 10 层的位置出现转折。这是由于现行规范规定 10 层以上为高层住宅，因而其山墙间距加大所致。9 层的中高层住宅与 12 层及 13 层住宅的空地率接近，在一定程度上可说明 9 层中高层住宅的节地优势。

中高层住宅因其带 1 部电梯，因而较好地解决了多层住宅的上下交通；中高层住宅的高摩一般在 30 米左右，恰恰符合中国古代“百尺为形”的外部空间尺度——中高层住宅整体都在人的视线清晰度范围之内，使其体量不致过于庞大压抑；同时，住在较高楼层的居民可以清晰地观察地面的活动（如监控在地面场地活动的儿童等），因此中高层住宅在心理上较之高层住宅更容易被居民接受。

由于中高层住宅主要采用框架结构，因而可提供较大的室内空间，大大增加了室内布局的灵活性和对生活变化的适应性。

（二）中高层住宅的设计定位与原则

虽然中高层住宅的优势十分明显，但其居住舒适性与经济性之间的微妙关系，一直是困扰其发展的主要因素。从前些年 7～9 层住宅不设电梯的现象到近来的“大套型、高标准、一梯两户”成为许多大城市中“豪宅”的象征，中高层住宅的设计从一个极端走向另一个极端，这不能不引发对中高层住宅的设计定位与原则的深入探讨。

1. 应采用一梯多户的单元平面

当前较为常见的一梯两户型中高层住宅，其电梯的使用效率较低，通常一部电梯只服务 16～20 户左右，而香港地区较经济的电梯服务户数一般为 60～80 户/部。因此，为了减少电梯的户均分摊费用，降低户均分摊的电梯管理、使用和维护费用，也为了提高电梯的使用效率，发挥电梯的最大效能，应针对我国的实际经济状况和城市居民的实际购买力，将经济适用型中高层住宅单元平面的设计定位于一梯多户型。

2. 以经济适用型康居住宅为主

中高层住宅由于增加了电梯等设施，结构形式与建筑材料等也逐渐更新，使其造价比多层住宅有一定的增加，但这不能成为其向豪华型发展的理由。首先，随着居民居住层次与品质的不断提升，电梯将逐步成为城市住宅中的主要垂直交通工具而进入普通居民家庭。其次，中高层住宅的节地性能、交通方式优于多层住宅，而其套型平面又是对多层住宅的延续，使其能被广大普通居民接受，具有较好的推广普及性。另外，国家康居示范工程是为了引导 21 世纪初期大众居住生活水平而建造的居住小区，在其规划设计中提出住宅宜以多层或中高层为主，提倡发展 7～11 层带电梯的住宅。由此，中高层住宅仍应定位为经济适用型康居住宅。

3. 应合理控制面积标准

根据不同家庭的规模，制订合理的住宅套型面积标准，提高各项配套设施的功能和质量，以达到控制当前日益增加的城市人均居住区用地面积指标，节约城市用地的目的。近年来，国务院加大对房地产市场的宏观调控，多次出台相关措施调整住房供应结构，其中首要一点就是“重点发展中低价位、中小套型普通商品住房、经济适用住房和廉租住房。”“70％的新建住宅面积须建设 90 米^2 以下小套型”。因此，在平面布局中，应以中小套型为主。

（三）中高层住宅平面类型及其特点

目前，我国商品住宅市场上中高层住宅的类型还比较单一，主要以单元组合式、外廊式和点式(塔式)为主,其各自特点与高层住宅类似。

1. 单元组合式

当前中高层住宅单元平面的设计大多沿用多层住宅的思路,只是每单元增加1部电梯,因此多数中高层住宅的单元及套型平面与多层住宅基本相同。

一梯两户型的套型平面布局、采光、通风效果均好,然而电梯服务户数过少,电梯使用效率过低。一梯多户型,虽提高了电梯的服务户数和使用效率,但中间套型通风效果较差(图7-46)。

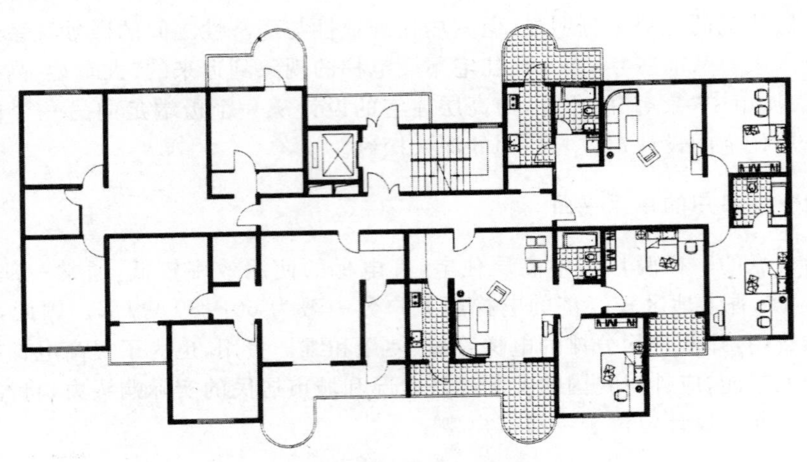

图7-46　一梯四户型

在设计时可与短外廊式相结合,改善中间套型的通风问题;同时也具有组合上的灵活性。

在防火和安全疏散方面,单元组合式住宅当户门未采用乙级防火门时,其楼梯间应通至平屋顶。

2. 廊式

特点是电梯服务户数多、电梯使用效率高;但相互干扰大,采光和通风效果差。其中长外廊式较适宜南方地区;或处理成外跃廊型以减小走廊对住户的干扰(图7-47)。长内廊式则宜东西向布置,或通过内廊跃层式设计缓解采光、通风问题。

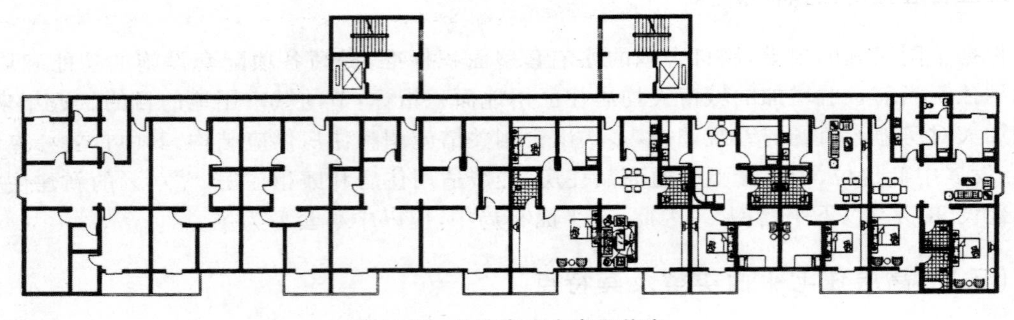

图7-47　长外廊式中高层住宅

3. 点式(塔式)

点式中高层住宅与塔式高层住宅平面布局相似,但因高度不同故体型不如塔式住宅挺拔。点式中高层住宅按防火规范可以只设一部电梯、一部楼梯,但每层建筑面积不超过500平方米。楼梯应设封闭楼梯间,但如果户门采用乙级防火门时可以不设。

(四)当前中高层住宅设计中应注意的问题

1. 电梯系数问题

电梯系数概念,即一幢住宅中每部电梯所服务的住宅户数。有些城市根据各自的设计经验制定了相应的电梯系数,但其多以两部或两部以上电梯为基准,在使用中存在相互替换的可能。而对于只有一部电梯的中高层住宅来说,需考虑一部电梯在使用过程中的不可替换性。有研究者提出仅限于一部电梯的中高层住宅的电梯系数参考值:经济型住宅每台电梯服务40～60户;舒适型住宅每台电梯服务20～40户;豪华型住宅每台电梯服务20户以下。由此,单元式和点式(塔式)中高层住宅应以一梯三至四户(或更多户数)为主,廊式中高层住宅应以一梯六户为主。

2. 仅有一部电梯使用的问题

中高层住宅的特点是只设一部电梯,于是当电梯维修或出现故障或发生火灾进行疏散时,就会给居民的使用方便与安全带来一定隐患,而我国住宅设计规范和防火规范对中高层住宅并无特殊要求。因此应在设计中及早予以重视并合理加以解决。可以考虑住宅单元之间合理增设通道,以备一部电梯出现故障时交换使用;或采用廊式布局形式,合理增加电梯数量;减少电梯停靠楼层,延长电梯使用寿命;对电梯进行定期维护、保养,以提高电梯安全性能,延长使用寿命。

由于目前点式中高层住宅多为独立使用,在解决一部电梯使用问题上还缺少有效的方法。一方面可以增加设置电梯的台数,另一方面可将点式与板式、点式与点式中高层住宅联立组合,以便设置联系通道。

在实际设计中,中高层住宅可以与多层和高层住宅组织穿插在一起,不仅增加了住宅的类型,而且使城市景观具有层次感,更可以彼此取长补短发挥最佳综合效应。

第四节　不同地区和特殊条件下的住宅建筑设计

我国幅员广阔,从北到南,在气候上包括了亚寒带到亚热带气候区,在地理自然条件及人民的生活习惯方面,都有显著的差异。因此,住宅设计除了要满足一般使用功能要求外,还应该适应不同地域的气候、地形和使用条件等特点。这里主要从气候方面阐述不同地区的住宅建筑。

一、炎热地区的住宅设计

(一)我国炎热地区概况

对我国建筑热工分区中的夏热冬冷地区和夏热冬暖地区,在设计上均要求必须满足夏季防热要求,这些地区包括上海、重庆、浙江、江西、湖北、湖南、广东、广西、海南、福建、台湾,以及江苏、安徽、河南、贵州、四川、陕西、甘肃、云南等省的一部分或大部分地区。

(二)炎热地区住宅的平面设计与建筑处理

在现代社会生活背景下,在非常炎热的季节,使用家用空调降温来改善住宅室内的居住条件,已相当普遍。空调可以在较短的时间内,有效地降低室内温度和减小相对湿度。但家用空调的普及并不意味着不需要在建筑上进行合理的处理,其中最主要的一个方面是,如果在设计上不考虑节能而只靠空调来解决降温、降湿的问题,将会使住宅建筑的能耗大大增加,目前我国建筑能耗是非常高的。另外,长时间使用空调还会带来一些不利的影响,如造成室内环境封闭,从而使空气的新鲜度和清洁度受到影响;室内外温差和湿度差明显,容易使人患感冒等“空调病”,不利于人的身体健康等。因此,应使住宅本身具有良好的居住条件住户只是在特殊的外部环境条件下才使用空调,这样,既有利于节能,也有利于住户的身体健康。

通过合理的住宅平面设计和有效的建筑处理来降低住宅夏季室内过热的气温,是改善炎热地区住宅居住条件的一个重要方面。通常涉及建筑朝向选择,组织良好的通风、遮阳、隔热及改善住宅外部环境条件等方面的问题。

1.建筑朝向的选择

炎热地区住宅朝向的选择,影响到夏季强烈的太阳光对住宅及周围环境的辐射角度、照射时间和“热化”程度同时也影响到住宅对夏季季候风的利用程度。使住宅位于合理的朝向,有利于减小太阳辐射对住宅的不利影响,同时有利于组织住宅的通风。在这里可以把这种关系归结为外环境的“热化”作用和通风的“冷却”作用。因此,在进行朝向选择时,应考虑使建筑的方位既能较小地受“热化”作用的影响,又能较多利用“冷却”的作用。

东、西朝向对住宅来说是不利的。这是由于太阳光对东、西向墙面及门、窗长时间的直接辐射(主要是低角度的“平射”和较低角度的“斜射”)会造成东、西墙面温度较高,也使夏季太阳光通过门、窗入射室内的深度较大,且持续时间较长,使室内气温升高。东向相对较好,因为室内外气温经夜间的“冷却"温度不高,上午的日照一般不致使室内气温过高。西向是最不利的朝向,由于大阳光白天的辐射使下午空气的温度高于上午,下午太阳光的西晒容易使住宅室内温度过高。

北向受太阳辐射的影响较小,但在夏季早晚都要受到太阳的低角度辐射,早晨东北向的日照对室温的影响甚微,而下午西北向的日晒使室温升高,夜间降温度速度减慢,不利于睡眠和休息。但个别地区如重庆,因主导风为北向,有利于降温,北向仍不失为较好的选择。

南向夏季太阳高度角较高，日光入射室内的深度较小，墙面吸收及门窗透过的热量均比东、西墙面要少，且较东、西向更容易通过遮阳设置阻挡阳光的直接辐射。由于多数地区夏季主导风为东南向，南向也为利用通风的“冷却”作用降低室内气温提供了良好的外部条件。

根据以上分析，炎热地区住宅朝向选择以南偏东15°至南偏西15°范围为最好，偏角增大则条件变差，南偏东或南偏西的偏角不宜大于45°，偏东比偏西好。北向次于南向，北偏东尚可，北偏西则西晒严重。就东、西朝向的建筑而言，东向优于西向，西向最差，应尽量避免。

2. 套型内部通风的组织

主要是通过把夏季季候风及热压差形成的空气流动引进住宅室内，带走室内过多的热量和湿气，改善住户的居住条件。良好的自然通风是炎热地区住宅设计的重要条件，必须充分注意。现从建筑平面设计及建筑局部处理两个方面来加以论述。

(1)建筑平面的设计处理

要取得良好的自然通风效果，必须组织穿堂风，使风能顺畅地流经全室。这就要求住宅要有合适的进风口和出风口，进出风口之间的通风路线畅顺，并能流经人活动和休息的地方(图7-48)。进风大小，除与室外环境的风速有关，还与进、出风口的大小有关。进、出风口大则进风大，不然则小。通常多利用窗户、门洞做进、出风口，但也要注意不能盲目地通过加大门窗的面积加强通风，这样对节能是不利的。

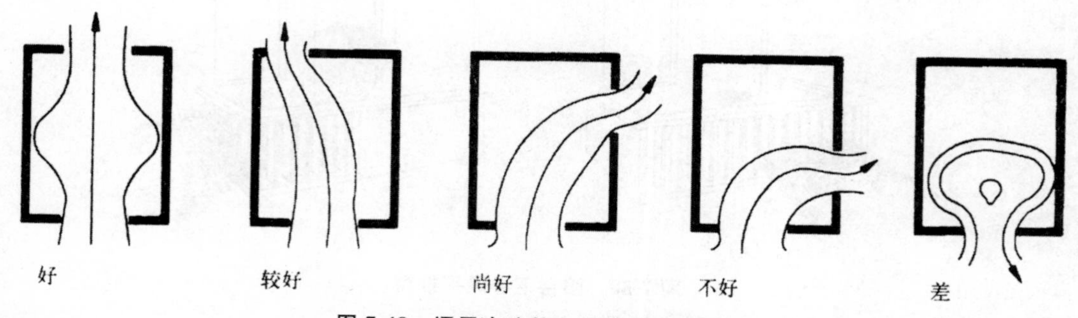

图7-48　通风在建筑空间内的平面路线

(2)建筑的局部处理

利用建筑的局部处理来改善住宅的通风条件，通常反映在以下几个方面。

①凹阳台有利于引风入室，除了有兜风的作用外，由于凹阳台附近的建筑外墙大多被阴影遮蔽，温度相对较低，与室外较热的空气形成热压差，可将一定量的通风导入室内(图7-49)。

②减少阳台挡板的阻风作用，使其较为通透。如处理成平行于主要风向的导风板，可将偏离主要风向的环境风导入室内(图7-50)。

③利用窗扇的导风作用。一般来说，向外开的平开窗、垂直旋转窗和悬窗均有一定的导风作用(图7-51)。利用窗扇导风时，还应考虑到窗扇方向对通风在剖面上的路线影响。

④利用其他建筑构件如遮阳板、窗楣等的导风作用。如水平式和垂直式遮阳板分别起到不同的导风作用。

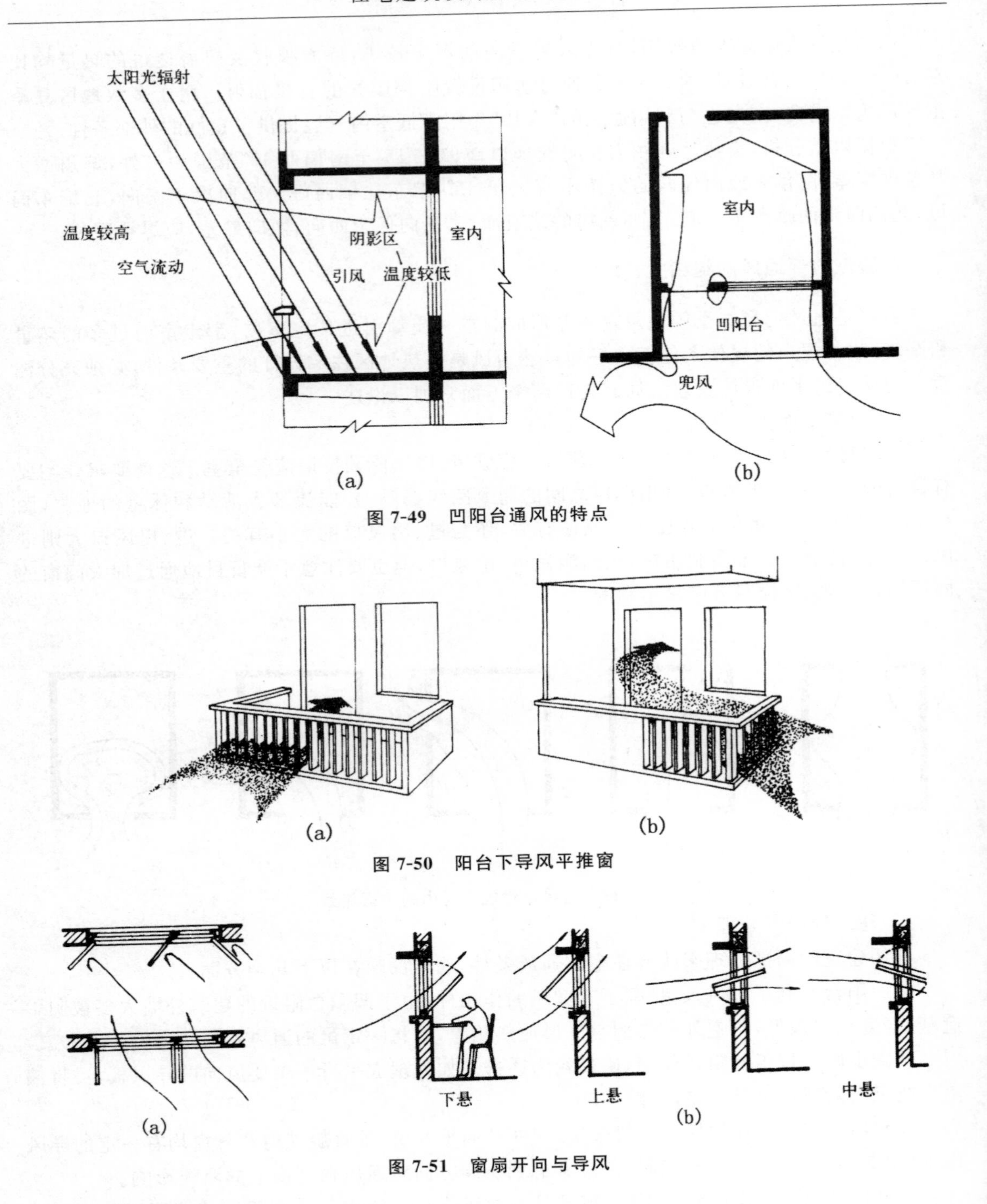

图 7-49　凹阳台通风的特点

图 7-50　阳台下导风平推窗

图 7-51　窗扇开向与导风

3. 遮阳与隔热

(1)遮阳

遮阳的目的主要是通过遮阳措施，减少太阳光辐射对住宅室内的不利影响。据测定，在我国南方地区的夏季，通过建筑南向和西向外墙上的门窗（在开着的情况下）传入室内的太阳辐射的热量，分别比通过同面积的墙体传入的热量大2～4倍和10～20倍，其中又以太阳光直接照入室内的辐射热最大。通过门窗传入的太阳辐射热量的大小，与门窗的朝向、大小、位置以及有无遮阳设施等方面的因素有很大的关系。门窗位置较高或位于外墙的中部，和门窗位置较低或位于外墙的一侧，前者较大、后者较小。门窗有遮阳设施，其太阳辐射的透过系数约为无遮阳门窗的10%～35%，室内气温可降低1℃～2℃。因此，对炎热地区住宅的南向和东西向门窗，尤其西向门窗，应进行适当的遮阳处理，这也是降低住宅能耗的一个重要的措施。

（2）隔热

外界温度影响室内的另一途径，就是通过外围护结构（外墙和屋顶）将热传入室内。尤其是屋顶，由于太阳照射时间长，并以直接角度辐射，使其温度一般高于墙体。据测定，在我国南方，下午2～5时，通过平屋顶向室内传入的热量比通过墙体传入的热量多5～9倍。因此，降低建筑外围护结构尤其是屋顶的温度，是降低室内温度最主要的方面，同时也是降低住宅建筑能耗的最有效的手段。

4. 改善住宅外部环境条件

主要是降低与住宅有直接关系的室外局部环境的综合温度，以使住宅的周围有一个宜人的“小气候”，减少室外环境对住宅室内的不利影响。一般有以下几种措施。

（1）处理好建筑的外部通风环境

在通风方面，住宅的外部通风环境直接关系到住宅室内通风效果的好坏。在一个居住区中，应使建筑群中的每一栋住宅都有良好的外部通风环境。为达到这一目的，主要是减小建筑群中前面的建筑对后面建筑通风的阻挡。通常可采取以下做法：

①前面的建筑采用点式住宅；

②使前面建筑具有一定的“透风性”，如架空，开洞等；

③减小前面建筑的高度；

④使前后建筑错位布置；

⑤使建筑群的朝向方位与主导风向形成一定的角度；

⑥住宅设计采用大进深及可灵活拼接的住宅平面，同时在规划上进行合理组合，在满足功能、密度等要求的前提下，拉大建筑间距。

（2）降低室外地面及环境的温度

在建筑的室外地面设置更多的绿化，减少不必要的硬质地面（道路、铺地等）以及采用可渗水的铺地材料。还可利用相邻建筑、树木、建筑小品等所形成的环境阴影，遮挡和吸收部分太阳辐射热量，使室外地面及环境的温度降低。

二、严寒和寒冷地区的住宅设计

（一）我国严寒和寒冷地区概况

以极端气候表现特征划分气候区域，我国《民用建筑热工设计规范》（GB50l76）规定：累年最冷月平均温度不高于－10℃的地区称严寒地区(简称Ⅰ区)。累年最冷月平均温度不高于0℃,高于－10℃的地区称寒冷地区(简称Ⅱ区)。我国有1/2的区域属于严寒和寒冷地区,包括黑龙江、吉林、辽宁、内蒙古、河北、山西、山东、陕西、江苏北部、新疆、四川西部、甘肃、宁夏、青海、西藏等十几个省区。

(二)严寒和寒冷地区的住宅规划布局

住宅规划布局应从建设选址、建筑组合、建筑与道路布局走向、建筑方位朝向、建筑体型、建筑间距、冬季主导风向、太阳辐射和地形、地貌等方面优化建筑微气候环境,为节能型住宅设计创造良好的基地环境。

1.避免选在山谷、洼地、沟底等凹地里

如图7-52所示,因冬季冷气流和河谷冷风环流在地形低处形成冷气流聚集现象造成对建筑物的局部降温,使位于凹地中下部的楼层为保持室温所耗能量增加。

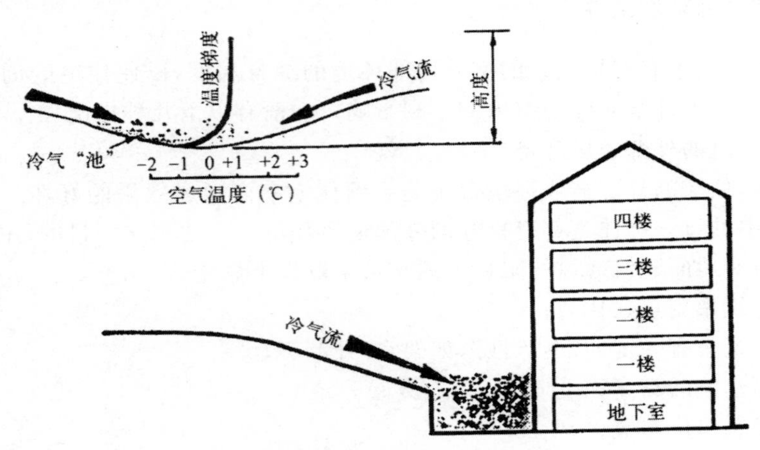

图7-52 冷气流对凹地建筑物的影响

2.避免季风干扰

冬季季风形成强烈的冷风气流,风速强、温度低,对建筑物造成强烈的冷空气侵袭,增加建筑物和场地外表面的热损失,设计中应避免不利风流。我国北方城市冬季主要受到来自西北方向的寒流影响,为此,采取多样、有效的途径避风是设计中的重要问题。

①利用建筑物紧凑布局,将建筑间距控制在1∶2范围之内,充分发挥"风影效应",使后排建筑免受寒风侵袭。

②当考虑避免冬季季风对建筑组群的侵袭时,应减少冬季风主导风向与住宅建筑长边的入射角度。当入射角度为0°时,季风只在两栋建筑的山墙间产生"风槽"影响,对背风向的其他建筑侵入较少。

③避免局地疾风。当冬季季风入侵建筑组群时,不同的建筑组合均会改变季风的风向、风速和风压。在建筑布局时应避免产生局地疾风。局地疾风会加大风速和风压,造成能耗损失

加大。

④利用建筑合理形态，形成优化的微气候的良好界面，避风节能。选择适宜的住宅建筑形态，形成对季风的屏蔽。建筑物面宽越大、高度越高、进深越小，其背风面产生的涡流区就越大，流场越紊乱，对减小风速和风压越有利。

3. 建立“气候防护单元”

在居住区和住宅小区规划设计中，结合建造地点，把若干栋住宅和防护设施按有利防卫当地冬季恶劣气候条件进行组合，使之成为“气候防护单元”，形成整体防护体系是较为合理的。

4. 争取日照

人类生存、身心健康、卫生、营养、工作效率均与日照有着密切和直接的关系，在严寒和寒冷地区的冬季里，人们需要获得更多的日照。建筑也应更多地利用太阳产生的能量，故在设计中应力争达到：

①基地应选择在向阳避风的地段内，为争取日照和利用太阳能提供先决条件。

②选择最佳建筑朝向。“坐北朝南”是我国北方民居建筑朝向的最佳选择，对于寒地城市住宅来讲，应以选择当地最佳朝向为主，这样可以使住宅建筑外围护结构和居室内获得更多的太阳辐射、更多的日照时间、更多的日照面积和较多的紫外线量。如图 7-53 所示，不同朝向在不同季节里，日照时数和太阳辐射热量的变化幅度是较大的，就是在一天里，太阳的日照量和光线成分也有较大的变化。因此，按照当地最佳方位进行建筑布局尤为重要。

③满足日照间距要求，避免周围建筑的严重遮挡。北方寒地城市，由于地理纬度偏高，一般日照间距系数大，如哈尔滨市按大寒日日照不低于 2h 的卫生标准确定建筑日照间距系数为 2.15 倍建筑高度。全国北方各城市确定的日照间距系数可参见《城市居住区规划设计规范》(GB50180)。

④利用住宅楼群的合理布局，争取日照。

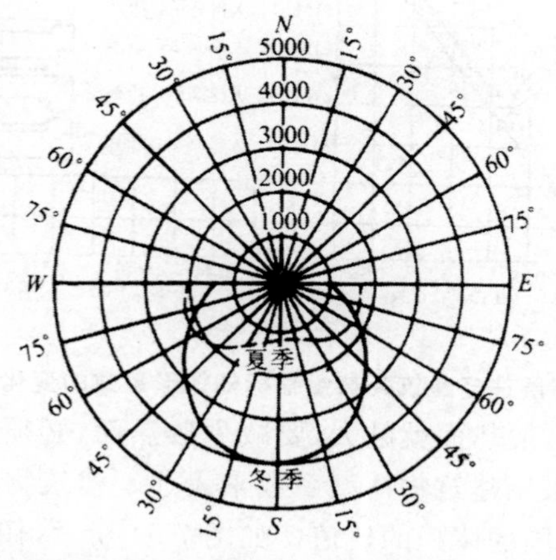

图 7-53　北京地区太阳辐射热日总量的变化(kcal/米² · d)

(三)严寒和寒冷地区的住宅建筑节能设计

严寒和寒冷地区新建的采暖居住建筑都应该建成节能型住宅。节能型住宅建筑节能本身就是一项系统工程,它涉及建筑物节能、采暖系统节能等多方面。若从建筑物本身节能的角度考虑节能设计,应该从控制住宅建筑的体型系数,扩大南向得热面的面积,控制窗墙比,重视门、窗户节能,选择优化的新型节能围护体系,加强冷桥节点保温技术措施,加强住栋公共空间的防寒保温以及合理组织套内空间等诸方面加强综合节能设计。

1. 控制住宅建筑的体型系数

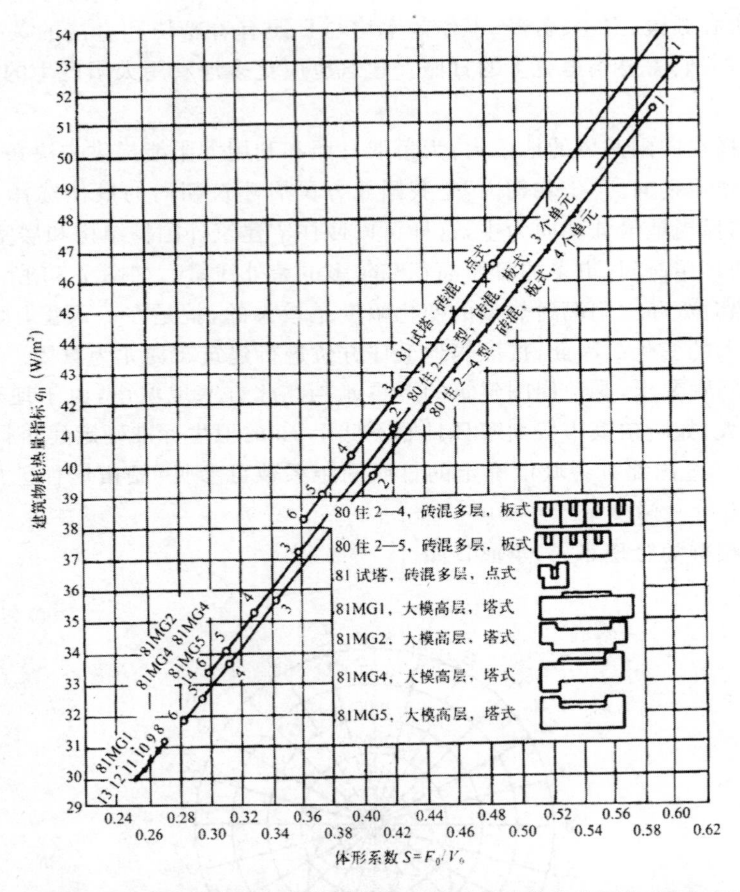

图 7-54 多层和高层住宅建筑耗热量指标随体形系数的变化而变化(北京地区)

建筑物外表面面积越大,散热面就越大,要减少散热面,必须使形体集中、紧凑,减少凹凸变化。为了量化这一概念,采用建筑物体型系数来表述。建筑物体型系数是指建筑物与室外大气接触的外表面积与其包围的体积的比值。如图 7-54 所示,住宅建筑耗热量指标随体型系数增长而增加,从有利节能出发,体型系数应尽可能地小。故此,在《民用建筑节能设计标准》(JGJ 26—95)中规定"建筑物体型系数宜控制在 0.30 及 0.30 以下;若体型系数大于 0.30,则屋顶和外墙应加强保温……"执行标准规定应从掌握形体类型的不同对体型系数带来影响的变化规律和利用有限的体型系数创造多样化形体类型两个方面深入设计。下面的空间设计对于控制建筑物体型系数是有效的。

(1)合理扩大栋深尺寸

加大进深尺寸对于多层住宅减少体型系数作用明显,我国传统北方城市进深多由两个参数组成,常用参数有 3.9 米、4.2 米、4.5 米、4.8 米。若扩大为 5.1 米、5.4 米或者更大不仅是可能的,而且也是必要的。

(2)利用住宅类型特征

住宅类型中的小天井式、内楼梯式及跃廊式等均具有明显的类型特征。合理利用不同的空间组合特征,可以做到扩大栋深、扩大容积,以减少建筑物体型系数。

(3)平面空间组合应紧凑集中,尽量减少凹凸变化

由于每个局部凹凸均增加 3 个外表面面积,导致体型系数明显增加。点式住宅形体更应紧凑,减少凹凸变化。

(4)加大建筑物体量

住宅的建筑体量对其单位建筑面积采暖耗热影响很大,两者之间存在一定的曲线关系。从大量的分析得出:在选择体量设计时,应加大建筑的栋进深、提高层数,使体量加大,使节能效果显著。

(5)减少体型系数

缩小建筑物的长、宽、高 3 边的边长比率,可以减少体型系数。当住宅建筑的体积一定时,边长比率大则体型系数大,热损失亦大。

2. 窗户的节能设计

由于每平方米窗面积比每平方米围护砌体的总传热量要大得多,一般外门、窗耗热占建筑总耗热的 1/3 左右,所以应在保证日照、采光、通风、观景要求条件下,从以下几个重要方面改进窗户的节能设计。

(1)尽量减小开窗洞口的面积

住宅窗洞口面积的确定应视建筑所处的地理纬度、当地冬季日照率、房间的采光要求、建筑物之间日照遮挡情况以及窗户构件节能性能全面衡量得热和失热的利弊来确定。采暖居住建筑节能设计标准对不同朝向的窗、墙面积比作了严格规定。在《民用建筑节能设计标准》(JGJ26—95)采暖居住部分中指出,北向窗、墙面积比不应超过 0.25,东向和西向窗、墙面积比不应超过 0.30,南向窗、墙面积比不应超过 0.35,设计中应执行标准规定。对于冬季日照率高的地区,若在 3 层以上的南向居室采用新型节能窗,其南向居室的窗面积可以适当扩大,争取更多的太阳辐射热,减少建筑使用能耗。对于寒冷地区的北向用房的窗口面积在保证采光要求条件下应尽量减少窗口面积,以减少热损失。

(2)提高窗户本身的保温性能,减少窗户本身传热量

通过合理配置窗框材料和玻璃的组成,可以提高窗的隔热节能特性。它包括:根据不同的使用地点,选择合理的阳光遮蔽玻璃,控制通过窗的辐射散热;加大中空玻璃间隔层内气体比重,降低对流传热;选择低传导的中空玻璃、边部间隔材料和隔热窗框材料,控制通过窗的传导传热等。

(3)提高窗户的气密性,减少冷风渗透

室内外空气渗透也会增加采暖能耗。为了提高窗户的气密性,减少冷风渗透,应该用保温材料填堵门窗框与洞口壁之间的缝隙,内外边缘再用密封胶封严,防止出现裂缝和渗气、渗水。密封条应选用弹性好、耐老化的材料,最好经过硅化处理。推拉窗扇间很容易出现缝隙,除了用密封条密封外还应设风挡,使两扇能够紧紧扣严。另外,应该提高施工人员的水平和改进施工方法保证施工质量。

3. 扩大南向得热面的面积

我国北方寒冷地区在严寒冬季里,建筑物南向所获得的太阳辐射强度和辐射总量比其他方位都大很多。南偏东西的角度越大,接受太阳的辐射越小,而且正东、正西所受到最大的辐射强度只有南向的 1/3 左右,自北偏东 60°至偏西 60°的范围内基本上接受不到太阳辐射。从争取太阳辐射量进入住宅建筑的外围护体系和深入建筑内部越多越有利考虑,尽量增大住宅建筑南向得热面的面积是最为有效的。当然,在面积等同的情况下,设计的住栋形体长、宽比越大,越有利于获得更多的南向得热面。通过计算得知:正南朝向,建筑长、宽比为 5∶1 时,其各向墙面受辐射得热量为方形(长、宽比为 1∶1 时)的 1.87 倍。但随着朝向改变逐渐减小,至偏东或偏西 45°时,成为 1.56 倍,至偏东(西)67.5°时,各种长、宽比体型的得热已相差不多,至东西向时,正方形得热会比长方形得热稍多。如此看来,最佳体型设计还应综合考虑日辐射得热因素的影响。

4. 选用高效、节能、经济的外围护体系

在建筑物轮廓尺寸和窗、墙面积比不变的情况下,建筑物耗热量随围护体系的传热系数的降低而减少。采用各类新型墙体材料、新型楼地面、屋顶保温材料及节能门窗形成多样化的高效、节能、经济的瓶型围护体系,可以减少传热系数,提高保温性能,实现节能的要求。

(1)屋面的节能构造设计

屋面按其保温层位置分有:单一保温屋面、外保温屋面、内保温屋面和夹芯保温屋面 4 种类型,但目前绝大多数为外保温屋面,这种构造受周边热桥的影响较小,对节能有利。

为了提高屋面的保温性能,主要应从采用轻质高效,吸水率低或不吸水的,可长期使用、性能稳定的保温材料作为保温隔热层,以及改进屋面构造,使之有利于排除湿气等措施入手。例如采用轻质高强、吸水率极低的挤塑聚苯板作为保温隔热层的倒铺屋面就取得了较好的保温隔热和保护防水层的效果,以及屋面架空、微通风等构造做法,均有利于提高屋面的保温隔热性能,从而取得较好的节能和改善顶层房间热环境的效果。

地面的保温是往往容易被人们忽视的问题。实践证明,在严寒和寒冷地区的采暖建筑中,接触室外空气的地板,以及不采暖地下室上面的地板如不加保温,则不仅增加采暖能耗,而且因地面温度过低,会严重影响居民健康在严寒地区,直接接触土壤的周边地面如不加保温,则接近墙脚的周边地面因温度过低,不仅可能出现结露,而且可能出现结霜,严重影响居民使用。

地面的保温措施有两种:一是建筑直接接触土壤的周边地区,沿外墙周边从外墙内侧 2 米范围内采取保温措施,具体做法是在地面垫层以下设置一定厚度的松散状或条板状,且具有一定抗压强度、吸湿性小的保温层;二是对不采暖的地下室或底部架空层的地板的保温,采取的主要措施是在地板的底面粘贴一定厚度的如聚苯板一类的保温材料。

(2)外墙的节能构造设计

外墙按保温层所在位置主要分成：单一保温外墙、内保温外墙、外保温外墙和夹芯保温外墙 4 种类型。

①单一保温外墙

据资料显示，为达到节能 50%所要求的外墙平均传热系数的限值，在单一材料墙体中，只有加气混凝土墙体(热桥部位还要做外保温处理)才能满足要求，从西安到佳木斯地区墙体，厚度为 200～450mm。若采用黏土多孔砖墙体，其厚度在西安地区为 370mm，北京地区为 490mm，沈阳地区为 760mm，哈尔滨地区为 1020mm。可见，单一材料的节能外墙在节能目标为 50%的条件下是不合理也不经济的。

②内保温外墙

内保温外墙不受外界气候影响，施工时不需搭设脚手架，难度不大，增加造价不多，但是，这种做法受"热桥"影响较大，热量损失严重；还存在占用建筑使用面积，不便于居民二次装修；有些工程还出现在面层产生裂缝等一些问题。在要求节能 50%的阶段，在外墙外保温技术趋于成熟的条件下，内保温所占的比例已有所下降。

③外保温复合外墙

将高效保温材料置于外墙主体结构外侧的墙体，为外保温复合外墙，这种墙体具有以下特点。a.外保温材料对主体结构有保护作用，室外气候条件引起墙体内部较大的温度变化，发生在外保温层内，避免内部的主体结构产生大的温度变化，使热应力减小，寿命延长。b.有利于消除或减弱热桥的影响。c.主体结构在室内一侧，由于蓄热能力较强，对房间热稳定性有利，可避免室温出现较大波动。d.既有建筑采取外保温进行改造施工时，可大大减少对住户的干扰。e.由于当前大多数的住宅都是毛坯交房，居民们在接房后要进行二次装修。在装修中，内保温层容易遭到破坏，外保温则可避免发生这种问题。f.外保温可以取得很高的经济效益。虽然外保温每平方米造价比内保温高一些，但只要采取适当的技术，单位面积造价可以高得不多。同时由于比内保温增加了使用面积 1.8%～2%，实际上是使单位使用面积造价降低，加上节约能源及改善热环境等好处，总的效益是十分显著的。

5.加强冷桥节点部位的保温构造设计

窗口与墙身、窗户与窗台板、墙身与屋顶、墙身与地面、墙身与阳台等相连接的部位均是失热最多的部位。特别是在节能型住宅中，由于整体上大面积加强了保温，其冷桥节点失热比传统非节能住宅要大得多。因此，能否处理好冷桥节点部位的保温构造设计是新型围护体系节能技术成败的关键，应引起足够的重视。在设计中，对于每一个冷桥节点均应逐个分析该节点所在部位的结构方案、构造方案及节点所在的不同节能围护体系，选择最佳综合构造技术方案，以保证整体建筑物节能效果良好。

6.加强住宅楼公共空间的防寒设计

住宅楼公用空间包括公共楼梯、公共走廊、单元入口、高层住宅的入口大堂，这些空间中的外门、外窗和围护结构的防寒保温问题很容易被忽视，致使公用空间成为热损失的重要部位。

为此，采暖住宅公共楼梯间和公共走廊的门、窗，楼梯间隔墙和单元入口门应采取保温措施；在室外温度低于－6℃的地区，楼梯间应采暖和设单元入口防风门斗。防风门斗有的利用北梯南入口的走廊或进厅，有的利用北梯北入口处单独设置门斗，如图 7-55 所示。

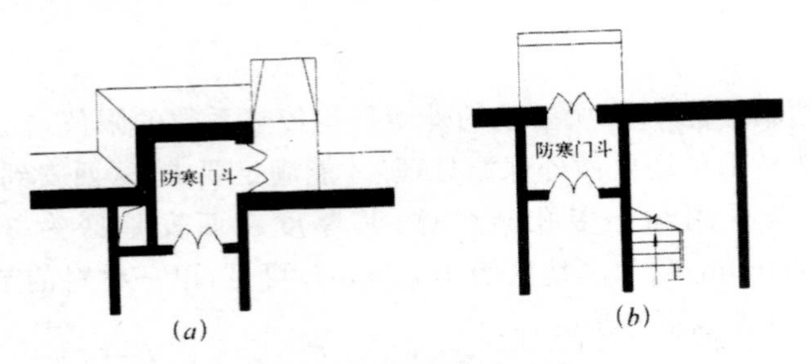

图 7-55　北楼梯北入口防寒门斗

(四)供暖方式对住宅设计的影响

城镇住宅采暖方式有集中采暖和分散采暖两种。集中采暖是指一个居住小区或一个街坊，乃至一个城市的更大范围内，所有建筑由同一个供热点或锅炉房的集中供热管网进行供热，使住宅室内温度达到人们所需要的适宜的温度。分散采暖是住宅每户独立采暖，其采暖方式包括火墙、火炕、土暖气、燃气小锅炉、电小锅炉和低温辐射电热膜供暖等。分散式采暖存在污染严重，浪费资源和能源，有害人体健康和安全问题，在设计中要充分论证，明智选择。

集中式采暖要求住宅建筑在规划设计时要有一定规模的供热面积，以充分发挥供热设备的使用效率。为了减小采暖带来的环境污染和充分利用供热设备，最好实施城市热力网供热，以便充分发挥其作用，取得较好的经济效果。集中式采暖又包括散热器采暖和地板辐射采暖两种方式。

1. 地板辐射采暖

建筑低温地板辐射采暖系统是一种既古老又年轻的采暖系统。与其他采暖方式相比，地板采暖具有以下优点：较好的舒适度，房间温度场分布均匀；利于营造健康的室内环境；高效节能，由于采暖的辐射面大，相对要求的供水温度低，只要 40℃～50℃即可，而且可以克服传统散热器片一部分热量从窗户散失掉，影响采暖效果的缺点；节省空间，有利于建筑装饰，方便家具的摆放；符合政策的要求，有利于分户计量的优点。随着抗老化、耐温、耐压的交联管材和轻质隔热保温材料的出现，使这种采暖系统得到快速发展。但地板辐射采暖也存在一定的问题：地板辐射采暖影响层高，铺装管线最少需占用 6cm 的空间，要维持标准层高，对地面材料就有一定的限制；送暖管道均埋于地下，不宜铺设加龙骨的实木地板，不能随意钉钉子，并且木地板的尺寸要稳定、含水率要低；地板采暖恰恰是直接烘烤地板，由于很多地板中含有有害物质甲醛，温度越高，甲醛释放量越大，因此在选购时必须选用甲醛含量小的产品以保证健康；地板采暖多用一根无接缝管铺设，一旦出现漏水或管道堵塞等问题就必须整个房间翻修，维修不便。

地板采暖分为热水地板采暖和电热地板采暖。实际工程中以热水地板采暖占多数，其全称为低温热水地板辐射采暖，它是通过埋设在地板下的加热管以不高于 60℃的热水作热媒，把地板加热到表面温度18℃～32℃，均匀地向室内辐射热量，从而达到采暖效果的采暖方式。

2. 散热器采暖

散热器采暖是指通过供热系统的末端散热器向房间散热供暖的方式。散热器采暖要求住宅平面布局紧凑，以节省管线和减少管网失热而带来的热损失，采暖住宅其套型中各个使用空间均应设置采暖器，建筑设计应综合考虑，与设备专业配合确定采暖器的位置、形状、大小，保证住宅各空间的整体使用功能和环境质量。起居室和卧室的采暖器一般布置在窗的窗台下，如在窗台下布置有困难时，也可以布置在内墙处，但应设置气包罩，以免造成烫伤或其他安全事故。厨房内的采暖器布置，应避开布置橱柜的一侧墙面，在其他墙面布置时，应避开频繁操作的地方。对于开间尺寸较小，并设有阳台门的厨房，一般将采暖器布置在内墙处，并注意不应该将采暖器放在柜体内。设有洗浴功能的卫生间应设置采暖器。由于卫生间的空间较小，布置采暖器比较困难，可把采暖器挂在距地面1.2m以上的墙面上。若采暖器靠墙设置时，可将墙体作凹进处理，采暖器嵌入其中，这样可以减少采暖器占用室内空间，利于摆放家具。

参考文献

[1]朱家谨. 居住区规划设计(第二版)[M]. 北京:中国建筑工业出版社,2007.

[2]张燕. 居住区规划设计[M]. 北京:北京大学出版社,2012.

[3]周俭. 城市住宅区规划原理[M]. 上海:同济大学出版社,1999.

[4]朱昌廉. 住宅建筑设计原理(第三版)[M]. 北京:中国建筑工业出版社,2011.

[5]刘致平. 中国居住建筑简史——城市、住宅、园林[M]. 北京:中国建筑工业出版社. 2000.

[6]刘文军,付瑶. 住宅建筑设计[M]. 北京:中国建筑工业出版社,2007.

[7]张茵,蓝江平. 住宅建筑设计[M]. 武汉:华中科技大学出版社,2012.

[8]田云庆,胡新辉,程雪松. 建筑设计基础[M]. 上海:上海人民美术出版社,2006.

[9]杨青山,崔丽萍. 建筑设计基础[M]. 北京:中国建筑工业出版社,2011.

[10]季雪. 建筑文化与设计[M]. 北京:中国建筑工业出版社,2013.

[11]张青萍. 建筑设计基础[M]. 北京:中国林业出版社,2009.

[12]牟晓梅. 建筑设计原理[M]. 哈尔滨:黑龙江大学出版社,2012.

[13]朱瑾. 建筑设计原理与方法[M]. 上海:东华大学出版社,2009.

[14]邢双军. 建筑设计原理[M]. 北京:机械工业出版社,2012.

[15]席跃良. 环境艺术设计概论[M]. 北京:清华大学出版社,2006.

[16]李延龄. 建筑设计原理[M]. 北京:中国建筑工业出版社,2011.

[17]陈冠宏,孙晓波. 建筑设计基础[M]. 北京:中国水利水电出版社,2013.

[18]冯美宇. 建筑设计原理[M]. 武汉:武汉理工大学出版社,2007.

[19]黎志涛. 建筑设计方法[M]. 北京:中国建筑工业出版社,2010.

[20]张伶伶. 建筑设计基础[M]. 哈尔滨:哈尔滨工业大学出版社,2008.

[21]鲍家声. 建筑设计教程[M]. 北京:中国建筑工业出版社,2009.

[22]郑曙旸. 环境艺术设计[M]. 北京:中国建筑工业出版社,2007.

[23]亓萌,田铁威. 建筑设计基础[M]. 杭州:浙江大学出版社,2009.

[24]建设部科学技术司. 中国小康住宅示范工程集萃[M]. 北京:中国建筑工业出版社,1997.

[25]贾耀才. 新住宅平面设计[M]. 北京:中国建筑工业出版社,1997.

[26]徐敦源. 现代城镇住宅图集[M]. 北京:中国建筑工业出版社,1996.

[27]齐康. 城市环境规划设计与方法[M]. 北京:中国建筑工业出版社,1997.

[28]赵冠谦,林建平. 居住模式与跨世纪住宅设计[M]. 北京:中国建筑工业出版社,1995.

[29]《中国"八五"新住宅设计方案选》编委会. 中国"八五"新住宅设计方案选[M]. 北京:中国建筑工业出版社,1992.

[30]《中国住宅设计十年精品选》编委会. 中国住宅设计十年精品选[M]. 北京:中国建筑工业出版社,1996.

[31]唐璞. 山地住宅建筑[M]. 北京:科学出版社,1994.

[32]宋泽方,周逸湖. 独院式住宅与花园别墅[M]. 北京:中国建筑工业出版社,1995.

[33]北京市建筑设计研究院,白德懋. 居住区规划与环境设计[M]. 北京:中国建筑工业出版社,1993.

[34]朱昌廉,张兴国. 城乡结合部住宅规划与设计[M]. 重庆:重庆大学出版社,1994.

[35]胡仁禄,马光. 老年居住环境设计[M]. 南京:东南大学出版社,1995.

[36]朱建达. 当代圈内外住宅区规划实例选编[M]. 北京:中国建筑工业出版社,1996.

[37]中陶城市住宅小区建设试点丛书编委会. 建筑设计篇、规划设计篇[M]. 北京:中国建筑工业出版社,1994.

[38]吴惠琴. 住宅建设——新的经济增长点[M]. 北京:中国建材工业出版社,1997.

[39]周燕珉. 现代住宅设计大全——厨房、餐室卷、卫生空间卷[M]. 北京:中国建筑工业出版社,1994.

[40]王纪鲲. 集合住宅之规划与设计[M]. 中国台北:中央图书出版社,1984.